高职高专“十三五”规划教材

药用植物组培快繁技术

YAOYONG ZHIWU ZUPEI KUAIFAN JISHU

莫小路　姚军　主编

化学工业出版社

·北京·

内 容 提 要

《药用植物组培快繁技术》包括绪论和十二个项目，即药用植物组培快繁实验室规划设计，培养基及其配制，无菌技术，无菌培养体系的建立（初代培养），继代培养，壮苗生根培养与炼苗、移栽，组培苗工厂化生产，无毒苗生产技术，无糖培养及非试管快繁技术，药用植物细胞工程，药用植物组培快繁技术研发以及常用药用植物的组培快繁技术。通过学习，学生可独立完成植物组培室的设计及设备采购计划、药用植物的组织培养和快繁育苗工作，并且能设计培养基配方，进行药用植物组培苗生产技术研发工作。本书配有二维码数字资源（操作视频、文档、彩图），方便读者对药用植物组织培养知识的理解和进行核心操作技能的学习，深化劳动教育，践行党的二十大精神。

本教材可供高职高专院校中草药栽培、中药生产与加工、生物制药技术、生物技术以及设施农业等专业学生使用，也可作为药用植物组培苗生产企业的员工培训用书，还可供从事药用植物种苗生产行业和爱好中草药组织培养的读者参考使用。

图书在版编目（CIP）数据

药用植物组培快繁技术/莫小路，姚军主编. —北京：化学工业出版社，2020.9（2024.8重印）
高职高专“十三五”规划教材
ISBN 978-7-122-37236-9

Ⅰ.①药… Ⅱ.①莫…②姚… Ⅲ.①药用植物-植物组织-组织培养-高等职业教育-教材 Ⅳ.①Q949.95

中国版本图书馆CIP数据核字（2020）第105485号

责任编辑：章梦婕 李植峰 迟 蕾　　文字编辑：李娇娇 陈小滔
责任校对：王鹏飞　　装帧设计：史利平

出版发行：化学工业出版社（北京市东城区青年湖南街13号 邮政编码100011）
印 装：北京机工印刷厂有限公司
787mm×1092mm 1/16 印张13 字数313千字 2024年8月北京第1版第4次印刷

购书咨询：010-64518888　　售后服务：010-64518899
网 址：http://www.cip.com.cn
凡购买本书，如有缺损质量问题，本社销售中心负责调换。

定 价：45.00元

《药用植物组培快繁技术》编审人员

主　　编　莫小路　姚　军

副 主 编　祝　玲　何波祥　张华通

编写人员（按照姓名笔画顺序排列）

王琼珊（广东食品药品职业学院）

朱涵珍（河南农业职业学院）

刘晓姗（广东食品药品职业学院）

苏　斌（广东湛江遂溪兴林组培科技有限公司）

杨海燕（达州中医药职业学院）

何波祥（广东省林业科学研究院）

张　翘（广东食品药品职业学院）

张华通（广东生态工程学院）

陈瑜珍（广东食品药品职业学院）

祝　玲（广东食品药品职业学院）

姚　军（广西农业职业技术学院）

莫小路（广东食品药品职业学院）

高　艺（广东食品药品职业学院）

黄意成（广东省中药研究所）

主　　审　周丽华（广东省林业科学研究院）

前言

《药用植物组培快繁技术》是根据中药学、中药生产与加工、中药栽培技术、植物制药技术等专业的专业人才培养目标及岗位职业能力要求而编写的。本教材结合药用植物的组培快繁技术应用实例，介绍药用植物组织培养、细胞培养的专业基础理论；通过项目任务实施和项目技能训练，强化实践技能的培养；深入贯彻党的二十大精神，挖掘课程思政元素，落实立德树人根本任务。

本书内容分为五个模块，第一个模块是药用植物组织培养基础，包括项目一、二、三，内容有药用植物组培快繁实验室规划设计、培养基及其配制、无菌技术；第二个模块是药用植物组织培养通用技术，包括项目四、五、六，内容包括初代培养，继代培养，壮苗生根培养与炼苗、移栽；第三个模块是项目七，为组培苗工厂化生产；第四个模块是药用植物种苗快繁新技术及研发，包括项目八、九、十、十一，内容有无毒苗生产技术、无糖培养及非试管快繁技术、药用植物细胞工程及药用植物组培快繁技术研发；第五个模块为药用植物组培快繁实例及实训，具体为项目十二，按药用部位分类介绍药用植物的组培快繁技术应用实例，这一模块内容主要用于创新创业素质培养。本书附录药用植物组培实验常用培养基配方，培养物不良表现、可能原因及改进措施，常用溶液的配制方法等。

本教材以组培快繁实用技术为特色，将理论与实践相结合，力求在编写体例上更适合学生阅读，内容上适合中药和生物制药相关专业的学生以及从事药用植物组培快繁研究、技术开发及生产应用的科技工作者使用。

本书由莫小路、姚军主编，周丽华主审。具体编写分工为：绪论和项目一，由祝玲编写；项目二，由朱涵珍编写；项目三，由莫小路编写；项目四，由杨海燕编写；项目五，由刘晓姗编写；项目六，由陈瑜珍编写；项目七，由张华通、苏斌编写；项目八和项目九，由莫小路、何波祥编写；项目十，由王琼珊编写；项目十一、项目十二，由姚军、张翘、高艺编写；教材的文字、图表处理及附录内容由黄意成完成。莫小路、陈瑜珍及广东食品药品职业学院中药学院部分学生负责视频拍摄。本教材的工厂化生产设备及场地拍摄于广东省林业科学研究院。

由于植物组织培养技术发展迅速，新的技术和方法不断涌现，加上编者学术水平和编写经验有限，疏漏之处在所难免，恳请各位读者提出宝贵意见，以便修改完善。

编者

目录

绪论

植物组织培养是植物生物技术中应用最广泛的技术，该技术目前已经在园艺、粮食等作物上实现了产业化应用，近年来，植物组织培养技术也逐渐应用到了药用植物的研究和生产领域，即药用植物组织培养技术，这一技术的发展，与中药资源保护和可持续利用开发的社会发展趋势相吻合，是中药产业发展的重要环节。

一、药用植物概述

药用植物，是指医学上用于防病、治病的植物。其植株的全部或一部分供药用或作为制药工业的原料。广义而言，包括用作营养剂、调味品、色素及农药和兽药的植物资源。药用植物种类繁多，其药用部分各不相同，有全部入药的，如益母草、夏枯草等；有部分入药的，如人参、曼陀罗、射干、桔梗等；有需提炼后入药的，如金鸡纳树等。

我国是药用植物资源较丰富的国家之一，药用植物的发现、使用和栽培，在我国有着悠久的历史。药用植物的发现和利用，是古代人类通过长期的生活和生产实践逐渐积累经验和知识的结果。春秋战国时，已有关于药用植物的文字记载。《诗经》和《山海经》中记录了50余种药用植物。1973年长沙马王堆三号汉墓出土的帛书中整理出来的《五十二病方》，是中国现存最古的医方，其中记载的植物类药有115种。汉代张骞出使西域后，外国的一些药用植物（如红花、安石榴、胡桃、大蒜等）也相继传到中国。历代学者专门记载药物的书籍称为“本草”。约成书于秦汉之际的中国现存最早的药学专著《神农本草经》，记载药物365种，其中植物类药就有252种。此后，著名的本草书籍有梁代陶弘景的《本草经集注》、唐代苏敬等的《新修本草》、宋代唐慎微的《经史证类备急本草》以及明代李时珍的《本草纲目》等。其中，《经史证类备急本草》收集宋代以前的各家本草加以整理总结，收载植物类药达1100余种，使得本草资料得以保存；到明代，《本草纲目》收载的植物类药已达1200多种。

随着医药学和农业的发展，野生药用植物逐渐转为栽培植物。北魏贾思勰的《齐民要术》中，已记载了地黄、红花、吴茱萸等20余种药用植物的栽培方法。隋代太医署下设“主药”“药园师”等职务，专职掌管药用植物的栽培。据《隋书经籍志》记载，当时已有《种植药法》《种神芝》等药用植物栽培专用书。到明代，《本草纲目》中记载有栽培方法的药用植物已发展到180余种。1949年后，我国对药用植物资源进行了有计划地调查研究、开发利用和引种栽培，已人工栽培的有200多种。在成分的测定、分离和提取以及药理试验方面也进行了大量工作，整理编写出版了《中国药用植物志》《中药志》《药材学》《中药大辞典》《全国中草药汇编》《中华人民共和国药典》等多部药物著作。据全国第三次中药资源普查的数据（1987年），我国的药用植物有11146种，第四次中药资源普查目前还在进行中，数据有待更新。

依据不同的分类原则，药用植物的分类也不同。

我国古代的《神农本草经》把药物按效用分为上、中、下三品。《神农本草经集注》中除沿用三品分类外，又创造了按药物属性分为草木部、果部、菜部、米谷部的方法。《本草纲目》中采用了自然属性分类法，将所收药物分为16纲60类，并以生理生态条件为依据，将草类药分为山草、芳草、隰草、毒草、蔓草、石草、苔类等。这是中国古代最完备的分类系统。中医学常按药性把中药分为解表药、清热药、祛风湿药、理气药、补虚药等。药用植物学按植物系统分类，则可反映出药用植物的亲缘关系，以利于形态解剖和成分等方面的研究。中药鉴定学、药用植物栽培学则常按药用部位分类，即根、根茎、皮、叶、花、果实、种子、全草等类，便于药材特征的鉴别和掌握其栽培特点。现代生药学常按药材化学成分分为含生物碱类药、含苷类药、含挥发油类药等，有利于鉴定药材的功能及其品质，并便于寻找和扩大药用植物新资源。

药用植物所含有效化学成分十分复杂，主要有：①生物碱。如麻黄中含有治疗哮喘的麻黄碱、莨菪中含有解痉镇痛作用的莨菪碱等。②苷类。又称配糖体，由糖和非糖物质结合而成，如洋地黄叶中含有强心作用的强心苷，人参中含有补气、生津、安神作用的人参皂苷等。③挥发油。又称精油，是具有香气和挥发性的油状液体，为多种化合物组成的混合物，具有生理活性，在医疗上有多方面的作用，如止咳、平喘、发汗、解表、祛痰、祛风、镇痛、抗菌等。药用植物中挥发油含量较为丰富的有侧柏、厚朴、辛夷、樟树、肉桂、白芷、川芎、当归、薄荷等。④鞣质。多元酚类的混合物，存在于多种植物中，特别是在杨柳科、壳斗科、蓼科、蔷薇科、豆科、桃金娘科和茜草科植物中含量较多。药用植物盐肤木上所生的虫瘿药材称为五倍子，含有五倍子鞣质，具收敛、止泻、止汗作用。⑤其他成分。如糖类、氨基酸、蛋白质、酶、有机酸、油脂、蜡、树脂、色素、无机物等，各具有特殊的生理功能，其中很多是临床上的重要药物。

药用植物的栽培对环境条件要求严格。气候和土壤是影响药用植物生长发育的主要环境条件。各种药用植物对光照、温度、水分、空气等气候因子及土壤条件的要求不同。如薄荷喜阳光充足，在开花期天气晴朗时，可提高含油量；槟榔、古柯、胡椒在高温多湿的地区才能开花结实；泽泻、菖蒲在低洼湿地才能生长；麻黄、甘草、芦荟的抗旱力强，多分布于干燥地区；麦冬和宁夏枸杞喜碱性土壤，厚朴和栀子喜酸性土壤；以根及地下茎入药的种类，宜在肥沃疏松的沙壤土或壤土中种植等。因此，不少药用植物只能分布在一定的地区，如人参产于吉林，三七产于广西、云南等，这些产区的产品质量好、产量高，用于临床疗效也好。在扩大生产进行引种驯化时，新引种地的环境条件与原产地差异不大易于获得成功；如差异大的则须进行逐步驯化。在中国各省区间引种及野生变家种成功的药用植物有地黄、红花、薏苡、天麻、桔梗、丹参等百余种；从国外引种成功的有颠茄、洋地黄、番红花、槟榔、金鸡纳树等数十种。

药用植物的栽培特点主要表现在：①栽培季节性强。大多数种类的栽种期只有半个月至一个月左右，川芎、黄连等栽种期只有几天到半个月。②田间管理要求精细。如人参、三七、黄连需搭荫棚遮蔽强光，忍冬、五味子等需整枝修剪。③须适时采收。如黄连需生长5～6年后采收、草麻黄生长8～9月后采收的有效成分含量高，红花在花冠由黄色变红色时采收质量最佳。此外，药用真菌类植物（如银耳、茯苓、灵芝等），还要求特殊的培养方法和操作技术。

药用植物的繁殖方式多样，除种子繁殖外，还用分根、扦插、压条、嫁接等方法进行营养繁殖，或用孢子繁殖。在现有人工选种和杂交育种的基础上，单倍体、多倍体、细胞杂交、辐射等育种方法将在培育新品种方面发挥更大作用。药用植物的组织培养为药用植物的工业化生产提供了新的途径，药用植物的细胞培养可作为获取新的生物活性物质的方法。此外，药理筛选与植物化学相结合方法的应用，将为研究不同药用植物类群在成分和疗效方面的差异，以及扩大范围寻找有效药物、探求药用植物内在质量和进行药用植物综合研究等开辟新的领域。

二、药用植物组织培养概述

1. 药用植物组织培养的定义和原理

植物的组织培养，是指在无菌条件下，将植物体各个部分（包括根、茎、叶、花药、种胚等）的组织在人工培养基上进行离体培养。目的是研究植物组织、细胞在离体培养条件下，各种环境因子对植物形态发生的影响及其遗传稳定性和变异性、次生代谢产物的生成等科学问题。

广义的植物组织培养，包括组织培养、细胞培养和器官培养三类，其中，愈伤组织培养是一种最常见的培养形式。所谓愈伤组织，原是指植物在受伤之后于伤口表面形成的一团薄壁细胞。在组织培养中，已经分化成一定形态的植物组织（如叶肉）在含有特定成分的人工培养基上培养一段时间后，细胞内就会发生某些变化，一个成熟细胞就会由“静止”的状态转为快速分裂的状态，这个过程叫作脱分化，经过脱分化生成的一团无序生长的薄壁细胞，就叫愈伤组织。因为大部分的植物组织培养都需要经过愈伤组织阶段才能再生出新植株，因此，愈伤组织培养成为一种最常见的培养形式。此外，愈伤组织还常常是细胞悬浮培养所需材料和原生质体的来源。

一个成熟的植物细胞经历了脱分化之后，之所以还能再分化形成完整的植株，是因为细胞具有全能性。所谓全能性，即任何具有完整细胞核的植物细胞，都拥有形成一个完整植株所必需的全部遗传信息。全能性只是一种可能性，要把它变为现实必须满足两个条件：一是要把这些细胞，从植物体其余部分的抑制性影响下解脱出来。也就是说必须使这部分细胞处于离体的条件下。二是要给予它们适当的刺激，即给予它们一定的营养物质，并使它们受到一定激素的作用。一个已经分化的细胞要表现出它的全能性，必须经历脱分化和再分化两个过程，在大多数情况下，再分化过程是在愈伤组织细胞中发生的，但在有些情况下，再分化可以直接发生在分化的细胞当中，其间不需要插入一个愈伤组织阶段。

脱分化后的细胞进行再分化有两种不同的方式：一种是器官发生方式，其中茎、芽和根是在愈伤组织的不同部位分别独立形成的，形成的时间可以不一致，它们为单极性结构，里面各有维管束与愈伤组织相连，但在不定芽和不定根之间并没有共同的维管束把二者连在一起；另一种是胚胎发生方式，即在愈伤组织表面或内部形成很多胚状体，或称体细胞胚，它们经历的发育阶段与合子胚相似，成熟胚状体的结构也与合子胚相同。胚状体是双极性的，有共同的维管束贯穿两极，可脱离愈伤组织在无激素培养基上独立萌发。一般认为，愈伤组织中的不定芽取决于一个以上的细胞。而体细胞胚只取决于一个细胞，因此，由体细胞胚长成的植株各部分的遗传组成应当是一致的，不存在嵌合现象。

细胞培养通常从愈伤组织培养开始，挑选结构松散的愈伤组织进行液体培养，筛选单细胞或散性较好的小细胞团为材料进行悬浮培养，如叶肉细胞、根尖细胞培养等。原生质体培养是指除去植物细胞的细胞壁，培养裸露的原生质体，使其重新形成细胞壁并继续分裂、分化，形成植株的方法。从以上方面延伸的内容有：药用植物脱毒培养技术、突变体筛选、细胞融合、种质离体保存，以及人工种子、次生代谢产物的生产等。

植物的器官培养，主要是指植物的根、茎尖、叶、花器（包括花药、子房等）和幼小果实的无菌培养。主要研究形式有离体根培养、茎尖培养、叶培养、花与果实的离体培养、胚胎培养，目的是研究器官的功能及器官间的相关性、器官的分化及形态建成等问题，以更好地认识植物生命活动的规律，控制植物的生长发育，加快珍稀植物材料的繁殖，为人类生产实践服务。

药用植物组织培养是以药用植物为研究对象，以现代生命科学理论为基础，结合化学学科的科学原理，采用先进的生物工程技术手段，对药用植物进行组织器官分化、培养，细胞融合、转化以及次生代谢产物和药材组培苗工厂化生产研究的一门新兴的综合性应用学科。药用植物组织培养是中药产业发展的重要环节，其应用技术和研究成果，在保障中药和其他医药产品的生产原料、新资源的开发和培植方面都具有重要的应用价值。

2. 药用植物组织培养的优势

药用植物组织培养与传统的植物生产方式相比，具有以下优势：

① 能快速繁殖，短期满足大量需求。由于植物组织培养是在人为控制下，使植物在最适宜状况下生长，可在短期内用较少的材料繁殖大量优质种苗。具有用材少、周期短、速度快等特点。

② 单株培养，无性系遗传性状一致。组织培养是通过无性繁殖来完成的，材料来源于同一母株，后代遗传性状稳定。

③ 获得无病植株。组织培养材料经过脱毒，可获得无病毒材料，培养无病毒植株。

④ 集约化生产，利于自动化控制。药用植物组织培养是在一定的环境条件下，人为提供一定的温度、光照、湿度、营养、激素等条件进行的植物培养，可实现药用植物种苗快繁的工厂化生产，有利于实现自动化控制生产。

⑤ 科学生产，条件可控，误差小。药用植物组织培养用培养基替代土壤，各种营养成分、环境条件等完全可控，植物始终在无菌条件下生长，无微生物的侵染和各种化学物质的残留，组织培养法生产的药用植物符合相关管理规范。

⑥ 周年生产，不受季节影响。药用植物组培不受自然环境影响，可周年生产，不受时间、季节限制。

⑦ 有利于种质资源的保存。通过人为控制培养条件，可长期保持组织的活力。

3. 药用植物组织培养的研究发展概况

药用植物组织及细胞培养是中药种植生产技术方面的一个突破，在植物无性繁殖方面开拓了一个广阔的天地，可以使不易进行有性繁殖的植物经组织培育出新苗后用于生产；可以加速植物的生长，如半夏、贝母等经组织培养其生长速度大大高于自然生长速度；可以人为地使一些自然环境中不能生长的植物得以正常生长，使有用的次生成分达到或超过自然生长的原植物；可实现工业化生产，保护中药资源。

药用植物组织培养在近20年来发展飞速，前景广阔。由于传统药材中还蕴藏着人们尚未认识和开发的新药，借助组织培养这一手段，人们有望保存和繁殖那些濒临灭绝的药材资源，保持自然界生物的多样性。可以将那些数量极少而又极有价值的药用植物扩增，满足临床的需求，推动药用植物现代化发展的进程。

目前，药用植物组织培养的应用主要有两个方面：一是利用试管微繁生产大量种苗以满足药用植物人工栽培的需要；二是通过愈伤组织或悬浮细胞的大量培养，从细胞或培养基中直接提取药物，或通过生物转化、酶促反应生产药物。

（1）植物的无性系快速繁殖及育种　利用植物细胞的全能性诱导器官分化，繁殖大量无性系试管苗，在药用植物的繁殖、育种、脱毒以及种质保存等方面越来越显得重要，特别是对一些珍稀濒危中草药的保存、繁殖和优化。运用组织培养技术可以快速繁殖药用植物种苗，而药用植物种苗的工业化生产，可以达到迅速、大量、无病、高质量、一致性高等目的，对药材产量与质量都非常有益。另外，植物组织培养技术的发展，也为药用植物品种改良提供了新的途径。

（2）药用植物组织或细胞培养直接生产药用成分　植物细胞具有物质代谢的全能性，通过药用植物细胞或组织的大量培养，可以获得某些有用成分。目前，通过组织培养已产生的药用成分有生物碱、萜烯类、醛类、木质素类、黄酮类、糖类、蛋白质类、有机酸类、芳香油、酚类等。20世纪90年代以来植物的细胞培养已不再停留在三角瓶培养的实验室水平，取而代之的是以生物反应器为标志的大规模工业化培养。特别是近年来气升式生物反应器的发明与应用，使药用植物细胞大规模培养生产药用成分成为可能。如利用喜树茎段愈伤组织培养生产喜树碱。有研究表明，以干重为基础的粗人参皂苷，在愈伤组织中的含量（21.7%）显著高于天然根（4.1%）。细胞培养还可以将各种初级化合物，转化成医药上更有效的化合物。能利用植物将特殊物质转化为更有效的生理活性物质，这被认为是植物细胞培养应用方面的一个最有前景的领域，比微生物和化学合成更容易实现某些化合物结构的特殊修饰。如南洋金花悬浮培养物对酚有糖基化作用，使酚类药物的有效性显著增强。毛曼陀罗的培养细胞能快速将氢醌转化为熊果苷，使后者在作为利尿剂和泌尿器消毒剂时所用剂量减少，疗效提高。

我国毛状根的培养和增殖技术也在迅速发展，目前已在甘草、丹参、黄芪等多种植物上建立了农杆菌转化器官培养系统。在3L、5L、10L容器中培养黄芪毛状根，经21d培养产量就可达10g/L。黄芪毛状根中皂苷、黄酮、多糖、氨基酸等含量类似于药用黄芪，而且粗皂苷和可溶性多糖的含量还稍高于药用黄芪。另外，以组织培养技术为基础的基因工程的研究，如黄芪毛状根基因工程的研究，也取得了很大进展。

三、药用植物组培快繁技术教学设计

（1）药用植物组培快繁技术课程的性质、地位及目标　药用植物组织培养是现代农业、林业、中药材种植业生物技术的重要组成部分和基本研究手段之一，是一门理论性、实践性、动手操作性较强的应用学科，技术含量高、专业性强。通过植物组织培养技术和植物非试管快繁技术可实现植物的规模化繁殖和种植，对推进现代农业进程、中医药的发展等都有重要作用。因此，各中高职院校农业、林业、中药类如植物生产、生物技术应用等专业都开设了药用植物组培快繁技术课程。通过本课程的学习，使学生掌握基本理论知识和基本操作技术，并熟悉常用药用植物快繁技术，能够设计组培室（工厂）、设计培养方案，并能正确分析、解决组培快繁生产中出现的问题，控制组培苗质量，最终具有植物组织培养所需的理论水平、技术应用操作技能及学习、创新能力。

（2）课程与教材结构设计　药用植物组培快繁技术是基于药用植物组培快繁和工厂化育苗过程而开发的课程。该课程项目与结构是基于药用植物组培岗位职业能力需求来确定教学内容的。

模块一 药用植物组织培养基础

项目一 药用植物组培快繁实验室规划设计

【学习目标】

知识目标

- ◆ 了解植物组培快繁实验室的设置和各组成部分的作用；
- ◆ 熟悉植物组培快繁实验仪器设备、器皿和器械的名称和用途。

技能目标

- ◆ 能设计植物组培快繁实验室；
- ◆ 正确并熟练操作组培快繁实验室常用的仪器、设备和器械。

素质目标

- ◆ 培养细心观察和善于总结的能力；
- ◆ 培养独立思考的能力；
- ◆ 培养认真负责、吃苦耐劳的精神。

【必备知识】

一、组培快繁实验室规划设计的总体要求

1. 功能齐全

常规的植物组培快繁流程为：培养器皿的清洗；培养基的配制、分装、封口和灭菌；外植体的灭菌与接种；继代培养；生根诱导；试管苗的驯化移栽与初期管理。为了完成上述工作，必须有一个设施完备、功能齐全的实验室。水路、电路必须安全畅通，实验场地必须足够宽敞，各种仪器均能正常工作，器皿器械必须配备充足，否则植物组培快繁工作就不能正常进行。

2. 布局合理

为了顺利进行植物组培快繁工作，需要按照使用功能建立多个分室。这些功能各异的分

室构成了一个完整的实验室系统。因此在布局上，既要考虑不同分室的功能，又要顾及其操作的连续性。每个分室的面积、光线、通风状况、灭菌要求等各不相同，可根据现有条件合理布局，科学划分出各个分室。例如，实验室各分室的大小、比例要合理，洗涤室等分室要求能满足多人同时操作，而缓冲间和接种室却宜小不宜大。在操作的连续性上，洗涤室可离接种室距离稍远，以防止外界污染；而培养室可紧靠接种室以便于培养瓶的转移。另外，每个分室中仪器的安装位置也要妥善布置，充分考虑使用要求及安全性；洗手池、下水道的位置要适宜，不得对培养造成污染。

3. 环境清洁

保持实验室洁净，这是组培快繁成功的最基本要求，是从根本上有效控制污染的关键，否则会使植物组织培养遭受不同程度甚至是不可挽回的损失。因此，实验室建造时，应采用产生灰尘最少的建筑材料，过道和防尘设备（如外来空气的过滤装置）等设计是必要的。

4. 易于灭菌

组培室墙壁和天花板、地面的交界处宜做成弧形，便于日常清洁；管道要尽量暗装，安排好暗敷管道的走向，便于日后的维修，同时确保在维修时不造成污染；下水道开口位置应对实验室洁净度的影响最小并要有避免污染的措施。接种室、培养室装修材料还须经得起清洁、冲洗和灭菌，并设置能确保与其洁净度相应的控温、控湿设施。

二、组培快繁实验室的组成及各部分的设计要求

一个标准的植物组培快繁实验室应当包括洗涤室、配制室、缓冲间、接种室、培养室、观察室和驯化室等。在建设中可视具体情况而设置，可合并部分分室。

1. 洗涤室

（1）主要功能　洗涤室用于完成玻璃器皿和实验用具的洗涤、干燥和贮存；培养材料的预处理与清洗；组培苗的出瓶、清洗与整理等。

（2）设计要求　根据工作量的大小来决定其面积，一般在 $10m^2$ 左右。要求房间宽敞明亮，方便多人同时工作；室内应配备电源、水源和大型水槽，为防止碰坏玻璃器皿，可在水池内铺橡胶板，上下水道要畅通；地面耐湿，防滑，排水良好，便于清洁。

（3）仪器与用具配置　工作台、烘箱、晾干架、周转筐（塑料或铁制）以及各种规格的毛刷、托盘等。

2. 配制室

（1）主要功能　在配制室主要进行药品的称量、溶解；母液的制备和保存；固体培养基的配制、分装、包扎和高压灭菌；玻璃器皿、接种工具和实验服等物品的灭菌；蒸馏水的制备等。

（2）设计要求　配制室一般为 $20m^2$ 左右，便于多人同时操作。配制室要求宽敞、明亮、安全、干燥、通风措施良好；墙壁和地面防潮、耐高温；有电源、水源和水槽，保证上下水道畅通；天平最好置于受干扰最少的位置；高压灭菌锅要尽量远离其他设备，有条件的话可单独设置一间灭菌间放置灭菌锅。为了操作方便，也可将配制室与洗涤室合并为准备室。

（3）仪器与用具配置　配制室工作量大，所用仪器和用品繁多。包括普通冰箱、电子天平（电子分析天平）和托盘天平、高压灭菌锅、细菌过滤装置、电蒸馏水器、磁力搅拌器、

恒温水浴锅、酸度计、培养基分装设备、换气扇、烘箱、电炉、微波炉、电饭煲等仪器设备；还有移液管（或微量移液器）、移液管架、培养瓶、棕色或透明试剂瓶、烧杯、量筒、容量瓶、培养皿、吸管、打孔器、玻璃棒、标签纸、记号笔、封口膜、周转筐、棉棒绳、脱脂棉、纱布、滤纸、蒸馏水桶、医用小推车、大型工作台、器械柜、药品柜、培养基存放架或橱柜等用品和用具。

3. 缓冲间

（1）主要功能　设缓冲间是为了防止带菌空气直接进入接种室；工作人员在进入接种室前在此更衣、换鞋、洗手、戴口罩，以防将杂菌带入接种室。

（2）设计要求　面积一般以 3～5m^2 为宜。要求洁净，墙壁光滑平整，地面平坦无缝，并在缓冲间和接种室之间用滑动玻璃门隔离，以减少开关门时的空气扰动。为了防止病菌被带入接种室，可在缓冲间安装 1～2 盏紫外光灯进行照射灭菌；同时配置鞋架、拖鞋、衣帽挂钩、灭过菌的实验服等。

（3）仪器与用具配置　紫外灯、水池、搁架、鞋架、衣帽钩、拖鞋、工作服、实验帽和口罩等。

4. 接种室

（1）主要功能　在接种室主要进行植物材料的灭菌、分离、接种以及培养物的转移等无菌操作，因此接种室也称为无菌操作室。其无菌条件的好坏决定组培快繁的成功与否。

（2）设计要求　其面积根据实验需要和环境控制的难易程度确定，在方便工作的前提下，宜小不宜大，一般接种室面积 7～10m^2 即可。接种室要求密闭、干爽安静、清洁明亮。地面、天花板及四壁尽可能密闭光洁，便于清洁和灭菌；天花板可选用塑钢板或防菌漆，墙面可选用塑钢板或白瓷砖，地面可铺装地板或水磨石，这些材料光滑平整，易于灭菌，不易积染灰尘；在适当位置吊装 1～2 盏紫外线灭菌灯，以便照射灭菌，尽量保持环境为无菌状态。安装一台小型空调，方便控制室温，同时紧闭门窗，减少与外界空气对流。无菌操作室应配置拉动门，以减少开关门时的空气扰动。接种室与培养室通过传递窗相通，可最大限度地降低人员及物品进出带来的污染。

（3）仪器与用具配置　接种室应配置超净工作台、空调、解剖镜、紫外灯、酒精灯、广口瓶、三角瓶、接种工具（如医用镊子、解剖刀柄及刀片、医用剪刀、接种针）、喷雾器、工作台、搁架、火柴、医用小推车等，并配置污物桶，以便存放接种过程中的废弃物，并每天清洗更换。

5. 培养室

（1）主要功能　在培养室主要进行离体植物材料的培养。

（2）设计要求　培养室的设计主要考虑以下几个方面。

① 培养室的大小可根据生产规模和培养架的规格、数目及其他附属设备而定。培养室不宜过大，面积 10～20m^2 即可，以便于均匀控制各项指标。

② 能控温控光。培养室最重要的是温度控制，一般保持在 20～27℃左右。因不同种类植物所要求温度不同，最好将不同种类植物分室培养。培养室面积较小时，采用窗式或柜式的冷暖型空调；培养室面积较大时，最好采用中央空调，以保证培养间内各区域温度相对均衡。

培养架上若装置日光灯，可安装定时开关控制照明时间，植物组织培养的光照强度一般在1000～4000lx，每天照明10～16h，也有的需要连续照明。培养短日照植物需要短日照条件，长日照植物需要长日照条件。现代组培实验室设计大多以太阳光照作为能源，这样不但可以充分利用空间、节省能源，而且组培苗接受太阳光生长得粗壮，驯化也易成活，在阴雨天可用灯光作补充。培养室最好设在向阳面，在建筑的朝阳面设计双层玻璃墙或加大窗户，以利于接收更多的自然光线，高度以比培养架略高为宜。近年来，节能型LED灯也越来越多地应用在植物组织培养领域。

③ 表面易于灭菌，防止微生物感染。要求天花板和墙壁光滑平整、绝热防火，最好用塑钢板或瓷砖装修；地面用水磨石或瓷砖铺设，平坦无缝，方便室内灭菌，并能提高室内亮度。培养室外应设有缓冲间。

④ 培养架要求使用方便、节能、充分利用空间和安全可靠。培养架大多由金属制成，一般设6层，高度2m，最下一层距地面0.2m，层间距为30cm，架宽0.6m。培养架长度，因一般在每层上端装置日光灯，以供照明，所以应根据日光灯的长度而设计，安装40W日光灯管的架长以1.3m较适宜，每个培养架安装2～3盏40W日光灯，多个培养架可用1个光照时控器。架材最好用带孔的新型角钢条，可根据需要上下移动搁板。

⑤ 能够控制湿度。培养室湿度要求恒定，相对湿度以70%～80%为好。门窗密封性要好，有条件的可用玻璃砖代替窗户，并安装排气扇，以备在湿度高、空调有故障时打开排气扇通风排气。南方湿度高的地方可以考虑在培养室内安装除湿机。北方干燥，可安装加湿器以便调节湿度。

⑥ 培养室内用电量大，应设置供电专线和配电设备，并且将配电板置于培养室外，保证用电安全和方便控制。

⑦ 为适应液体培养的需要，在培养室内应配备摇床和转床等设备，但要注意在大型摇床下面应有坚实的底座固定以免摇床移位或因振动大而影响培养室内的其他静止培养。

（3）仪器与用具配置　空调、排气扇、摇床、转床、光照培养箱或人工气候箱、干湿温度计、温度自动记录仪、培养架、日光灯、工作台、配电盘等。

6. 观察室

（1）主要功能　观察室的主要功能是对培养材料进行细胞学或解剖学的观察与鉴定；植物材料的摄影记录；或对培养物的有效成分进行取样检测等。

（2）设计要求　观察室可大可小，但一般不宜过大，以能摆放仪器和操作方便为宜。要求房间安静、干燥、通风、清洁、明亮，保证光学仪器不振动、不受潮、不污染、不受阳光直射。

（3）仪器与用具配置　观察室应配置倒置显微镜、荧光显微镜、解剖镜、图像拍摄处理设备、离心机、酶联免疫检测仪、电子天平、PCR扩增仪、电导率仪、血细胞计数器、微孔过滤器（细胞过滤器）、水浴锅、移液枪等用具。

7. 驯化室

（1）主要功能　驯化室的主要功能是进行组培苗的驯化移栽。

（2）设计要求　组培苗的驯化移栽通常在温室或塑料大棚内进行，其面积大小视生产规模而定。要求环境清洁无菌、采光良好，具备控温、保湿、遮阴、防虫等功能。

（3）仪器与用具配置　驯化室应配置空调、加湿器、遮阳网、暖气或

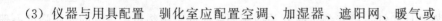

视频：组培实验室的规划设计

地热线、喷雾器、移栽床（固定式或活动式）等设施；营养钵、花盆、穴盘等移栽容器；草炭、蛭石、沙子等移栽基质。

三、实验室常用仪器、器具的使用和维护养护

常规的植物组培快繁操作需要大量的仪器设备，如电子天平、高压灭菌锅等，图 1-1 所

(a) 电子天平　(b) 高压灭菌锅

(c) 烘箱　(d) 酸度计　(e) 超净工作台　(f) 接种工具灭菌器

(g) 光照培养箱　(h) 电蒸馏水器　(i) 纯水仪

(j) 摇床/振荡器　(k) 解剖镜　(l) 臭氧消毒机　(m) 培养架

图 1-1　植物组培快繁常用的仪器设备

示为部分仪器设备。

1. 电子天平

电子天平主要由天平机罩、称盘、传感器、操作键板、液晶显示屏、气泡均衡仪等构成。组培实验室需要配备精确度为0.01g和0.0001g的电子天平，分别用于称取大量元素、蔗糖和琼脂等用量大的药品，以及微量元素、维生素、激素等用量小的药品。天平应放置在干燥、不振动的固定操作台上。

使用电子天平时须先调平，调节天平的地脚螺旋，使气泡在水平指示的红环内。天平接通电源后预热30min，按下“ON/OFF”键，液晶屏进入全显示态，再按“TAR”键，液晶屏显示“0”进入待测状态，在天平盘上放好硫酸纸，去皮重清零后，再将待称量药品放在硫酸纸上，至液晶屏左侧稳定标志“→”出现，此时的读数即为样品质量。

使用电子天平的过程中需要注意以下几点：

① 天平为精密仪器，使用时手要洁净干燥，使用的样品、容器及硫酸纸也一定要洁净干燥，切勿将药品直接放到天平盘上。

② 不要把水、金属弄到天平盘上。

③ 天平严禁靠近磁性物体。

④ 天平使用时，注意不要撞击天平所在桌面，要关上附近的窗户，以防气流影响称重。

2. 高压灭菌锅

高压灭菌锅的用途是对培养基和器械用具进行高压湿热灭菌。小规模实验室可选用小型手提式高压灭菌锅。如果是连续的大规模生产，应选用大型立式的或卧式的高压灭菌锅。立式灭菌器主要由锅体、内胆、锅盖、压力温度表、放气阀、安全阀、水位线标志、温度时间设定装置等构成。高压灭菌锅的工作原理是：在密闭且耐压的容器内，产生的水蒸气可以超过一个大气压，即达到超过100℃以上的温度，从而起到灭菌的作用。

全自动高压灭菌锅操作步骤如下：

① 开锅盖，加入蒸馏水或纯净水至水位指示线，并关紧放汽阀和放水阀，每次灭菌前及时补充水。

② 连接放汽阀的橡胶管插没到一个装有冷水的容器里，在温度达到102℃之前，会不断排出锅内冷空气。

③ 装入灭菌物，将密封圈嵌入槽内，顺时针用力拧紧盖子，直到不能拧动为止。

④ 接通电源，按下“设置”键，根据灭菌物品及实验要求设定灭菌温度及持续时间，设置完毕按下“工作”键使灭菌器开始工作，此时“工作”指示灯亮绿灯。

当压力达到0.10MPa时，“计时”指示灯开始亮绿灯，使压力表保持在0.10～0.15MPa的范围内，维持一定灭菌时间，不同消毒物品所需时间不同，一般灭菌15～30min。

⑤ 放汽取物。当灭菌到所需时间时，灭菌器会蜂鸣报警，立即断开电源，让压力自然下降。当达到0.05MPa时可放出蒸汽，至零时，打开灭菌锅取出物品。

视频：高压灭菌锅的使用

使用时必须注意以下几点：

① 接通电源之前一定要检查是否加水至水位线。

② 灭菌结束后打开锅盖之前，一定要检查锅内压力是否为零。

③ 不同规格灭菌锅的操作步骤不相同，使用前务必阅读仪器使用说明书，并严格按说明书要求进行操作。

3. 烘箱

烘箱也称恒温鼓风干燥箱，用于干燥洗净的玻璃器皿，也可用于干热灭菌和测定干物质重。用于干燥时需保持 80～100℃；进行干热灭菌时需保持 170℃，1～3h；若测定干物质重，则温度应控制在 80℃。

操作步骤如下：

① 把要烘干的物品放置在烘箱的搁架上，关紧烘箱门，接通电源。

② 设定烘干温度和时间。

③ 达到设定温度及时间后断电。

④ 待烘箱冷却后取出物品。

4. 酸度计

植物组培快繁中培养基 pH 的准确度是十分重要的，应当使用酸度计；若无酸度计，也可使用精密 pH 试纸进行测定。首次使用酸度计前，应用标准液调节，然后固定。测量 pH 时，待测液必须充分搅拌均匀。如果培养基温度过高，测量时要调整 pH 计上的温度旋钮使之和培养基温度相同。注意保护好玻璃电极，用后电极应用蒸馏水冲洗干净，盖上电极帽。

使用方法如下：

① 用标准 pH 溶液标定 pH。取随机器带来的药品袋，按要求配成已知 pH 的溶液，将连接好的甘汞电极头插入溶液中，旋转定位钮，使荧屏显示值和已知 pH 相同，然后固定住定位钮。

② 测定待测液。将甘汞电极头用蒸馏水洗净，插入待测液中，液晶屏的读数即为溶液的 pH。若溶液有一定温度，应取温度计测量出温度，旋转 pH 计的温度调节钮，使之与测量液体温度相同，再读数即可。

5. 超净工作台

超净工作台的优点是操作方便、舒适、准备时间短、工作效率高。开机 10min 即可操作，可长时间使用。在工厂化生产中，接种工作量很大，需要经常长时间工作时，超净台是很理想的设备。超净台功率在 145～260W，它装有小型鼓风机，能使空气穿过一个前置过滤器，在这里把大部分空气尘埃先过滤掉，然后再使空气穿过一个细致而高效的过滤器，它除去了大于 0.3μm 的尘埃、细菌和真菌孢子等。超净空气的流速为 24～30m/min，可有效防止附近空气袭扰而引起污染，同时此流速也不会妨碍酒精灯对接种工具等的灼烧消毒。在这样的无菌条件下操作，可以保证无菌材料在转移接种过程中不受污染。

使用方法如下：

① 接通电源，打开紫外灭菌灯，并打开风机。

② 20min 后可关闭紫外灯，用 75%的酒精棉球拭擦双手和工作台，开始进行无菌操作。

③ 使用完毕后，把各种废弃物品从工作台清除，并打开紫外灯灭菌 20～30min，关闭电源。

在投资少的情况下，可以用接种箱来代替超净台。接种箱依靠密闭、药剂熏蒸和紫外灯照射来保证内部空间无菌。但操作活动受限制，准备时间长，工作效率低。

6. 光照培养箱

光照培养箱内有温度调节器，还配有光源，用于植物材料的培养。

使用步骤如下：

① 把接种后的培养材料放入培养箱内的搁架上，注意保持出风口畅通。

② 接通电源，按下电源开关。

③ 按下温度控制仪的“设置”键，设定培养温度。

④ 按下光照控制仪的“设置”键，设定光周期，即分别设定开灯和关灯时间，然后设定光照强度即可。

7. 电蒸馏水器

在配制培养基母液及培养基时需用蒸馏水，蒸馏水是由电蒸馏水器制得的。电蒸馏水器有金属和硬质玻璃两种，主要由冷凝器、回水管、进水阀、蒸馏水出口管、水位表、蒸发锅、水碗、放水阀、电源指示灯等构成。当蒸发锅内的水加热后，便产生水蒸气，而水蒸气进入冷凝器遇冷便凝结成水滴，水滴从蒸馏水出口管流出便得蒸馏水。其操作步骤如下：

① 加水。打开水源阀，使自来水通过冷凝器回水管进入蒸发锅，直至水位达水位表可见处。

② 加热。接通电源，加热到有热汽从水碗冒出时，重新开启水源阀，并且调到水流合适为止，约离水碗上边缘 1cm。

③ 关阀。当蒸馏水烧完时，先关闭水源再关闭电源。

注意：通电时一定要有水通过。

8. 其他仪器设备

（1）药品柜　用以放置常用药品。

（2）普通冰箱　主要用于贮存母液和各种易变质、易分解的化学药品以及植物材料等。

（3）磁力搅拌器　磁力搅拌器用于加速搅拌难溶的物质，如各种化学物质、琼脂粉等。磁力搅拌器还可加热，使之更利于溶解。

（4）恒温水浴锅　恒温水浴锅用于难溶药品的溶解、琼脂的溶化等。若没有水浴锅，也可用 1500W 或 2000W 电炉或电饭锅代替。电炉应配有铝锅。

（5）培养基分装设备　小型组织培养实验室可采用烧杯、漏斗等作为分装培养基的工具。也可采用医用“下口杯”作为分装工具，在“下口杯”的下口管上套一段软胶管，加一弹簧止水夹，使用时非常方便。大规模或要求更高效率时，可考虑采用液体自动定量灌注机。

（6）解剖镜　解剖镜种类较多，分离微茎尖可采用双筒实体解剖镜。双筒解剖镜在分离茎尖等较小组织时，便于观察、操作，通常能放大 5～80 倍。放大 40 倍以上操作需要技术熟练和较好的工具。进行操作时，要有照明装置。解剖镜上要带有照相装置，根据需要随时对所需材料进行摄影记录。

（7）搁架　贮放高压灭菌后等待接种的培养基。

（8）大型工作台　其高度应方便配制工作。

（9）空调　空调能确保室内温度均匀、恒定。接种室和培养室的温度调控都需要空调。空调应安装在室内较高的位置，以便于排热散凉。

（10）除湿机　培养室湿度过高易滋生杂菌，湿度过低则会使培养基失水变干，从而影响外植体的正常生长。当湿度过高时，可采用小型室内除湿机除湿；当湿度过低时，可喷水增湿。

（11）摇床与转床 在液体培养时，为了改善培养材料的通气状况，可用摇床来振动培养容器。振动频率为每分钟 100 次左右。摇床冲程应在 3cm 左右，否则会将细胞振破。转床同样用于液体培养。旋转培养使培养物交替处于培养液和空气中，这样既改善了氧气的供应又使营养得到了较好的利用。通常植物细胞悬浮培养需要用 80～120r/min 的快速转床。

9. 玻璃器皿

在植物组培快繁中，配制培养基和进行培养时需大量的玻璃器皿。玻璃器皿要求由碱性溶解度小的硬质玻璃制成，以保证能长期贮存药品及培养效果好；培养用的器皿还要求透光度好，能耐高压高温，能方便放入培养基和培养材料，根据培养的目的和要求，可以采用不同种类、规格的玻璃器皿。其中以三角瓶、广口瓶、试管、培养皿等使用较多。三角瓶是植物组织培养中最常使用的，规格有 50mL、100mL、250mL、500mL 等，一般使用 100mL 三角瓶，无论静止或振荡培养皆可以。其培养面积大，有利于培养物生长，受光好，且瓶口较小，不易失水和污染。

广口瓶常作为试管苗大量繁殖的培养瓶，一般用 200～500mL 规格的广口瓶。现有耐高温的塑料广口瓶，其规格有 250mL、330mL、350mL 等；因广口瓶瓶口大，操作方便，可提高效率，减少材料消耗，加上价格低廉、透光好、空间大、材料生长健壮，已被许多组培工厂大量使用。但污染率较高，灭菌和操作要严格，尽量降低污染率。

培养皿常用直径 6cm、9cm、12cm 等规格，要求上、下皿能密切吻合。在游离细胞、原生质体、花粉等的静置培养、看护培养，无菌种子的发芽，植物材料的分离等上被广泛采用。

试管特别适合培养基用量较少或者试验各种不同配方时使用，在茎尖培养、花药和单子叶植物分化长苗时更能显示其优越性。可用于培养较高的试管苗，另外也不易污染。

L 形管和 T 形管是旋转式液体培养的专用容器。

培养器皿可就地取材，采用一些代用品。工厂化生产可采用广口的 200mL 罐头瓶，加盖半透明的塑料盖，由于瓶口大，所以大量繁殖时操作方便，工作效率高，也减少了培养材料的损伤。但缺点是易引起污染。

目前，培养容器和制备培养基所需的玻璃器皿渐被耐高温的塑料器皿所代替。塑料容器具有质轻、透明、不易破碎、成本低等优点，如培养容器多为平底方盒形，可增加培养物的容量，并方便一层层地叠摞起来，从而节约空间。这类塑料制品多用聚丙烯材料制成，能耐高温，可进行高压灭菌。有些产品为一次性消耗品，既可节省洗涤用人工，又可节省时间，提高效率。一次性塑料容器或带螺丝帽的玻璃瓶，无需另外配盖，使用时非常方便。

植物组培配制培养基、贮藏母液、材料灭菌等还需要各种化学实验用的玻璃器皿，包括 100mL、250mL、500mL、1000mL 烧杯；100mL、250mL、1000mL 量筒；500mL、1000mL 容量瓶及广口瓶等。

10. 金属器械

进行植物组培快繁所用的金属器械，大多选用医疗器械和微生物实验所用的器具。常用的金属器械如图 1-2 所示。

（1）镊子类 植物组培所用镊子主要是医用镊子。根据操作的需要可选用不同类型，尖头镊子适于取植物组织和分离茎尖、叶片表皮等；枪形镊子适于接种和转移植物材料；若用 1000mL 的三角瓶作为培养瓶，可用长 20cm 的镊子；某些微小部分的精细操作则用钟表镊子，如在分离茎尖幼叶时，由于其尖端锋利，所以几乎可代替剪刀使用。

选择镊子应注意：镊子过短，容易使手接触瓶口，造成污染；镊子太长，使用起来不灵活。

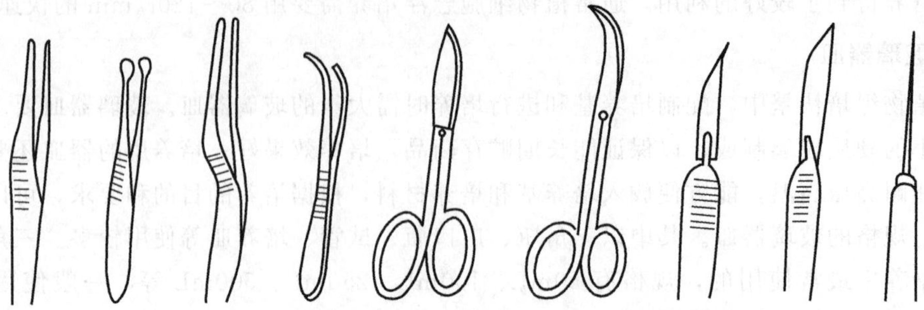

图 1-2 组织培养常用金属器械

1—尖头镊子；2—扁头镊子；3—枪形镊子；4—弯头镊子；5—直形剪；6—弯头剪；7—尖头解剖刀；8—解剖刀；9—接种针

(2) 剪刀类 在修剪外植体等试验（如剪切植物茎段、叶片等）中，可采用医用直形剪刀；而在接种、增殖培养等试验中，一般采用弯形剪刀，由于其头部弯曲，可以深入瓶口中进行剪切。

(3) 解剖刀 切割较小植物材料或者分离茎尖分生组织时可用解剖刀。解剖刀有不同的规格型号，刀片的前端有尖头和圆头的，可根据试验的不同选择，一般组培实验用的解剖刀为 10 号，注意：解剖刀和刀片的型号要对应，常用的解剖刀刀片可以经常更换，刀口要保持锋利状态，否则切割时会造成挤压，引起周围细胞组织大量死亡，影响培养效果。

(4) 解剖针 解剖针用于深入到培养瓶中转移细胞或愈伤组织，也可用于分离微茎尖的幼叶。

(5) 打孔器 打孔器用于取肉质茎、块茎、肉质根内部的组织。打孔器一般制成T形，其口径有各种规格。

11. 移液器

实验室中用来吸取并转移液体的工具有移液管和移液器（图 1-3）。玻璃移液管的使用在化学实验里已经学习，而生物技术实验室常用移液器来吸取和转移液体。移液器外部结构简单，操作方便，可以单手操作。移液器的吸头是塑料的，根据吸取的液体体积有不同的规格，移液器在使用时吸取的为非腐蚀性液体。

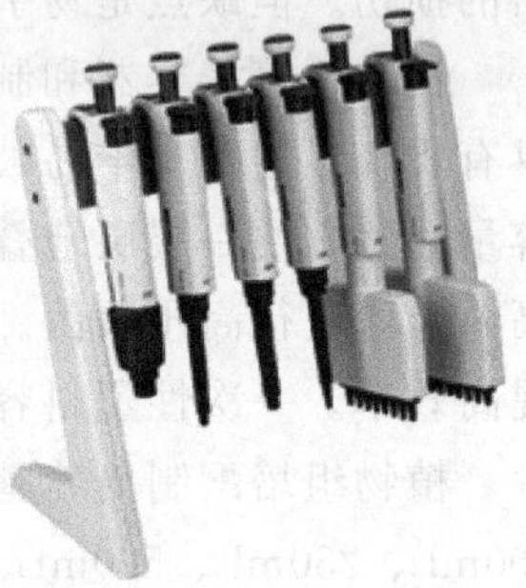

图 1-3 移液器

移液器的操作如下：

① 选择量程适合的移液器，调整量程至所需要的刻度。

② 装紧吸头，拇指按下塞杆顶部至第一停点，将吸头垂直浸入液面 2～3mm，缓慢平稳松开按钮，吸上液体，停留 1～2s。

③ 移液。缓慢转移吸头至目标容器，使吸头靠容器内壁稍倾斜，平稳按下塞杆顶部至第一停点，再继续下压至第二停点。缓慢松开拇指，移开吸头。

【工作任务】

任务1 参观植物组培快繁实验室、设计组培快繁实验室的平面图

一、任务目标

(1) 通过参观组培实验室，掌握组织培养实验室的规划与布局。

(2) 基本掌握组培快繁常用的实验仪器设备的构造。

(3) 了解如何组建组培快繁实验室。

(4) 能熟练运用植物组培尤其是无菌操作概念设计组培室。

(5) 能运用组培工业生产流程配置组培室相应的仪器设备。

二、任务准备

(1) 仪器设备 超净工作台、培养箱、空调、恒温干燥箱、烘箱、高压灭菌锅、普通冰箱、电子天平、电磁炉、水浴锅、摇床或转床、电蒸馏水器、酸度计、离心机、干热灭菌器、显微镜、托盘天平、移液器。

(2) 各类器皿 试管、三角瓶、L形和T形管、培养皿、培养瓶、分装器、离心管、刻度移液管、量筒、量杯、烧杯、吸管、滴管、容量瓶、称量瓶、试剂瓶等。

(3) 器械用具 镊子、剪刀、解剖刀、接种工具、酒精灯、电炉、磁力搅拌器、微波炉、蒸馏水瓶等。

三、任务实施

(1) 由指导教师集中介绍组培快繁实验室守则、有关注意事项及本次实训目的。

(2) 将全班同学分不同批次（两到三批），由指导教师与实验实训教师同时分别对一批学生进行讲解，然后交换进行。

(3) 指导教师讲解组培实验室的构建情况，包括无菌操作室和培养室的设计要求，内部仪器设备的名称及作用；准备室（化学实验室）内的各种仪器设备和用具器皿的名称与用途。

(4) 参观缓冲室、接种室、培养室及灭菌室等组培实验室。

(5) 掌握每间实验室内的主要仪器设备的名称、使用方法与注意事项。

(6) 根据培养目的的规模设计组培实验室和组培苗生产小型工厂。

(7) 列出组培实验室常用的仪器设备的名称和作用。

(8) 写一份组织培养室注意事项。

四、任务结果

(1) 根据本次参观组培快繁实验室收获完成实训报告。

(2) 每人构思一个植物组培快繁实验室的组建方案。

五、考核及评价

(1) 根据培养规模来设计小型组培苗生产室，要求流水线式设计布局合理。

(2) 注意无菌室防止污染的要求。

(3) 降低成本、节能、安全。

参考下表考核点进行评分（总分：100分）。

设计组培快繁实验室的平面图评分考核点	分值	评分
组培实验室的规划设计有哪些总体要求	10分	
组培实验室由哪几个部分组成	10分	
缓冲间有什么功能和设计要求	10分	
接种室的主要功能是什么	10分	
接种室的设计要求有哪些	10分	
接种室需要配备哪些设备和用具	10分	
培养室如何控制温度和光照	10分	
组织培养室常用的仪器和器具有哪些	20分	
组织培养室有哪些注意事项	10分	
总分	100分	

案例 1-1 小型植物组织培养实验室设计

一、培养室高效节能培养架设计

型号：NH-PYJ-5A-I（图 1-4）

材质为万能角钢，表面采用静电喷塑处理，防腐防锈、坚固耐用、结构简单、外形美观、安装拆卸方便；层高以 5cm 为间距任意调节。

图 1-4 培养室高效节能培养架

尺寸：1250mm×500mm×2000mm，实用 5 层，层高 35cm，每层安装 1 套 32W 带罩、带独立开关的高效全光谱组培灯，适合植物生长，每层放 2 个耐高温组培专用的顶层反光板，增加光强度。暗式布线。技术参数见表 1-1。

表 1-1 高效节能培养架技术参数

型号	尺寸（长×宽×高）/mm	实用层数	功率/W	光照强度/lx	特点说明
NH-PYJ-5A-I	1250×500×2000	5	27×5	3000	特定光谱灯发光率高、发热率低，可以与培养物近距离接触，具有自动定时功能
NH-PYJ-10A-I	1250×500×2000	5	27×10	3000/5000	独立开关控制，光照两档可调，另外提供增强光照，光照可提高 1 倍
NH-PYJ-10A-LED	1250×500×2000	5	12×5	3000/5000	LED 红蓝光合理搭配，满足植物光合作用需求

特定光谱灯与架体配合使用的特点：①特定光谱灯发光率高、发热率低，可与培养物近距离接触。②照明独立控制，有效节能降耗。③灯管发热率低，寿命长，培养瓶内外温差小，瓶壁积水少，避免玻璃苗的产生。④每层放耐高温组培专用托盘，散热好，解决了组培散热难的问题。上下层及周围灯光互相弥补，增加了光照强度，节省了能耗。

二、组培实验室规划设计

一个基本的组培实验室应该包括准备室、洗涤灭菌室、无菌操作室（接种室）、培养室、缓冲间和驯化室。当然，根据实际情况，有些分室可以合并或者不要，具体平面设计图如图 1-5。

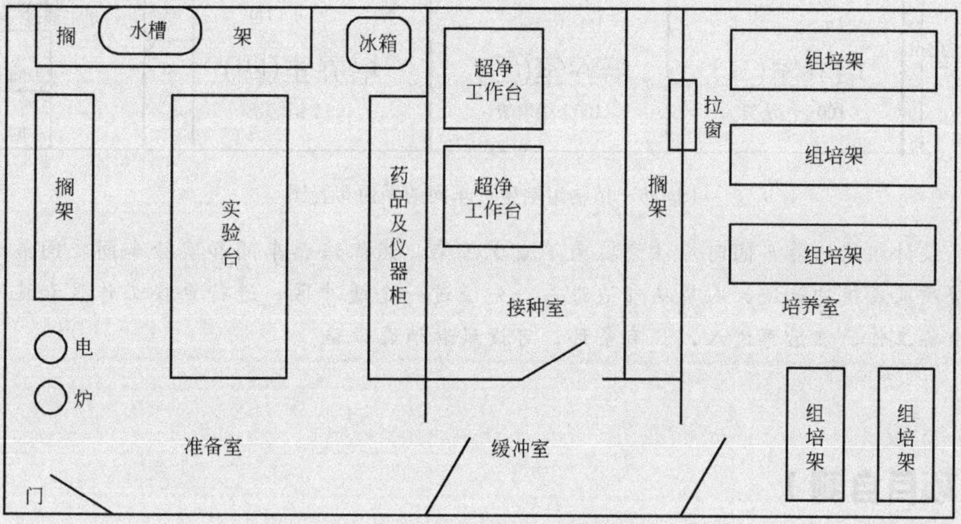

图 1-5 组培实验室常规布局平面图

案例 1-2 植物组培工厂设计

植物组培育苗工厂应选址在安静、清洁、可避开各种环境污染源的地方，以减少污染，降低生产成本确保工作的顺利进行。

根据已确定的生产规模设计组培生产车间时，要全面了解组培工作中所需的最基本的条件，以便因地制宜地利用现有房屋改建或新建组培工厂，尽量做到合理布局。通常按工作程序先后，安排成一条连续的生产线，避免环节错位，增加日后工作的负担或引起混乱。

组织培养的生产线主要包括培养器皿清洗，培养基的配制、分装、包扎和高压灭菌，无菌操作材料的表面灭菌和接种，进入培养室培养，试管苗出瓶、移栽等。各个房间的面积要合理安排，做到大小适中，工作方便，减少污染，节省能源，使用安全。图 1-6 所示的是一种组培生产车间设计的平面布置图。

视频：参观组培工厂

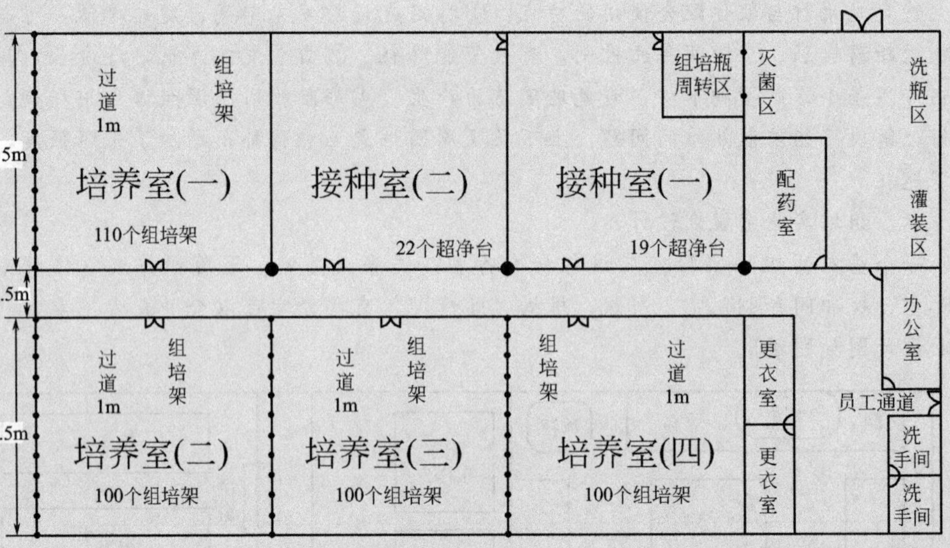

图 1-6 植物组培生产车间的平面布置图

设计组织培养车间时应注意：为了减少污染，组织培养车间和实验车间之间最好设缓冲间或缓冲走道，人员从外边进入，先经过一个缓冲区，进行更换工作服和拖鞋等准备工作，然后再进入，如有条件，可设风淋消毒设施。

【项目自测】

一、填空题

1. 组培室一般是由＿＿＿＿＿＿、＿＿＿＿＿＿、＿＿＿＿＿＿、＿＿＿＿＿＿、＿＿＿＿＿＿、＿＿＿＿＿＿、＿＿＿＿＿＿等分室组成。

2. 组培实验室规划设计的总体要求是＿＿＿＿＿＿、＿＿＿＿＿＿、＿＿＿＿＿＿和＿＿＿＿＿＿。

3. 培养室大小要适宜，一般设计为＿＿＿ m^2 一间，便于对培养条件的均匀控制。

4. 酸度计主要用于测量培养基溶液的＿＿；在使用前，应先＿＿＿＿＿＿＿＿，然后再测定待测溶液。

5. 配制室的主要功能是＿＿＿＿、＿＿＿＿＿、＿＿＿＿＿＿。

二、简答题

1. 因地制宜建一个植物组培快繁实验室，需要哪些组成部分？各部分的作用是什么？

2. 进行常规植物组培快繁时，需要什么设备和器械？

3. 高压灭菌锅的使用有哪些注意事项？

4. 在使用蒸馏水器时应当注意哪些事项？

5. 简述使用超净工作台时的注意事项。

6. 简述干热灭菌和高压蒸汽灭菌适用范围。

项目二 培养基及其配制

【学习目标】

知识目标

- 了解植物组培快繁中培养基的种类和各类培养基的组成；
- 熟悉培养基的成分及其对培养物的作用。

技能目标

- 熟练掌握培养基配制的程序；
- 能根据培养要求配制出适宜的培养基。

素质目标

- 培养追求真理、实事求是、勇于探究与实践的科学精神；
- 培养吃苦耐劳的精神和认真、细致的工作作风。

【必备知识】

一、培养基的作用

药用植物组培快繁的成功与否，除了培养材料本身因素之外，在很大程度上取决于对培养基的选择。培养基的种类、成分直接影响到培养材料的生长与分化，尤其药用植物本身比较特殊，绝大多数药用植物含有大量的、复杂的化合物，直接或间接影响培养效果，故应根据培养植物的种类和部位，选择适宜的培养基。

植物细胞培养大多数情况下是异养生长，所以除植物必需的矿质营养物外，还必须供给糖类作为能源以及微量的维生素和激素。此外，有时还需要某些有机氮化合物、有机酸和复杂的天然物质。在植物组织培养中，根据不同的植物、器官和组织以及研究目的不同，要使用不同的基本培养基与不同的附加成分。

二、培养基的成分

人们常用的培养基在所含成分的种类、用量上各有不同，尽管培养基千差万别，从其主要成分来看，都包括水、无机营养物、碳源、植物生长调节物质（常称为激素）、天然复合物和培养体的支持材料六大类，有时还添加抗生物质及中药等其他物质。

1. 水

培养基的大部分是水，配制培养基时一般用蒸馏水。研究人员关于不同水质对人参愈伤组织生长的影响试验结果表明，用井水配制的培养基人参愈伤组织生长最慢，其中人参皂苷含量也最低；而蒸馏水培养基上生长的人参愈伤组织，虽然其中人参皂苷含量较生长于自来水培养基的低 9.50%，但其生长速度却比在自来水培养基上快 18%。所以，一般均用自制的蒸馏水配制培养基。但是，在大量培养时使用蒸馏水配制培养基会增加成本，所以工业生产很少采用。

2. 无机营养物

无机营养物就是人们平时所说的矿物质、无机盐。根据植物对这些元素需要量的不同或者根据目前植物培养基中添加这些元素量的多少，可将它们分成大量元素和微量元素。大量元素一般指在培养基中浓度大于 0.5mmol/L 的元素，微量元素是指浓度小于 0.5mmol/L 的元素。组织培养需要的无机营养成分与植物营养的必需元素基本相同，包括氮（N）、磷（P）、钾（K）、钙（Ca）、镁（Mg）、硫（S）6 种大量元素，以及铁（Fe）、锰（Mn）、铜（Cu）、锌（Zn）、氯（Cl）、硼（B）、钼（Mo）7 种微量元素。

（1）大量元素　大量元素在植物生活中具有非常重要的作用，如氮、硫、磷是蛋白质、氨基酸、核酸和许多生物催化剂（即酶）的主要或重要组分。它们与蛋白质、氨基酸、核酸和酶等物质的结构、功能、活性有直接的关系，不可或缺。

① 氮。氮占蛋白质含量的 16%～18%，在植物生命活动中占有首要的地位，故又称为生命元素。氮是培养基中大量需要的，除 White（WH）培养基只含硝态氮（NO_3^-）外，大多数培养基中既含硝态氮，又含铵态氮（NH_4^+）。铵态氮对很多植物生长有利。大多数在含硝态氮的培养基上生长良好的植物材料，加铵态氮后生长更好。NO_3^- 的用量一般为 20～40mmol/L，NH_4^+ 为 2～20mmol/L。细胞培养中 NH_4^+ 的用量不宜超过 8mmol/L，否则就会对培养物产生毒害作用，如培养基中含有柠檬酸、琥珀酸或苹果酸，NH_4^+ 可用到 10mmol/L。缺氮时某些植物的愈伤组织会出现一种很引人注目的花色素苷的颜色，愈伤组织内部不能形成导管。

② 磷。磷是三磷酸腺苷（ATP）的主要成分之一，与全部生命活动紧密相连，在糖代谢、氮代谢、脂肪转变等过程中不可缺少。磷常以 $NaH_2PO_4 \cdot H_2O$、KH_2PO_4 或 $NH_4H_2PO_4$ 的形式提供。试验表明，培养基中磷酸盐增加时，细胞生长的对数和指数期就会延长。若开始时磷酸盐浓度低，次生代谢就会受到强烈促进。很明显，磷酸盐的减少比其他任何营养成分的减少，对次生代谢物生物合成的影响作用都大。也有报道指出，与这些降低培养基中初始磷酸盐水平的有利作用相反，在少数情况下，提高初始磷酸盐水平可明显促进次生代谢。

③ 钾。钾对参与活体内各种重要反应的酶有着活化剂的作用，钾供应充分时糖类合成加强，纤维素和木质素含量提高，则茎秆坚韧，植株健壮。缺磷或钾时细胞会过度生长，愈伤组织呈现极其蓬松状态。钾常以 KCl、KNO_3 或 KH_2PO_4 形式提供。

④ 钙。钙是细胞壁的组分之一，果胶酸钙是植物细胞胞间层的主要成分，缺钙时细胞分裂受到影响，细胞壁形成受阻，严重时幼芽、幼根会溃烂坏死。现代生物学研究还证明钙是植物体内的信号分子（信使）之一，在植物信号转导中发挥重要作用，钙离子与钙调蛋白（CaM）结合形成的 $Ca^{2+} \cdot CaM$ 复合体能活化各种酶，调解植物对外界环境的反应与应答过程。钙常以 $CaCl_2 \cdot 2H_2O$、$Ca(NO_3)_2 \cdot 4H_2O$ 或其无水形式提供。

⑤ 镁。镁是叶绿素分子结构的一部分，缺少镁，叶绿素就不能形成，叶子就会失绿，就不能进行光合作用。镁也是染色体的组成成分，在细胞分裂过程中起作用。镁常以 $MgSO_4 \cdot 7H_2O$ 的形式提供，既提供了镁又提供了硫。

⑥ 硫。胱氨酸、半胱氨酸、蛋氨酸等氨基酸中都含有硫，这些氨基酸是几乎所有蛋白质的构成分子。缺硫时培养的植物组织会明显褪绿。除了硫酸镁外，硫还以 Na_2SO_4 的形式

提供，不过其中的钠（Na^+）对植物并不是必需的，甚至常常是不利的。

（2）微量元素　培养基中的微量元素主要包括铁（Fe）、锰（Mn）、铜（Cu）、锌（Zn）、硼（B）、钼（Mo）、氯（Cl）、钴（Co）、碘（I）和铝（Al）等。这些元素有的对植物生命活动的某个过程十分有用，有的对蛋白质或酶的生物活性十分重要，有的则参与某些生物过程的调节。

① 铁。铁有两个重要功能，作为酶的重要组成成分和合成叶绿素所必需的元素，缺铁时细胞分裂停止，出现缺铁症，叶片呈淡黄色。铁也被认为是植物细胞分裂和延长所必需的元素。由于 $Fe_2(SO_4)_3$、$FeCl_2$、柠檬酸铁、酒石酸铁等在使用时易产生沉淀，植物组织对其吸收利用率较差，故目前多以加入 Na_2-EDTA 形成螯合态铁的方式供应。但 EDTA 可能对某些酶系统和培养物的形成发生有一定的作用，使用时应慎重。

② 锰。锰对糖酵解中的某些酶有活化作用，是三羧酸循环中某些酶和硝酸还原酶的活化剂。

③ 铜。铜是细胞色素氧化酶、多酚氧化酶等氧化酶的成分，可影响氧化还原过程。

④ 锌。锌是吲哚乙酸生物合成所必需的，也是谷氨酸脱氢酶、乙醇脱氢酶等的活化剂。

⑤ 硼。硼能促进糖的跨膜运输，影响植物的有性生殖（如花器官的发育和受精作用），增强根瘤菌固氮能力，促进根系发育；同时还具有抑制有毒酚类化合物形成的作用，改善某些植物组织的培养状况；缺硼时细胞分裂停滞，愈伤组织表现出老化现象。

⑥ 钼。钼是硝酸还原酶和钼铁蛋白的金属成分，能促使植物体内硝态氮还原为铵态氮。

⑦ 氯。氯在光合作用的水光解过程中起活化剂的作用，促进氧的释放和还原 NADP（辅酶Ⅱ）。

除了上述元素外，为了某些植物组织培养的特殊需要，有时也把钠（Na）、镍（Ni）等也加入微量元素的行列。钠对某些盐生植物、C_4 植物和景天酸代谢植物是必需的。镍对尿素酶的结构和功能是必需的。但是有些成分的作用至今还不十分清楚，可人们仍然把它们加入培养基中，如碘和钴等。

3. 碳源

在组织和细胞培养中，碳源是培养基的必要成分之一，碳源一般分为 3 类，即糖类、醇和有机酸，由于醇和有机酸作为碳源不能有效地被植物组织利用，有关研究不多，而将糖类作为碳源的研究较多。

（1）碳源的作用　组织培养中糖类的作用是作为碳源和渗透压的稳定剂。一般植物组织和细胞培养以蔗糖作为碳源。在同种类碳源上，不同植物组织的生长能力有显著差异，有的碳完全不能被细胞利用。可能的原因有两种：一是细胞缺少相应的酶，二是细胞对这种碳源不能渗透，因此不能代谢这种碳源。

此外，碳源还可在一定程度上调节培养基的渗透压，使其一般维持在 1.5～4.1MPa。因此，适当提高培养基中的蔗糖浓度，可以避免植物组织和细胞从培养基中吸收过量的水分，从而提高组培苗的质量。

（2）碳源种类对愈伤组织生长和次生代谢产物产生的影响　在组织培养中，常用的碳源是蔗糖，有时也用葡萄糖。研究表明，对大多数植物组织来说蔗糖是最好的碳源，用量在 2%～3%。其次为葡萄糖、麦芽糖等。果糖虽也能用，但不太合适。原生质体培养则用葡萄糖比蔗糖效果好。

可溶性淀粉作为碳源对含糖量较高的植物组织来说，有较好效果。

植物不同组织对相同碳源的反应也是不同的。例如：在糖槭根的组织培养中，葡萄糖、纤维二糖和海藻糖作为碳源优于蔗糖，组织生长良好，而对糖槭茎来说，蔗糖和葡萄糖是良好的碳源，纤维二糖和海藻糖虽能维持该组织的生长，但不理想。

碳源对培养细胞次生代谢物质的产量也有影响。研究人员对烟草、玫瑰细胞培养中和黄连组织培养中的碳源进行试验，结果显示，提高培养基初始蔗糖水平可以提高培养物次生代谢产量。各种不同碳源对愈伤组织生长和次生代谢物生物合成的效果也不同，麦芽糖最佳，葡萄糖与蔗糖相近；其次为甘露糖、果糖、半乳糖；而属于糖醇的D-山梨糖醇、D-甘露糖醇效果较差。

(3) 组织培养中糖的最适浓度　大量试验研究表明，在植物组织培养中，蔗糖浓度对组织生长速度有明显影响。研究人员用万寿菊、长春花、向日葵和烟草等组织，研究葡萄糖、果糖、蔗糖、麦芽糖、半乳糖和淀粉等10多种糖类的最适浓度，结果表明，葡萄糖、果糖和蔗糖含量为0.5%～4%时均能促进组织生长，其最适浓度为1%～2%。当浓度低于0.5%或高于4%时，仅有微弱的生长或完全停止生长。当然，最适蔗糖浓度也有特例，如诱导花药愈伤组织和胚培养时采用高浓度（9%～15%）的蔗糖可获得较好效果。试验还表明，最适浓度和糖分子量之间似乎不存在相关性。

4. 其他有机化合物

除碳源外，植物生长调节物质、维生素、氨基酸等有机物，对组织培养物的作用也极为重要。

(1) 植物生长调节物质　植物生长调节物质是一些调节植物生长发育的物质。植物生长物质可分为两类：一类是植物激素，另一类是植物生长调节剂。植物激素是指自然状态下在植物体内合成，并从产生处运送到别处，对生长发育产生显著作用的微量（1μmol/L以下）有机物。植物生长调节剂是指一些具有植物激素活性的人工合成的物质。但在平常工作中，人们并没有将它们严格区分开来，而统称为“激素”“植物激素”或“植物生长调节物质”。这类物质既可以刺激植物生长，也可抑制植物生长，对植物的生命活动真正起到调节作用。在植物组织培养中使用的生长调节物质主要有生长素和细胞分裂素两大类，少数培养基中还添加赤霉素（GA）等。

① 生长素。生长素在植物体中的合成部位是叶原基、嫩叶和发育中的种子。成熟叶片和根尖也产生微量的生长素。在植物组织培养中，生长素主要被用于诱导刺激细胞生长和根的分化。在植物组织培养中常用的生长素有：NAA（萘乙酸）、IAA（吲哚乙酸）、IBA（吲哚丁酸）、NOA（萘氧乙酸）、*p*-CPA（对氯苯氧乙酸）、2,4-D（2,4-二氯苯氧乙酸）、2,4,5-T（2,4,5-三氯苯氧乙酸）、毒莠定（4-氨基-3,5,6-三氯吡啶甲酸）等。

这些生长素中，IBA对根的诱导与生长作用强烈，作用时间长，诱发的根多而长。IBA是天然合成的生长素，可在光下迅速溶解或被酶氧化，由于培养基中可能有氧化酶存在，所以在使用浓度上应相对较高（1～30mg/L）。

NAA是人工合成的，有α和β两种形式，培养基中用α型，所以在配制培养基时总是加入α-萘乙酸。与IBA相比，NAA诱发根的能力较弱，诱发的根少而粗，但对某些植物如杨树等却具有很好的效果。

2,4-D对愈伤组织增殖最有效，特别是对单子叶植物，10^{-7}～10^{-5} mol/L即可以诱导产生愈伤组织，常常不需再加细胞分裂素。但2,4-D是一种极有效的器官发生抑制剂，不能用于启动根和芽分化的培养基中。

毒莠定是一种水溶性的生长素，它最先作为除草剂使用，在组织培养中，比2,4-D的浓度低即有效，在有效浓度范围内对培养的植物细胞毒副作用更少，可使愈伤组织直接分化产生植株，因此比2,4-D具有更多的优越性。

② 细胞分裂素。细胞分裂素是腺嘌呤的衍生物。腺嘌呤的第6位氨基、第2位碳原子和第9位氮原子上的氢原子可以被不同的基团所取代，当被取代时就会形成各种不同的细胞分裂素。因此，确切地讲应该称作细胞分裂素类物质。

植物和微生物中都含有细胞分裂素。细胞分裂素在植物生长发育的各个时期均可表现出调节作用，它的调节作用可能与对核酸的影响有关。它可以影响某些酶的活性，影响植物体内的物质运输，调控细胞器的发生，还可以打破某些植物种子的休眠和延缓叶片的衰老。现代生物学研究初步证明，细胞分裂素可以结合到高等植物的核糖核蛋白体上，促进核糖体与mRNA结合，加快翻译速度，从而促进蛋白质的生物合成。它还可以与细胞膜和细胞核结合，影响细胞的分裂、生长与分化。

在tRNA分子的反密码子附近发现有细胞分裂素的结合位点，这可能预示着细胞分裂素在基因表达的翻译水平上具有调节作用。其实，细胞分裂素本身就是tRNA的组成部分，植物tRNA中的细胞分裂素就有异戊烯基腺苷、反式玉米素核苷、甲硫基异戊烯基腺苷和甲硫基玉米素核苷等数种。

自然情况下，细胞分裂素主要在根中合成，但根并不是唯一的合成部位，茎端、萌发中的种子、发育中的果实和种子也能合成。

在组织培养中使用细胞分裂素的主要目的是刺激细胞分裂，诱导芽的分化、叶片扩大和茎长高，抑制根的生长。

培养基中常用的天然细胞分裂素主要有：从甜玉米未成熟种子或其他植物中分离到的玉米素［6-(4-羟基-3-甲基-反式-2-丁烯基氨基)嘌呤］，在椰子胚乳中发现的玉米素核苷［6-(4-羟基-3-甲基-反式-2-丁烯基氨基)-9-*p*-D-核糖呋喃基嘌呤］，从黄羽扇豆中分离出来的二氢玉米素［6-(4-羟基-3-甲基丁基氨基)嘌呤］，从菠菜、豌豆和荸荠球茎中分离出来的异戊烯基腺苷［6-(3-甲基-2-丁烯基氨基)-9-*p*-D-核糖呋喃基嘌呤］等。人工合成的细胞分裂素主要有：KT（激动素，6-呋喃氨基嘌呤）、6-BA（6-苄基腺嘌呤）、2-iP（2-异戊烯基腺嘌呤）、IPA（吲哚丙酸）、CPPU（氯吡苯脲）和TDZ（噻二唑苯基脲）等。

细胞分裂素常与生长素相互配合，用以调节细胞分裂、细胞伸长、细胞分化和器官形成。

③ 赤霉素。赤霉素是一类具有赤霉烷骨架，能刺激细胞分裂和伸长的化合物。天然赤霉素有很多种，但研究最多并且广泛应用的主要是赤霉酸（GA_3）。赤霉素虽然也能促进细胞分裂，但主要作用是加速细胞的伸长，在植物组织培养基中很少添加，因为在很多植物的组织培养中，赤霉素对诱导器官和胚状体的形成有抑制作用，但对已形成的器官和胚状体的生长则有促进作用。因此，需慎重使用，不可轻易添加，必须先用一些不重要的材料做预试验，待获得肯定结果时再用于正式试验。

④ 乙烯。乙烯在芽的诱导和管胞分化上具有一定作用，管胞分化往往是器官发生的基础。乙烯单独地或与CO_2共同加入瓶中，以代替6-BA或6-BA和2,4-D的作用，促进水稻愈伤组织芽的生长，CO_2对乙烯促芽作用明显，$AgNO_3$可逆转乙烯和2,4-D的抑制作用。在有IAA和KT时，乙烯促进某些植物芽的形成。乙烯对芽形成的效果与不同植物种类有关，也与不同发育时期植物对乙烯的敏感性不同有关。如在烟草的组织培养早期，乙烯促进

芽的分化，后期则起抑制作用。高等植物各器官都能产生乙烯，但不同组织、不同器官和不同发育时期，乙烯的释放量不同。温度可以影响乙烯的产生量，25～35℃下产生量较高，可促进水稻培养细胞生根，15℃或40℃下产生量降低。

在组织培养中，培养的植物组织也会产生乙烯，如果封口用的是不透气的塑料膜，容器内就会逐渐积累乙烯，严重时可引起培养物的死亡。培养瓶内乙烯的积累量因植物种类不同而不同，小麦的悬浮细胞培养物24h每克干重可产生乙烯5nmol，亚麻可高达90nmol。一般说来，乙烯抑制体细胞胚胎的发生，非胚性愈伤组织比胚性愈伤组织产生更多的乙烯。在悬浮培养中，乙烯对细胞的指数生长有双向作用。由于乙烯在常温常压下是一种气体，试验中很难掌握用量，所以一般使用其替代品，人工合成的植物生长调节剂乙烯利（2-氯乙基磷酸）。乙烯利纯品为白色针状结晶，工业品为淡棕色液体，易溶于水，在 $pH<3.5$ 时稳定，在 $pH>4$ 的水溶液中分解，一分子乙烯利释放出一分子的乙烯。在药用植物的组织培养和细胞培养中，适当应用乙烯利控制细胞生长，有利于细胞中的次生代谢物积累，提高培养细胞的药用成分含量。

（2）维生素　植物是能够制造维生素的，在组织培养中，很多组织也能合成维生素，但大量试验证明，如果外加维生素于培养基中，则组织生长得更好。维生素在植物生活中非常重要，因为它直接参加有机体生命活动最重要的进程，如参加生物催化剂——酶的形成，参加酶、蛋白质、脂肪的代谢等。

维生素种类很多，从组织培养的生长强度来看，B族维生素起着最主要的作用，经常使用的有维生素 B_1、维生素 B_6 等，一般使用浓度为0.1～0.5mg/L。除维生素 B_1、维生素 B_6 外，在部分培养基中还添加维生素 B_x（氨酰苯甲酸）、维生素C（抗坏血酸）、维生素E（生育酚）、维生素H（生物素）、维生素 B_{12}（氰钴胺酸）、维生素 B_c（叶酸）、维生素 B_2（核黄素）、泛酸钙和氯化胆碱等维生素。除叶酸外各种维生素都溶于水，叶酸需要先用少量稀氨水溶解，再加蒸馏水定容。

① 维生素 B_1。维生素 B_1（硫胺素）几乎是所有植物都需要的一种维生素，缺少维生素 B_1 时离体培养的根就不能生长或生长十分缓慢。在培养基中添加维生素 B_1，不仅能增加愈伤组织的数量，而且能增加愈伤组织的活力，如维生素 B_1 低于0.0005mg/L，则组织不久就转深褐色而死亡。培养花药的培养基中，一般维生素 B_1 都加到0.4mg/L；维生素 B_1 常常以盐酸盐的形式即盐酸硫胺素加到培养基中。维生素 B_1 广泛参与有机体的物质转化，活化氧化酶，促进生长素诱导不定根的发育。但维生素 B_1 不耐高温，在高压灭菌时，维生素 B_1 分解为嘧啶和噻唑，不过大多数植物组织能把这两种成分再合成为维生素 B_1。在细胞分裂素浓度低于0.1mg/L的情况下特别需要添加维生素 B_1，在细胞分裂素浓度高于0.1mg/L时，烟草细胞在没有维生素 B_1 的培养基上亦可缓慢生长，这表明细胞分裂素可能有诱导植物合成维生素 B_1 的作用。

② 维生素 B_6。试验表明，维生素 B_6（吡哆醇）有刺激细胞生长的作用，能促进番茄离体根的生长，特别在含氮物质转化中，维生素 B_6 作用更为显著，培养基中加入维生素 B_6 的量要少，否则对组织分化和培养物的细胞分裂及生长均无效。

③ 烟酸。烟酸（维生素PP）对植物的代谢过程和胚胎的发育都有一定的作用。高浓度时大多阻碍组织生长。在花药培养中加入烟酸能促进花粉形成愈伤组织。

④ 肌醇。肌醇（环已六醇）能起到促进培养物组织和细胞繁殖、分化以及细胞壁的形成，增强愈伤组织生长的作用，肌醇主要以磷酸肌醇和磷脂酰肌醇的形式参与由 Ca^{2+} 介导

的信号转导，在培养基中加入肌醇还可增加维生素 B_1 的作用。1mg/L 肌醇就足以影响维生素 B_1 的效果，一般使用浓度为 100mg/L。

⑤ 其他维生素。培养基中加入叶酸，能刺激组织生长，一般培养物在光下生长快，在暗中生长缓慢，这与其在光下能形成对氨基苯甲酸有关，对氨基苯甲酸是叶酸的一个组成部分。维生素 C 有防止组织变褐的作用。

(3) 氨基酸　氨基酸为重要的有机氮源。天然复合物中的大量成分是氨基酸，氨基酸对培养体的生长、分化起重要作用。如在胡萝卜不定胚的分化中，L-谷氨酰胺、L-谷氨酸、L-天冬酰胺、L-天冬氨酸、丙氨酸等一起使用起促进作用，但是，培养组织对复杂的有机氮利用功能较弱，所以大多数培养基中只添加结构简单的甘氨酸（氨基乙酸），比较容易被培养物吸收利用。有的还添加甲硫氨酸（蛋氨酸）、L-酪氨酸、L-精氨酸等氨基酸。添加少量甲硫氨酸有促进乙烯合成和刺激木质部发生的作用，但添加多种氨基酸后往往有抑制生长的作用，这可能是各种氨基酸之间的相互竞争引起的。

5. 天然复合物

天然复合物的成分比较复杂，大多含有氨基酸、激素、酶等一些复杂的化合物，它对细胞和组织的增殖和分化有明显的促进作用，但对器官的分化作用不明显。对天然提取物的应用有不同观点，有的主张使用，有的主张不使用，因为其营养成分和作用仍不确定，但在用已知化学物质无法达到目的时，适当使用一些天然复合物，的确可使一些用常规培养方法无法获得愈伤组织或不能诱导再生的植物产生愈伤组织和分化形成植株。

(1) 椰乳　椰乳（CM）是椰子的液体胚乳，含有活性物质。它是使用最多、效果最好的一种天然复合物。一般使用浓度为 10%～20%，与其果实成熟度及产地关系很大。它在愈伤组织及细胞培养中起促进作用。

(2) 香蕉　香蕉用量为 150～200g/L。熟的小香蕉，去皮，加入培养基后即变为紫色。香蕉对 pH 的缓冲作用较大。香蕉主要在兰花的组织培养中应用，对发育有促进作用。

(3) 马铃薯　马铃薯去掉皮和芽后使用，用量为 150～200g/L。通常将马铃薯煮 30min 后，过滤，取汁。马铃薯对 pH 缓冲作用大。在培养基中添加马铃薯可得到健壮的植株。

(4) 水解酪蛋白　水解酪蛋白（LH）为蛋白质的水解物，主要成分为氨基酸，使用浓度为 100～200g/L，受到酸和酶的作用易分解，使用时要注意。

(5) 其他　酵母提取液（YE），使用浓度为 0.01%～0.05%，主要成分为氨基酸和维生素。此外，尚有麦芽提取液（使用浓度为 0.01%～0.05%）、苹果汁、豆芽汁、番茄汁、李子汁、橘子汁、可可汁、胰蛋白胨、酵母和未成熟玉米胚乳浸出物等，它们遇热较稳定，大多在培养困难时使用，有时有一定的效果。

6. 前体物质与诱导子

植物体内药用成分的合成往往经过一系列复杂的反应，即生物合成途径，在生物合成途径中，处在反应链前段的物质被称为“前体”物质，“前体”物质浓度提高，有利于代谢反应朝着产物的方向进行。因此，在细胞大规模悬浮培养中，就有采用已知前体和（或）中间代谢物进行饲喂细胞的技术，目的是促进特殊酶的代谢，利于生成药用成分。例如：研究人员在用辣椒的愈伤组织培养生产辣椒素的工作中发现，细胞在含有放射性标记的苯丙氨酸和酪氨酸（辣椒素的氨基酸前体）、总氮水平低且无蔗糖的培养基上（这样处理是用来限制生长，特别是阻抑蛋白质的合成）培养时，标记物显示已渗入产物，并且在含较多中间前体，特别是香草胺和异癸酸（二者浓度均为5mmol/L）的培养基中，培养细胞中的辣椒素产量提高。

除了前体物质与中间前体外，在培养溶液中加入诱导子也可以促进细胞内次生代谢物的合成和积累。诱导子是一组特殊的触发因子。它们是一类从微生物中分离出来的物质，促进植物次生代谢的某些特殊类型，在诱导植物抗毒素的形成上发挥作用，是植物防御病原体的一部分。植物抗毒素是对人类有用的药用成分，如异类黄酮、类萜、聚乙炔和二烃菲等。

7. 培养材料的支持物及其他添加物

（1）培养材料的支持物　除旋转和振荡培养外，为使培养材料在培养基上固定生长，要外加一些支持物。

琼脂是目前较为理想的一种支持物，它是从海藻中提取的多糖类物质，但不是培养基的必需成分，只是作为一种凝固胶黏剂使培养基变成固体或半固体状态，以支持培养物，使培养物能够处于表面，既能吸收必需的养分、水分，又不致因缺氧而死亡。由于琼脂生产方式和厂家不同而可能含有数量和种类不等的杂质，如Ca、Mg、Fe、硫酸盐等，影响到培养效果或试验结果，因此，在选择琼脂时，最好购买固定厂家的优质商品。琼脂的使用浓度取决于培养目的、琼脂性能（胨力张度、灰分、热水中不溶物、粗蛋白等）等因素，一般浓度为0.4%～1%，质量越差的琼脂用量越大。

琼脂作为支持物或凝固剂对绝大部分植物都是有利或者无害的，但也有一些研究表明琼脂对某些培养物不利，例如在马铃薯、胡萝卜、烟草等植物组培中，以淀粉代替琼脂更有利于培养物的生长和分化。培养基中添加琼脂的不利面主要为两点，一是限制了培养基中营养成分和水的移动，二是限制了培养的植物组织分泌物特别是有毒代谢产物的扩散，使培养物周围的营养成分逐渐匮乏，代谢产物逐渐积累，植物生长受阻或受到毒害。为了解决这个问题，人们尝试使用其他支持物来代替琼脂，滤纸桥法就是一种。

滤纸桥法是将一张较厚的滤纸折叠成M型，放入液体培养基中，将培养的植物组织放在M的中间凹陷处，这样培养物可通过滤纸的虹吸作用不断吸收营养和水分，同时可保证有足够的氧气。在此基础上，又发展出了一种类似于“看护”培养的方法，即在滤纸桥的中间凹陷处加一种固体培养基，固体培养基中也可混有分散的植物细胞团，将材料放在固体培养基上，再把滤纸放入另一种液体培养基中，用两种不同的培养基同时培养材料，可收到较好的效果。现在也有用玻璃纤维滤器或人工合成的聚酯羊毛代替滤纸的方法，已取得了成功。

滤纸、玻璃纤维滤器和聚酯羊毛代替琼脂的试验给出的启示是：培养基中添加琼脂的目的主要是为了支持培养物，因此，可以选择不同的材料和方法，需要考虑的主要问题是，选择的材料必须无毒害作用，且不被培养的植物组织所吸收，不与培养液成分发生化学反应。

为了更好地调控培养物的生长，除琼脂外，现在培养支持物应用的趋势是使用一种含有琼脂的混合物，如Sigma公司生产的“Agargel”就是用将琼脂和植酸酶混合在一起的一种新型胶黏剂，可以用来控制培养物的玻璃化。如果经济条件允许，建议使用新型混合物来代替琼脂，可能会使试验获得更为理想的结果。

在组培苗工厂化生产中，常使用卡拉胶作为支持物材料。卡拉胶又称鹿角菜胶、角叉菜胶、爱尔兰苔菜胶，是一种从海洋红藻（包括角叉菜属、麒麟菜属、杉藻属及沙菜属等）中提取的多糖的统称，是多种物质的混合物，常作为食品添加剂广泛应用于果冻等食品生产中。使用卡拉胶代替琼脂不仅降低成本，而且配制的培养基较为透明，易于观察根部的生长情况。

(2) 活性炭 活性炭（AC）能从培养基中吸附许多有机物和无机物分子，清除培养的植物组织在代谢过程中产生的对培养物有不良或毒副作用的物质，也可以调节激素的供应。同时活性炭的存在使培养基变黑，产生了类似于土壤的效果，以利于植物的生长，特别是根的生长。还有报道指出，活性炭有刺激胚胎发生、组织生长和形态发生的作用。活性炭来源的不同使它所起的作用不同，如木材活性炭比骨质活性炭含有更多的碳，而骨质活性炭中含有的混合物对培养物有副作用。活性炭的一般用量为 0.5%～3%。

8. 抗生物质

培养的植物组织很容易发生细菌或真菌污染。原因是多方面的，有的是消毒不彻底，有的是无菌操作过程中器皿或操作人员不注意，有的是培养过程中培养容器的盖子破损或没扎紧，有的是培养的植物组织内部携带有病原物。污染给组培工作带来很大影响或损失，尤其是已经培养一段时间的材料再发生污染所造成的损失更大。为了解决或防止这个问题，可在配置培养液时添加抗生素，如加 200～300U 的庆大霉素可使细菌污染得到控制，浓度超过 600U 时可在一定程度上抑制分化。虽然这种抑制作用在除去庆大霉素后一段时间内可以恢复，但植物组织培养尤其是工厂化生产时还是尽量避免过量使用抗生素。

9. 中药提取物

我国的中药材以品种繁多、功效特异而闻名于世，同样在组织培养中也有其应用价值。研究人员发现，补益药类对生理功能和细胞新陈代谢有促进作用；跌打损伤药类有加速恢复的功能，可以利用，尤其是和适量的激素配合时，效果更好；在试验过的多种中药提取物中，以人参效果最好。

但中草药提取物的成分复杂，对植物培养物的作用机理尚不明晰，针对不同培养基具体使用时还需要进行试验。

10. 渗压剂

植物细胞对水分的摄入是由液泡液和培养基之间的水势差控制的，在培养基中，影响水分可利用程度的主要因素是琼脂的浓度、蔗糖的含量以及作为渗压剂的非代谢物质。

① 琼脂（或卡拉胶）的浓度，固体培养基的硬度直接影响离体培养物的水势差。

② 蔗糖不仅提供碳源，而且增加离体培养物的渗透水势。

③ 糖醇（如山梨醇、甘露醇等）可作为外部渗压剂。

④ 聚乙二醇用于原生质体融合试验及作为培养物冷冻保存的渗压剂。

11. 硝酸银

硝酸银的主要作用机理是 Ag^+ 通过竞争性结合细胞膜上的乙烯受体蛋白，从而起到抑制乙烯活性的作用。因此，添加适量的 $AgNO_3$ 可以改善组培瓶苗的气体状况。

12. 稀土元素

稀土元素在组织培养中的应用主要以硝酸盐的化合物为主。稀土元素的作用机理：①稀土是生物活性金属的调节剂。②稀土元素对植物细胞超微结构的影响。③稀土元素对植物细胞增殖力及相关酶系的影响。④稀土元素对活性氧的清除作用。⑤稀土元素对细胞膜渗透性的影响。

硝酸镧对植物生长的影响：①促进根系生长，抑制主根生长，促进侧根生长。②降低

IAA 氧化酶活性，提高 IAA 含量；抑制外援细胞分裂。硝酸镧及硝酸铈应用最广，硝酸镧用量为 0.5～5.0mg/L，硝酸铈的用量较低。

三、培养基的特点和命名

培养基是组织培养中最重要的基质。选择合适的培养基是组织培养的首要环节。不同的培养对象、阶段和目的，需要选择不同的培养基。

最早产生的培养基是一种简单的无机盐溶液，Sacks 和 Knop 对绿色植物的成分进行了分析研究，根据植物从土壤中主要吸收无机盐营养的现象，设计出由无机盐组成的 Sacks 和 Knop 溶液，至今仍作为基本的无机盐培养基而得到广泛应用。此后，根据不同目的进行改良，产生了许多种培养基。在 20 世纪 40 年代用得最多的是 White 培养基，至今仍是常用培养基之一；在 30～40 年代组织培养工作的早期大多采用无机盐浓度较低的培养基，这是由于当时化学工业不发达，药品中杂质含量高，浓度低些可适当减轻药害，以免影响愈伤组织生长；直至 60～70 年代，则大多采用 MS 等高浓度无机盐培养基，可以保证培养材料对营养的需要，促进生长分化，且由于浓度高，在配制消毒过程中某些成分有些出入也不至于影响培养基的离子平衡。

培养基的名称，一直根据沿用的习惯，多数以发明人的名字来命名，再加上年代，如 White（1943）培养基；Murashige 和 Skoog（1962）培养基，简称 MS 培养基。也有对某些培养基的某些成分进行改良后，称为改良培养基，如 White 改良培养基。培养基中各种成分的计量单位在文献中有两种表示方法，一种是用 mol/L 来表示，其中大量元素以 mmol/L 为单位，微量元素、有机附加物及植物生长调节物质以 μmol/L 为单位。另一种以 mg/L 来表示，我国学者发表的文献中多以 mg/L 为单位。

四、培养基的种类

目前，国际上流行的培养基有几十种之多。1976 年，Gamborg、Murashige、Thorpe、Vasil 4 位国际上著名的组织培养专家受国际组织培养学会植物组委托，对国际上所有流行的培养基进行了调查研究，随后发表了关于“植物组织培养基”的论文。在论文中列出了国际上 5 种常用培养基，这就是 MS、ER［Eriksson（1965）］、B_5［Gamboretc（1968）］、SH［Shenk 和 Hildebrandtn（1972）］、HE［Heller（1953）］培养基。迄今为止，用于植物组织培养的基本培养基已经有数百种，但较为常用的仅十一种（配方参见本书附录一）。下面分别介绍各种培养基的特点。

1. MS 及类似的培养基

MS 培养基是为培养烟草细胞设计的，它的无机盐（如钾盐、铵盐及硝酸盐）含量均较高，微量元素的种类齐全，浓度也较高，是目前植物组织培养应用最为广泛的一种培养基。将 MS 培养基略加修改后，用于植物的离体培养也获得良好效果。下面是文献中常见的几种与 MS 培养基十分类似的培养基。

（1）LS 培养基　LS［Linsmaier 和 Skoog（1965）］培养基中大量元素、微量元素及铁盐同 MS 培养基，有机物质中保留了 MS 培养基中的硫胺素 0.4mg/L、肌醇 100mg/L、蔗糖 3%，去掉了甘氨酸、烟酸和吡哆醇。

（2）BL 培养基　BL［Brown 和 Lawrence（1968）］培养基成分和 MS 培养基类似，有研究者曾用这种培养基培养花旗松外植体，获得较好效果。

（3）BM 培养基 BM［Button 和 Murashige（1975）］培养基成分与 MS 培养基基本相同，仅将硫胺素除去，蔗糖仍为 3%。

（4）ER 培养基 ER 培养基成分与 MS 培养基基本相似，但其中磷酸盐的量比 MS 高 1 倍，微量元素的量却比 MS 低得多。此种培养基适合豆科植物组织的离体培养。

（5）WPM 培养基 WPM 培养基成分与 MS 培养基基本相似，但其中 NH_4^+ 含量较低，此种培养基适合木本植物组织的离体培养。

2. 硝酸钾含量较高的培养基

（1）B_5 培养基 这种培养基起初是为大豆的组织培养而设计的，其成分中硝酸钾和硫胺素含量较高，铵态氮含量较低。许多试验表明，铵对不少培养物有抑制生长的作用，只适合豆科植物的组织培养。

（2）SH 培养基 它与 B_5 培养基成分基本相似，矿物盐浓度较高，其中铵与磷酸盐是由一种化合物（$NH_4H_2PO_4$）提供的，适合多种单子叶植物的组织培养。

（3）N_6 培养基 在我国广泛采用 N_6 培养基进行禾谷类作物花药培养，效果较好，在枸杞、楸树等木本植物花药培养中也曾采用，还可改用改良 N_6 培养基进行针叶树的组织培养，均取得较好的效果。

3. 中等无机盐含量的培养基

（1）H 培养基 H 培养基［Bourgin 和 Nitsch（1967）］中大量元素约为 MS 培养基的 1/2，但磷酸二氢钾及氯化钙含量稍低，微量元素种类减少但含量较 MS 为高，维生素种类较 MS 多。

（2）Nitsch（1969）培养基 与 H 培养基成分基本相同，仅生物素含量较 H 培养基高 10 倍。

（3）Miller（1963）培养基和 Blaydes（1966）培养基 两者成分完全相同。

4. 低无机盐培养基

这类培养基多数情况下用作生根培养基，主要有以下几种。

（1）White（WH）培养基 White 培养基最早于 1943 年发表［White（1943）］，后来又发表了改良 White 培养基［White（1963）］，其无机盐中硫酸钠、硝酸钙的含量提高了，并且微量元素更丰富了。White 培养基在早期用得较多，它含有植物细胞所需要的营养，但是要使愈伤组织或悬浮培养物在这种培养基中不断且快速地生长，其中氮和钾的含量就不合适了，应补充酵母提取物、蛋白质水解物、氨基酸、椰子乳或其他有机附加物。

（2）WS 培养基 WS 培养基［Wolter 和 Skoog（1966）］适用于生根培养，曾用于山杨、柳杉及樱树等植物的培养，使愈伤组织生根，从山杨愈伤组织获得生根的完整植株。

（3）HE 培养基 HE 培养基在欧洲得到广泛应用，它的盐含量比较低。其特点是培养基中的钾盐和硝酸盐是通过不同的化合物来提供的，镍盐和铝盐是不必要的，其中没有钼盐，然而按植物营养需要来说，培养基中应有钼盐。

（4）改良 Nitsch（1951）培养基 该培养基曾用于烟草花药培养。

（5）HB 培养基 HB 培养基［Holley 和 Baker（1963）］曾用来进行一些花卉植物（如康乃馨）的脱毒培养，效果良好。讨论不同培养基的相似性，主要是比较它们矿物质盐的成分。培养基中维生素、激素和其他有机附加物随着不同种的植物和不同的研究目的而异。过去试验过不少新的培养基，有研究者认为在加入了有机附加物满足了细胞对氮和其他营养物的需要后，培养基适宜细胞的生长应得到良好的效果，但是在多数情况下，这种效果应通过增加无机盐的浓度，特别是提高氮、蔗糖和维生素的浓度来获得。

五、培养基的选择

药用植物组培快繁的成功与否，除培养材料本身的因素之外，在很大程度上取决于对培养基的选择。在选择培养基时，首先要了解这种植物组织细胞在营养上和生长上的要求；其次，应了解这种植物细胞对营养化合物的利用情况，培养基中加入这些化合物与其他化合物是否有结合效应等。选择合适的培养基主要从以下两个方面考虑：一是基本培养基；二是各种激素的浓度及相对比例。

培养基的种类成分直接影响到培养材料的生长与分化，尤其药用植物本身材料比较特殊，绝大多数药用植物含有大量复杂的化合物，直接或间接影响培养效果，故应根据培养植物的种类和部位，选择适宜的培养基。

1. 基本培养基的选择

在进行一种新的植物材料组织培养基本培养基的选择时，为了能尽快建立起再生体系，最好选择一些常用的培养基作为基本培养基，如 MS、B_5、N_6、White、SH、Nitsch、ER 等培养基。MS 培养基适合于大多数双子叶植物；B_5 和 N_6 培养基适合于许多单子叶植物和乔木植物，如 B_5 培养基对豆科的槐、皂角，兰科的白及和木兰科的厚朴等药用植物组织培养比较有效；White 培养基适合于根的培养。

首先对这些培养基进行初步试验，可以少走弯路，大大减少时间、人力和物力的消耗。当通过一系列初试之后，可再根据实际情况对其中的某些成分做小范围调整。在进行调整时，以下情况可供参考。

一是当用一种化合物作为氮源时，硝酸盐的作用比铵盐好，但单独使用硝酸盐会使培养基的 pH 向碱性方向偏移，若同时加入硝酸盐和少量铵盐，会使这种偏移得到克服。二是当某些元素供应不足时，培养的植物会表现出一些症状，可根据症状加以调整，如氮不足时，培养的组织常表现出花色苷的颜色（红色、紫红色），愈伤组织内部很难看到导管分子的分化；当氮、钾或磷不足时，细胞会明显过度生长，形成一种十分疏松，甚至早期透明状的愈伤组织；铁、硫缺少时组织会失绿，细胞分裂停滞，愈伤组织出现褐色衰老症状；缺少硼时细胞分裂趋势极慢，过度伸长；缺少锰或铝时细胞生长受到影响。培养基外源激素的作用也会使培养物出现上述类似的情况，所以应仔细分析，不可轻易下结论。

2. 激素浓度和相对比例的确定

组织培养中对培养物影响最大的是外源激素，在基本培养基确定之后，试验中要大量进行的工作是用不同种类的激素进行浓度和各种激素间相互比例的配合试验。在试验中，首先应参考相同植物、相同组织乃至相近植物已有的报道；如果没有可借鉴的例子，则在建立激素配比中，将每一种拟使用的激素选择 3～5 个水平按随机组合的方式建立试验方案。在安排激素水平时，可将激素各水平的距离拉大一些，但各水平的距离应相等。如表 2-1 所示。

通过上述培养基的初试，可以找到一种或几种比较好的组合。此后，再在这些比较好的组合的基础上将激素水平距离缩小，并设计出一组新的配方。如在表 2-1 中，如认为 6 号培养基试验结果最好，就可以在此基础上做出如表 2-2 的一组新的设计。

表 2-1　第一次激素配比组合试验

生长素/(mg/L)	细胞分裂素/(mg/L)			
	0.5	1.5	3	4.5
0	1	2	3	4
0.5	5	6	7	8
1.0	9	10	11	12
1.5	13	14	15	16

表 2-2　第二次激素配比组合试验

生长素/(mg/L)	细胞分裂素/(mg/L)			
	1.0	1.25	1.5	1.75
0.25	1	2	3	4
0.5	5	6	7	8
0.75	9	10	11	12

一般来说，经过第二次试验就可选出一种适合于试验材料的培养基。

上述随机组合的方法使用最广泛，结果分析最直接，但较难对试验结果进行定量分析，而正交试验设计和均匀试验设计恰恰弥补了这种不足。

正交试验设计使用培养基的筛选工作更加科学合理，它解决了如下 4 个问题：①确定因素各水平的优劣；②分析各因素的主次；③确定最佳试验方案；④定量地反映各因素的交互作用。

均匀试验设计法是将数论的原理和多元统计进行结合的一种安排多因素、多水平的试验设计。均匀试验设计除具有正交试验设计的“均匀分散、整齐可比”的优点外，还具有如下优点：①试验次数少；②因素的水平数可多设置，可避免高低水平相遇；③可定量地预知优化结果的区间估计。由于均匀试验设计在同等试验次数情况下最大限度地安排各因素水平，因此在选择培养基中得到广泛应用。

至于培养基中其他成分的选择，一般多以 MS 培养基中的维生素、蔗糖和肌醇的量作为培养基设计中的一种起点浓度。如果要加有机氮（如水解干酪素），应做一系列的浓度试验。有机氮不是必要成分，但有提高生长速度的效果，特别是愈伤组织起动时；在做添加维生素试验时，应设对照组，即只加硫胺素，因为已知硫胺素对某些植物细胞是必需的。

3. 培养基效果鉴别

新培养基效果优劣鉴别，不仅要看其是否有较好的重复性，而且还要与现有的培养基比较，必须有 3 次以上的继代培养，每次都定量测定细胞生长速度和成分含量，才能肯定其优劣。此外，当一个细胞株转移到一个新的培养基中，因没有适应新的环境往往生长速度减缓。因此，只有经过 2～3 次继代培养后，才能正确评价某种培养基是否适宜于某种植物材料的生长。

六、培养基的制备

配制培养基有两种方法可以选择：一是购买培养基中所有化学药品按照需要自己配制；二是购买混合好的培养基基本成分粉剂商品，如 MS、B_5 等，按说明书加水配制。

第一种方法因为成本低并且可以根据不同植物不同培养目的灵活调整各种营养成分的需要量，因而在植物组培快繁中广泛应用。由于植物组织培养的培养基需经常配制，为了减少工作量，便于低温贮藏，一般将各种营养成分配成比所需要浓度扩大 10～100 倍的母液，配制培养基时只要按比例量取相应体积即可。

1. 培养基的配制

为了方便起见，现以 MS 培养基为例介绍配制培养基的主要过程。

（1）母液的配制　母液的配制通常按所使用药品的类别，分别配成大量元素、微量元素和维生素等。配制母液时要特别注意各无机成分在一起时可能产生的化学反应，如 Ca^{2+} 和 SO_4^{2-}，Ca^{2+}、Mg^{2+}、PO_4^{3-} 一起溶解后，会产生沉淀，不能配在一起作母液贮存，应分别配制和保存。

视频：培养基母液的配制

配制母液时要用蒸馏水等纯度较高的水。应采用等级较高的化学纯或分析纯药品，药品的称量及定容都要准确。各种药品先以少量水让其充分溶解，然后依次混合。

以 MS 培养基为例，根据各种药品的特点，母液可配成 4 种，见表 2-3。配制好的母液瓶上应分别贴标签，注明母液号、配制倍数、日期及配 1L 培养基时应取的量。配制好的母液可贮藏在冰箱备用，在低温下可保存几个月。如发现有霉菌和沉淀产生则不能再使用。

表 2-3　配制 MS 培养基母液各成分的称取量

编组	分子式	用量/(mg/L)	10 倍母液需用量/(g/L)	编组	分子式	用量/(mg/L)	100 倍母液需用量/(mg/L)
大量元素	KNO_3	1900	19	微量元素	H_3BO_3	6.2	620
	NH_4NO_3	1650	16.5		$ZnSO_4 \cdot 7H_2O$	8.6	860
	KH_2PO_4	170	1.7		$MnSO_4 \cdot H_2O$	22.3	2230
	$MgSO_4 \cdot 7H_2O$	370	3.7		$Na_2MoO_4 \cdot 2H_2O$	0.25	25
	$CaCl_2 \cdot 2H_2O$	440	4.4		KI	0.83	83
编组	分子式	用量/(mg/L)	100 倍母液需用量/(g/L)		$CoCl_2 \cdot 5H_2O$	0.025	2.5
					$CuSO_4 \cdot 5H_2O$	0.025	2.5
Fe 盐	$FeSO_4 \cdot 7H_2O$	27.8	2.78	有机物	肌醇	100	10000
	Na_2-EDTA·$2H_2O$	37.3	3.73		甘氨酸	2	200
					硫胺素	0.1	10
					吡哆醇	0.5	50
					烟酸	0.5	50

（2）植物激素母液的配制　各类植物激素的用量极微少，通常使用浓度是 mg/L。为了便于贮存和使用，各种植物激素要单独配制，不能混合在一起。

有些药品不溶于水，需先经加热或用少量稀酸、稀碱及 95％乙醇溶解后再加水定容。常用植物激素和有机类物质的溶解方法如下。

① 植物生长激素母液配制。萘乙酸（NAA）：先用热水或少量 95％乙醇溶解，再加水定容。

吲哚乙酸（IAA）：先用少量 95％乙醇溶解后加水，如溶解不全可加热，再加水定容。吲哚丁酸（IBA）、2,4-D、赤霉素（GA）等，溶解方法同 IAA。

② 植物细胞分裂素激素母液配制。激动素（KT）、6-苄基腺嘌呤（6-BA）等：先溶于少量的1mol/L盐酸，再加水定容。

玉米素（ZT）：先溶于少量95%乙醇中，再加热水定容。

③ 有机物母液配制。叶酸：先用少量的氨水溶解，再加水定容。

（3）培养基的配制过程　配制培养基时要预先做好各种准备：首先根据培养基配方和培养基母液的扩大倍数、生长调节剂母液的浓度，计算出各种母液需要吸取的量；然后将贮藏母液按顺序排好，再将所需的各种玻璃器皿（如量筒、烧杯、吸管、玻棒、漏斗等）放在指定的位置；称取所需的琼脂、蔗糖；准备好蒸馏水及盖瓶用的棉塞、包纸、橡皮筋或棉线等。先在烧杯内放一定量的蒸馏水，以免加入药液时溅出。再根据计算的量依次加入各种母液和生长调节剂母液。加入母液前，应先检查这些母液是否已变色或产生沉淀，已失效的不能再用。如果使用琼脂条，因较难熔化，要及早放在水浴锅中让其慢慢熔化，然后将混合的母液倒入已熔化的琼脂中，再放入蔗糖。如果使用的是琼脂粉，可以直接将琼脂粉加入母液混合液中搅拌均匀后加热，加热过程中要不断搅拌，直至煮沸，使琼脂和蔗糖完全溶解，最后用温水定容到所需体积。琼脂必须充分熔化，以免造成浓度不匀。

视频：培养基的配制

（4）pH调整　培养基配制好，再用0.1mol/L的HCl或NaOH对培养基的pH进行调整。一般调至pH 5.4～6.0为宜。可用pH试纸或酸度计进行测试。经高压灭菌后pH又会下降0.1～0.3。pH的调整可以在灭菌前进行，也可在灭菌后进行。由于琼脂粉在培养基中加热溶解后，会使培养基变得很黏稠，不利于用pH计或者pH试纸进行测定，通常在定容后调整好pH再加入琼脂粉进行加热溶解，溶解后只需稍加0.1mol/L的NaOH调整即可。

培养基的pH会影响离子的吸收，培养基过酸或过碱都对细胞、组织的生长起抑制作用，pH过高或过低还会影响琼脂培养基的凝固。

（5）培养基分装　配制好的培养基要趁热分装。分装的方法有虹吸分注法、滴管法及用烧杯直接通过翻斗进行分注，分注时要掌握好分注量，太多会浪费培养基，且缩小了培养材料的生长空间；太少则影响培养材料的生长。一般以占试管、三角瓶等培养容器的1/4～1/3为宜。分注时要注意不要把培养基溅到管壁上，尤其不能沾到容器口上，以免导致杂菌污染，分注后立即塞上棉塞或加上盖子。有不同处理的还要及时做好标记。

（6）培养基灭菌　首先检查灭菌锅内有无足够量的水，最好用蒸馏水或去离子水，因为自来水往往含有较多的矿物质，容易使锅内形成水垢，影响锅的使用寿命。然后将需要灭菌的器皿、培养基等放入锅内，不要装得太满，以不超过锅容量的3/4为宜，加上盖拧紧后即可开始加热。当灭菌锅上的压力表指针达到0.05MPa时，断掉电源或其他加热源，打开放气阀放气至指针回复到0。关上放气阀继续加热，当指针又升到0.05MPa时再断开加热源，放气一次。关上放气阀，继续加热直到指针至0.1MPa时开始计时，使指针在0.1～0.15MPa之间维持20min。停止加热，使温度缓慢下降，直到0.05MPa以下时慢慢打开放气阀，使压力回复到0，打开锅盖，取出物品，在室温下晾干。

若使用的是全自动高压灭菌锅，则在使用前设定好灭菌参数（如灭菌的温度、压力和时间），检查水位、放置欲灭菌的物品后，即可盖紧锅盖，启动灭菌。灭菌结束后待锅内温度降到60℃（不同品牌的灭菌锅可能不同）以下时方可开盖。

在培养基灭菌的同时，蒸馏水和一些用具等也可同时进行消毒。

培养基灭菌后取出放在干净处让其凝固，并放到培养室中进行3d预培养，若没有污染反应，即证明是可靠的，可以使用。配好的培养基放置时间不宜太长，以免干燥变质。一般至多保存2周左右。

2. 配制培养基时应注意的有关问题

(1) 高温下培养基成分的降解　一些化学成分在高温高压下会发生降解而降低效能或失去效能。如经高温灭菌后赤霉素（GA）的活性仅为不经高温灭菌的新鲜溶液的10%。蔗糖经高温后部分被降解成D-葡萄糖和D-果糖，果糖又可被部分水解，产生抑制植物组织生长的物质。高温还可使糖类和氨基酸发生反应。

IAA、NAA、2,4-D、激动素和玉米素在高温下是比较稳定的。

维生素具有不同程度的热稳定性，但如果培养基的pH高于5.5，则维生素 B_1 会被迅速降解。植物组织提取物等要过滤灭菌（具体操作见项目三），不能高温灭菌，否则会失去作用。高温高压还会影响培养基的酸度，促使琼脂部分分解，培养基颜色变深，且凝固性能降低。

(2) 商品培养基　使用商品粉状培养基来代替自己配制的培养基，可简化手续、节约时间，更重要的是可使试验结果准确。MS基本培养基、B_5 基本培养基等已有商品出售，可从Sigma等公司购买。在配制培养基时推荐使用缓冲液代替蒸馏水，这样更能充分发挥培养基各成分的作用。配制的各种培养基母液最好在尽可能短的时间内用完，一次配制量不要过大，否则既会影响其效果，也会因变质而造成浪费。维生素母液在冰箱中有效保存期为1个月，超过期限即使没有变质也要弃用。配制各种母液的容器及配制过程中使用的各种器皿、工具应尽量干净，最好都用过氧化氢冲洗烘干、高温灭菌后再用，这样才能保证母液不被微生物污染。

(3) 高压灭菌锅的使用　高压灭菌锅是一种非常规压力性容器，操作不当可能会有危险。使用灭菌锅前需仔细检查其压力表、安全阀、放气阀、密封口等是否正常，以及锅内的水位（详见项目一［必备知识］三高压灭菌锅部分）。

【工作任务】

任务2-1 MS培养基母液的配制

一、任务目标

(1) 通过MS培养基母液的配制，掌握配制与保存培养基母液的基本技能。

(2) 掌握各种激素母液的配制和保存方法。

二、任务准备

(1) 仪器与用具准备　电子分析天平（感量0.0001g），电子天平（感量0.01g），磁力搅拌器，冰箱，水浴锅，药勺，标签纸，铅笔，玻璃棒，烧杯，容量瓶，量筒，棕色试剂瓶，移液管等。

(2) 药品与试剂准备　95%乙醇，0.1～1mol/L NaOH，0.1～1mol/L HCl，配制MS培养基所需的各种无机物、有机物，双蒸馏水，植物生长调节物质（植物激素）：IAA、NAA、IBA、6-BA、KT等。

(3) MS培养基的配方表

表 2-4 MS 培养基的配方表

编组	编号	培养基成分		含量/(mg/L)
		中文名称	分子式或缩写	
大量元素	A1	硝酸钾	KNO_3	1900.0000
		硝酸铵	NH_4NO_3	1650.0000
		硫酸镁	$MgSO_4 \cdot 7H_2O$	370.0000
	A2	磷酸二氢钾	KH_2PO_4	170.0000
	A3	氯化钙	$CaCl_2 \cdot 2H_2O$	440.0000
铁盐	B	硫酸亚铁	$FeSO_4 \cdot 7H_2O$	27.8000
		乙二胺四乙酸二钠	Na_2-EDTA · $2H_2O$	37.2000
微量元素	C	硫酸锰	$MnSO_4 \cdot H_2O$	22.3000
		硫酸锌	$ZnSO_4 \cdot 7H_2O$	8.6000
		硫酸铜	$CuSO_4 \cdot 5H_2O$	0.0250
		氯化钴	$CoCl_3 \cdot 6H_2O$	0.0250
		钼酸钠	$Na_2MoO_4 \cdot 2H_2O$	0.0250
		碘化钾	KI	0.8300
		硼酸	H_3BO_3	6.2000
有机物	D	肌醇	$C_6H_{12}O_6$	100.0000
		硫胺素	维生素 B_1	0.1000
		吡哆醇	维生素 B_6	0.5000
		烟酸	维生素 PP	0.5000
		甘氨酸	Gly	2.0000

三、任务实施

植物组织培养的培养基母液配制，通常是按所使用的药品类别，分别配制成大量元素、微量元素和有机物等母液，并且分别保存，以避免各种无机成分混合时可能会产生沉淀。母液浓度一般为培养基实际浓度的 10～100 倍。

1. 大量元素母液（10×）的配制

（1）计算　根据表 2-4 MS 培养基配方表，计算配制浓缩 10 倍的大量元素母液 250mL 所需的各大量元素的量（注意各栏中的单位），将结果填于表 2-5 中。

表 2-5 大量元素母液配制表

编号	无机盐	MS 培养基中的浓度/(mg/L)	扩大 10 倍的浓度/(g/L)	称取无机盐的质量/g
A1	KNO_3	1900		
	NH_4NO_3	1650		
	$MgSO_4 \cdot 7H_2O$	370		
A2	KH_2PO_3	170		
A3	$CaCl_2 \cdot 2H_2O$	440		

（2）配制　按照表 2-5 中的数据，依次精确称取硝酸钾、硝酸铵、硫酸镁，置于 500mL 烧杯中，加入 100mL 双蒸馏水，使其完全溶解，为溶液 A1，再分别称取磷酸二氢钾和氯化钙置于两个 100mL 烧杯中，分别用 50mL 双蒸水溶解，为溶液 A2 和 A3，依次将 A2 和 A3 加入 A1 溶液中，边搅拌边加入，混合后转入 250mL 容量瓶中，加双蒸馏水定容

至 250mL。

(3) 观察 放置 5min，若溶液出现乳白色沉淀则配制失败，若溶液透明澄清，则配制成功，即为扩大 10 倍的大量元素母液，装入试剂瓶中，贴上标签：(A) 大量元素 10×，日期为×年×月×日，置于 4℃冰箱冷藏备用。配制 1L MS 培养基时，取 100mL 该母液即可。

2. 铁盐母液（100×）的配制

培养基常用的铁盐是由硫酸亚铁（$FeSO_4 \cdot 7H_2O$）和乙二胺四乙酸二钠（Na_2-EDTA）配制而成。铁盐母液一般配制成 100 倍浓缩液。

(1) 计算 根据表 2-4 MS 培养基配方中的硫酸亚铁和乙二胺四乙酸二钠用量，计算出配制 50mL 扩大 100 倍的铁盐母液所需要称取的硫酸亚铁和乙二胺四乙酸二钠的量。

(2) 配制 根据计算出的结果，分别称取 Na_2-EDTA 和 $FeSO_4 \cdot 7H_2O$ 置于两个 100mL 的烧杯中，分别加入 20mL 的双蒸馏水，边加热边搅拌使其溶解，然后将两者混合，冷却后加双蒸馏水定容至 50mL，即为 100 倍的铁盐母液，观察无沉淀即可保存至棕色试剂瓶中，贴好标签：(B) 铁盐 100×，日期为×年×月×日，置于 4℃冰箱冷藏备用。配制 1L MS 培养基时，取 10mL 该母液即可。

3. 微量元素母液的配制

一般将微量元素配制成 100 倍母液。

(1) 计算 根据表 2-4 中的微量元素的用量，计算配制扩大 100 倍的微量元素母液 100mL 需要称取的各种微量元素的质量。

(2) 配制 用电子分析天平（感量为 0.0001g）依次称取计算好的硫酸锰、硫酸锌、硼酸和碘化钾，用双蒸馏水逐个溶解，即溶好一份微量元素后，再加下一份搅拌溶解。由于 $CuSO_4 \cdot 5H_2O$、$CoCl_2 \cdot 6H_2O$ 和 $Na_2MoO_4 \cdot 2H_2O$ 称取量很小，如果天平精确度没有达到万分之一，可先配成浓缩液（例如，称取 $CuSO_4 \cdot 5H_2O$ 0.05g 或 $CoCl_2 \cdot 6H_2O$ 0.05g 配成 100mL 的浓缩液，使用时取 0.5mL 即为 0.25mg 的量），这样配制起来比较高效快捷。浓缩液应单独配制并保存于 4℃冰箱内。

所有成分溶解后，加双蒸馏水定容至 100mL，即为 100 倍的微量元素母液，观察无沉淀即可保存至棕色试剂瓶中，贴好标签：(C) 微量元素 100×，日期为×年×月×日，置于 4℃冰箱冷藏备用。配制 1L MS 培养基时，取 10mL 该母液即可。

4. 有机物母液的配制

(1) 计算 按表 2-4 中 MS 培养基中各种有机物的含量计算配制扩大 100 倍的有机物母液 100mL 需要称取的各种有机物的质量。

(2) 配制 按计算出的各种有机物的质量用电子分析天平分别称取，参照前述微量元素母液配制方法操作。配制好的溶液贴好标签：(D) 有机物 100×，日期为×年×月×日，置于 4℃冰箱冷藏备用。配制 1L MS 培养基时，取 10mL 该母液即可。

5. 激素母液的配制

常用植物生长调节物质有生长素和细胞分裂素两类。常用生长素有：2,4-D、NAA、IBA、IAA。细胞分裂素有：6-BA、KT、ZT 等。为了使用方便，植物激素母液通常配制成 1.0mg/mL 或 0.1mg/mL，例如，培养基配方中需要的 6-BA 浓度为 2mg/L，若配制的6-BA母液浓度为 1mg/mL，则配制 1L 该培养基就直接吸取 2mL 的 6-BA 母液即可。

(1) NAA 母液的配制 配制 1mg/mL NAA 母液 50mL：

用电子分析天平称取 50mg NAA 置于 100mL 小烧杯中，加少量的 95%乙醇，用玻璃棒搅拌使其溶解（或用 1mol/L NaOH 溶液溶解），如发现溶解不彻底可加热溶解，冷却后将其移入 50mL 容量瓶中，并加双蒸馏水定容至 50mL，摇匀即可。然后将已配制好的 NAA 母液移入棕色瓶中，并贴上标签，最后将母液置于 4℃冰箱内保存备用。

（2）2,4-D 母液的配制　配制 1mg/mL 2,4-D 母液 50mL：

称取 50mg 2,4-D 置于 100mL 小烧杯中，加入少量的 95%酒精，用玻璃棒搅拌使其溶解，移入 50mL 容量瓶中，加入双蒸馏水，定容至 50mL，混匀，即为 1mg/mL 的 2,4-D 母液，装入细口瓶，贴好标签，4℃冰箱冷藏备用。

（3）6-BA 母液的配制　配制 1mg/mL 6-BA 母液 50mL：

配制方法同生长素母液配制类似，唯一不同的是细胞分裂素是用 1mol/L HCl 溶解。

称取 50mg 6-BA 置于 50mL 小烧杯中，加入少量的 1mol/L 盐酸，用玻璃棒搅拌使其溶解，再加入双蒸馏水，定容至 50mL，混匀，即为 1mg/mL 的 6-BA 母液，装入细口瓶，贴好标签，4℃冰箱冷藏备用。

以上生长素或细胞分裂素在溶解过程中，如果发现溶解不彻底，可将容量瓶放在热水中加热，直至彻底溶解为止。

四、任务结果

（1）将实验仪器和清洗完毕的用具放置在指定位置，等待老师检查。

（2）将工作任务及工作结果写成任务报告。

五、考核及评价

掌握 MS 培养基大量元素母液、微量元素母液、铁盐母液、有机物母液的配制方法；掌握各种激素母液的配制方法。参照下表考核点进行评分（总分：100 分）。

MS 培养基母液制备考核点	分值	评分
母液配制失败原因有哪些，能正确回答（口答）	10 分	
正确计算配制母液所需各种药品的量	20 分	
药品正确称取	20 分	
药品溶解定容	20 分	
配制好母液装入试剂瓶中，贴上标签，正确标注	20 分	
实验完毕，清洁台面，清洗用具，清洗的容量瓶、移液管等玻璃容器透明锃亮，内外壁不挂水珠，内部洁净无污渍	10 分	
总分	100 分	

任务 2-2 ▶▶ MS 培养基的配制

一、任务目标

（1）掌握 MS 培养基的制作方法。

（2）掌握高压灭菌的方法和基本操作。

二、任务准备

（1）检查仪器　电子分析天平（感量 0.0001g），电子天平（感量 0.01g），磁力搅拌器，冰箱，水浴锅或电磁炉，微波炉，pH 计。

(2) 准备用具　药勺、标签纸、铅笔、玻璃棒、烧杯、容量瓶、量筒、漏斗棕色试剂瓶、移液管或移液器、精密 pH 试纸、洁净的玻璃瓶和瓶盖等。

(3) 准备药品与试剂　95%乙醇、0.1～1mol/L NaOH、0.1～1mol/L HCl、蒸馏水、蔗糖和琼脂粉。

(4) 确定培养基配方及需要配制的体积　配制 700mL MS＋6-BA 2.0mg/L＋NAA 0.5mg/L＋蔗糖 30g/L＋琼脂 6.5g/L，pH 为 5.8 的固体培养基。

(5) 准备好各种母液　从冰箱取出贮存的 MS 培养基母液和植物生长调节剂母液按顺序依次放置在操作台面上，并准备好蒸馏水。观察各母液是否有结晶、沉淀、絮状等不正常现象。如结晶，应加热溶解摇匀；如沉淀、絮状加热仍无法溶解，则应重新配制母液。

三、任务实施

以配制 700mL MS 培养基为例，按顺序进行操作如下。

1. 计算

根据母液的浓度（放大倍数）和培养基配方，计算配制 700mL MS 固体培养基所需的各种母液需要吸取的量及需要称取的琼脂和蔗糖的量，填入表 2-6 中。

培养基母液吸取量(L)＝ 配制培养基的体积(L)/母液浓缩倍数

激素母液吸取量(L)＝ 配制培养基的体积(L)×配方中的激素浓度/激素母液浓度

表 2-6　配制 700mL MS 固体培养基所需各种母液及琼脂粉、蔗糖的量

母液	扩大倍数或浓度	配制 1L 培养基需吸取的量/ml	配制 700mL 需吸取的量/mL	称取的质量/g
大量元素(A)	10			—
铁盐(B)	100			—
微量元素(C)	100			—
有机物(D)	100			—
蔗糖	3%	—	—	
琼脂粉	0.7%	—	—	

2. 量取各种母液

按母液顺序，根据不同母液的浓缩倍数移取规定的量（表 2-6）：量取浓缩 10 倍的大量元素母液 70mL；移取浓缩 100 倍的铁盐母液 7mL、浓缩 100 倍的微量元素母液 7mL、浓缩 100 倍的有机物母液 7mL，加入 1000mL 烧杯中。确定 MS 培养基中的各母液成分都加完后，加入本培养基配方中的生长调节物质，移取 1mg/mL NAA 母液 0.35mL、1mg/mL 6-BA母液 1.4mL。

3. 称取蔗糖和琼脂粉

按照表 2-6 的量，用普通电子天平分别称取蔗糖 21g 和琼脂粉 4.9g，将蔗糖加入上述装有各种母液的大烧杯中，加入 100mL 的蒸馏水，搅拌均匀。琼脂粉备用。

4. 调整 pH，定容

用精密试纸或酸度计测量培养基溶液的 pH，用 1mol/L 的 HCl 和 1mol/L NaOH 来调节溶液的 pH 至 5.8。然后加蒸馏水，定容至 0.7L，混合均匀。

操作方法：先用精密试纸或酸度计测量培养基溶液的 pH，如果 pH 低于 5.8，加适量的 NaOH，如果培养基的 pH 高于 5.8，加适量的 HCl，调整至5.8。

注意：加 NaOH 或 HCl 调整 pH 时，应使用滴管逐滴加入，同时用玻璃棒搅拌均匀；通常不添加植物激素的 MS 培养基溶液都偏弱酸性，需要滴加少量 NaOH 溶液；而加了 6-BA等激素的培养基则在调整 pH 时需要滴加更多的 NaOH 溶液。

1mol/L 的 HCl 配制：用量筒量取 8.31mL HCl 配成 100mL 溶液。1mol/L NaOH 配制：称取 NaOH 4g，用蒸馏水配成 100mL 溶液。

5. 加琼脂粉溶解

在混合的液体培养基中加入琼脂粉，搅拌均匀后用微波炉或电磁炉加热，使琼脂粉完全溶解（煮沸），注意防止糊锅和溢出。

6. 再次调整 pH

由于加热后，培养基的 pH 值会稍有下降，所以稍微滴加 NaOH 溶液再次调整 pH。因加入时间长，水分蒸发使培养基体积减小，可以补充热的（60℃以上）蒸馏水至原体积刻度。

7. 分装培养基

培养基稍微冷却后，均匀地分装入准备好的培养容器（玻璃瓶）中。分装过程要注意不能让培养基沾到容器瓶口，尽量让每瓶内的培养基厚度一致。无盖的培养容器要用封口膜或牛皮纸封口，用橡皮筋或绳子扎紧。

8. 培养基灭菌

将分装好的培养基放入高压灭菌锅灭菌，注意在灭菌锅内的摆放要留有一定空隙。在 121℃状态下保持灭菌 20min。灭菌后从灭菌锅中取出培养基，放置到洁净室内，平放在试验台上令其冷却凝固。

四、任务结果

（1）将实验仪器和清洗完毕的用具放置在指定位置，等待老师检查。

（2）将工作任务及工作结果写成任务报告。

五、考核及评价

掌握 MS 培养基配制方法，严格在无菌条件下进行各种操作；掌握培养基灭菌方法。参照下表考核点进行评分（总分：100 分）。

MS 培养基制备考核点	分值	评分
根据母液的浓度(放大倍数)和培养基配方,计算配制 MS 固体培养基所需的各种母液需要吸取的量及需要称取的琼脂和蔗糖的量	20 分	
正确移取母液(依据提供母液和最终剩余母液量确定正确与否)	20 分	
正确称取蔗糖并完全溶解,试剂取量准确,定容准确	10 分	
pH 测定、调节正确,熟练操作	10 分	
正确称取琼脂粉,加入定容后的培养基中,并煮沸(依据母液量)	10 分	
均匀分装,熟练操作,培养瓶瓶口、表面洁净,贴好标签、标签内容准确	10 分	
培养基灭菌操作正确或按要求送至灭菌室灭菌(注意灭菌时间及环境要求)	10 分	
实验完毕,清洗用具。清洗的容量瓶、移液管等玻璃容器透明锃亮,内外壁不挂水珠,内部洁净无污渍	10 分	
总分	100 分	

【项目自测】

1. 为何要配制母液？配制母液有哪些方法？
2. 在配制培养基时，为何要将铁盐配制成螯合铁盐？怎样才能配制成螯合铁盐？
3. 植物生长调节剂主要有哪些？它们的主要功能是什么？如何使用？
4. 活性炭在植物组培快繁中的主要作用是什么？
5. 培养基中加入琼脂的主要作用是什么？
6. 培养基配制好为什么要进行 pH 调整？如何调整？
7. 如何配制 MS 培养基？怎样对培养基进行分装与高压灭菌？如何保存培养基？
8. 植物激素的母液如何配制？

项目三 无菌技术

【学习目标】

知识目标

◆ 理解灭菌和消毒的概念和原理；
◆ 熟悉常用消毒剂的种类及其使用的浓度范围。

技能目标

◆ 熟练掌握无菌室、超净工作台及接种工具的灭菌方法及操作技能；
◆ 熟悉普通培养基及特殊物质的灭菌；
◆ 掌握外植体的消毒、灭菌。

素质目标

◆ 培养吃苦耐劳的精神和认真、细致的工作作风。

【必备知识】

一、消毒与灭菌

在植物组培快繁过程中常常会发生污染，其污染原因，从杂菌方面来分析主要有细菌及真菌两大类，其来源可能有：培养容器、培养基本身、外植体、接种室的环境、用于接种及继代转移的器械、培养室的环境、操作者本人等。培养环境中的真菌、细菌会利用培养基中的养分迅速生长，因此使培养的植物细胞生长变慢，最终会因为营养耗尽和毒害作用而死亡。因此，无菌控制对于植物组培快繁的成功至关重要。

无菌控制包括灭菌和消毒两个层次的操作。灭菌是指用物理或化学的方法，杀死物体表面和空隙内的一切微生物或生物体，即把所有有生命的物质全部杀死；而消毒是指杀死、消除或充分抑制部分微生物，使之不再发生危害作用。由此可见，灭菌与消毒的主要区别在于前者杀菌强烈彻底，能杀死所有活细胞；而后者作用缓和，主要抑制或杀死附在外植体表面的微生物，但芽孢、厚垣孢子一般不会死亡。但是，灭菌与消毒是相对的，如果消毒时间过长或消毒剂浓度过高，会杀死全部活的细胞，消毒就成为灭菌了。反之，灭菌剂只能起到消毒作用。

消毒和灭菌的方法有物理方法（如高温、高压、辐射、过滤等）和化学方法（如用适宜浓度的乙醇、甲醛、高锰酸钾、次氯酸钠等溶液进行喷洒、熏蒸、擦拭、浸泡等），对于不同的物质应采取正确的灭菌和消毒方法，以达到最佳的无菌控制效果。

二、无菌环境控制方法

组培实验室中，需要严格控制环境洁净度的主要是无菌操作室（或称接种室）和培养室。首先，在建造无菌操作室和培养室时，要求地面平坦、墙壁光滑，以便于彻底清洗和消毒。室内装修材料要抗氧化、耐腐蚀，除出入口和通风口外，均应封闭并安装滑门，避免外界空气流入。室内上方和门口安装紫外灯。

其次，在使用无菌室时，除超净工作台外，应尽量在室内少放置设备和其他物品。使用前对室内空间和室内物品表面进行消毒。凡是进入无菌接种室的培养基、瓶苗、各种器械等的表面和工作人员的手可用70%～75%乙醇擦洗消毒。实验室的地面、墙壁、各类仪器表面、培养架、超净工作台表面的灭菌可用2%苯扎溴铵（俗称新洁尔灭）或75%的酒精擦洗，然后用紫外灯照射20min左右。

对室内空气净化灭菌方法有：

1. 甲醛加高锰酸钾熏蒸灭菌法

甲醛的用量一般按2～6mL/m^3计算，高锰酸钾用量是甲醛的1/2。熏蒸前应将物品准备完毕，将称好的高锰酸钾放在瓷碗或烧杯内（最好在瓷碗下面铺上一张报纸，有利于清洗），戴上口罩，然后将甲醛倒入瓷碗内，立即关上门。几秒后甲醛溶液沸腾挥发。高锰酸钾是一种氧化剂，当它与一部分甲醛作用时，由氧化反应产生的热可使其余的甲醛挥发为气体。甲醛气体扩散到整个空间，达到灭菌效果。

甲醛的杀菌作用受温度、湿度和有机物影响明显，所以实验室室内用具在熏蒸消毒前应先擦洗干净，保持一定的温度和湿度。温度15℃以上，湿度在55%～75%之间。

此外，为增强甲醛气体的穿透力，要消毒的器物应充分摊开。若室内留有不需消毒和易损坏的物品，可用塑料薄膜盖严或搬出。消毒药物放置好后，即关紧门窗，必要时用纸条贴封。

使用甲醛-高锰酸钾熏蒸法，需密闭熏蒸4h以上。熏蒸后24h以上方可进入室内，开启排气扇，最好在熏蒸后24～48h后再进入接种室进行操作，如果发现有刺激性气味，可用氨水进行中和。操作方法是：在工作前2h，将与甲醛等量的氨水倒入另一个烧杯中，迅速放入熏蒸室内，使甲醛与氨水发生中和反应。

在进行熏蒸操作时还应注意以下几点：

① 盛装制剂的器皿要敞口、宽大。两种药品混合，挥发迅速，器皿过小会起泡沫导致药品溢出。

② 先放高锰酸钾再放甲醛溶液，减轻甲醛过速挥发，尽量减少对工作人员造成的毒性伤害。

③ 操作人员应注意卫生防护，必须戴防酸碱手套、口罩。

④ 消毒后的工作室应将未消毒的器械或材料分隔开，做到先消毒后进室内以免再次被

细菌等污染，致使消毒工作收效不大。

2. 臭氧灭菌法

臭氧（O_3）是一种强氧化剂，灭菌过程属生物化学氧化反应。

臭氧通过以下 3 种方式杀菌：①O_3 通过氧化分解细菌内部葡萄糖所需的酶，使细菌灭活死亡。②直接与细菌、病毒作用，破坏它们的细胞器和 DNA、RNA，使细菌的新陈代谢受到破坏，导致细菌死亡。③透过细胞膜组织，侵入细胞内，作用于外膜的脂蛋白和内部的脂多糖，使细菌发生通透性畸变而溶解死亡。

臭氧灭菌的优点：O_3 灭菌为溶菌级方法，杀菌彻底，无残留，杀菌广谱，可杀灭细菌繁殖体和芽孢、病毒、真菌等，并可破坏肉毒杆菌毒素。O_3 由于稳定性差，很快会自行分解为氧气或单个氧原子，而单个氧原子能自行结合成氧分子，不存在任何有毒残留物，所以，O_3 是一种无污染的消毒剂。O_3 为气体，能迅速弥漫到整个灭菌空间，灭菌无死角。

臭氧灭菌法的设备是臭氧灭菌器（图 3-1），其使用方法是：每次消毒器时间以 0.5h 为宜，关闭消毒器 30min 后人员再进入房间。在消毒杀菌的同时也消除室内异味，因此，请勿与其他化学消毒剂共同使用，以免降低臭氧杀菌效果。特别要注意，臭氧具有很强的氧化能力，金属易被氧化腐蚀（如铝合金等）。

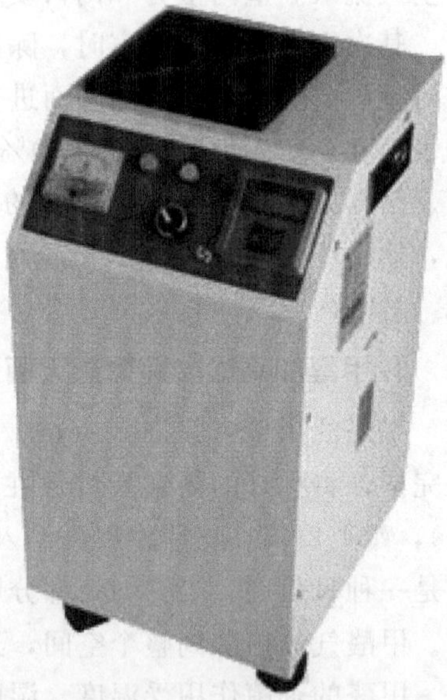

图 3-1 臭氧灭菌器

除了上述两种方法外，室内空间消毒还可以采用 70%～75%酒精喷雾消毒和紫外灯照射消毒等方法。其中，酒精喷雾可以使空气中的灰尘沉降，有一定的净化效果，但消毒效果不佳；紫外线能杀灭空气中大部分微生物。其杀菌主要有两种途径，一是紫外线直接照射杀菌，二是紫外电离空气产生臭氧杀菌，但紫外线只能直线照射，光线照射不到的就没有效果，并且还有穿透力弱、会衰退、使用寿命不长等缺点。甲醛加高锰酸钾或乙二醇（6mL/m^3）加热熏蒸消毒法，可以杀灭空气中的绝大部分微生物，消毒效果较好，使用成本低，但工作量大，并且残留的气体有刺激性，对人体健康有一定影响；臭氧灭菌法的灭菌效果最好，且操作简便，是目前室内空间灭菌普遍采用的方法。

无菌环境的控制还应根据室内具体的洁净状况采取适宜的方法，例如长期停用后的无菌操作室，应进行熏蒸灭菌后再使用；经常使用的无菌操作室，则应在每次使用前都进行地面卫生清洁，并用紫外线灯照射 30min，进行空气灭菌。

三、无菌室空气污染状况的检查

经过消毒灭菌后的无菌操作室或是植物培养室，使用一段时间后，空气都会受到污染，因此要定期检查无菌室室内污染情况，了解空气污染程度，及时采取灭菌措施，从而降低污染率。空气污染状况检查常用的方法有：

1. 平板检验法

在已用甲醛和高锰酸钾熏蒸、酒精喷雾过的接种室使用前 0.5h 或 1h 内，在接种室内离地 1m 高的不同位置，放置灭菌的营养琼脂培养基平板，并将培养皿盖打开，以不打开的培养皿作为对照，并在不同时间段盖好培养皿；将供试的与对照的平板一同放入 30℃ 的温箱中培养；经培养 48h 后，再检查有无菌落生长及菌落形态，并检测杂菌种类。一般要求开盖 5min 的培养基平板中的平均菌落数不超过 3 个。

2. 斜面检验法

将常用的固体斜面培养基各取两管放入接种室，按无菌操作要求将其中 1 管的棉塞拔掉，经过 30min 后，再按无菌操作要求用棉塞塞好试管，然后连同对照一起放入 30℃ 的温箱中培养。经 48h 培养后，再检查有无杂菌生长。以开塞 30min 的斜面培养基不出现菌落为合格。

四、培养器皿、用具的清洗

植物组培快繁所用的各种用具、器皿（含新购进的玻璃器皿）必须清洗干净后才能使用，这是组培快繁中最基础的一环，也是最基本的要求。

清洗后的玻璃器皿应表面清洁无污渍，培养瓶应透明锃亮、内外壁水膜均一，不挂水珠；金属器械、塑料器皿应清洁无污物，干燥保存，不同材质的器皿所用的清洗方法也不同。

1. 玻璃器皿的清洗

清洗玻璃器皿的传统办法是用洗液（重铬酸钾和浓硫酸混合液）浸泡约 4h，然后用自来水彻底冲洗，直到不留任何酸的残迹（但使用这种洗液要十分小心，避免污损腐蚀衣物，不得用手直接接触洗涤液）。目前器皿洗涤最常用的洗涤剂就是家庭用的洗涤剂，如洗衣粉及肥皂等，如果洗衣粉洗涤效力欠佳，可以增加浓度或适当加热，把器皿在洗涤液中浸泡足够的时间（最好过夜）以后，先以自来水彻底冲洗，然后再以蒸馏水漂洗。

洗瓶时先将瓶子在清水中浸泡一会儿，再经自来水冲刷，清除瓶内污物，然后置于浓洗衣粉液中，用瓶刷沿瓶壁上下刷动和正反旋转两方向刷洗，瓶外壁也同样要清洗干净。刷洗后再用自来水流水冲洗 3～4 次，以去除洗衣粉残留物。如果用过的玻璃器皿在管壁上或瓶壁上粘着干涸了的琼脂，应先将它们置于高压灭菌锅中在较低的温度下使其融化。

对于已有污染物的玻璃器皿，如已经被污染的瓶苗，若要再利用其培养瓶，要非常注意，先不揭盖直接把这些污染的瓶子放入高压锅中灭菌，这样做可以把所有污染微生物杀死。即使带有污染物的培养容器是一次性消耗品，在把它们丢弃之前也应先进行高压灭菌以尽量减少细菌和真菌在实验室中的扩散。

洗好的培养瓶应透明锃亮、内外壁水膜均一，不挂水珠，即表示无污迹存在，直接放入洁净的大塑料筐中，再放搁架上沥水晾干，这可能是最省事、最节约空间的办法。也可制作晾洗架，将瓶子倒放在孔格中或挂在小木棍上。若培养瓶需急用，可以用烘箱烘干，烘时缓慢升温，温度也无需太高，以 75℃ 左右为宜，瓶干燥后，贮存于防尘橱中。玻璃器皿如三角瓶、烧杯等在干燥时，都应口朝下，以利于水很快沥尽。如果要同时干燥各种器械或易碎和较小的物件，应在烘箱的架子上放上滤纸，将它们置于纸上。新买进的培养瓶亦可按上述方法处理。

2. 金属器械的清洗

无菌操作所用的各种金属器械，如镊子、剪刀、解剖刀、解剖针和扁头小铲等，用流水冲洗，如表面沾有污物，应用试管刷蘸少许洗衣粉擦洗，再用流水冲洗。在清洗时要注意安全，小心划伤，同时注意经流动水冲洗结束后，应沥干水并烘干备用。

不锈钢接种盘的清洗，可用瓶刷蘸少许洗衣粉刷洗后，流水冲洗干净，倒置晾干即可。

3. 带刻度计量用具的清洗

移液管之类的用具，可将其置于40℃左右的洗衣粉液中，用橡皮吸球（洗耳球）吸洗，再经自来水流水冲洗，垂直放置晾干即可。带刻度的计量仪器如移液管、量筒、量杯等不宜烘烤，以免玻璃变形，影响计量的准确度。

4. 塑料器皿的清洗

塑料量杯、烧杯、量筒的清洗一般用洗衣粉或者稀释的洗洁精进行洗涤后，用流水冲洗，倒置晾干即可。移液器吸头一般为一次性用品，不需要清洗，但考虑环保节约，5mL的吸头可以清洗后再重复使用。将使用过的吸头用洗衣粉液浸泡20min以上，然后用流水将吸头内、外冲洗干净，倒置晾干即可。

五、培养器皿、接种用具的灭菌

培养用的瓶子、培养皿，以及接种用的镊子、剪刀、解剖刀及接种盘等器具，必须经过高压蒸汽灭菌或干热灭菌后才能使用，如果器具灭菌没做好，则可能导致培养物的污染，造成损失。不同材质的器皿所用的灭菌方法也不同。

1. 玻璃器皿的灭菌

玻璃培养容器常常与培养基一起灭菌。若培养基已灭过菌，而只需单独进行容器灭菌时，玻璃器皿可采用湿热灭菌法（蒸汽灭菌），即将玻璃器皿包扎好后，置入蒸汽灭菌器中进行高温高压灭菌；灭菌的温度为121℃，维持20～30min。

也可采用干热灭菌法，干热灭菌是在烘箱内对器皿进行杀菌处理，是一种彻底杀死微生物的方法；灭菌时间为150℃/40min或120℃/120min；若发现有芽孢杆菌，则应为160℃/(90～120min)。干热灭菌的缺点是热空气循环不良和穿透很慢，因此，干热灭菌时，玻璃容器在烘箱内不应堆放得太满、太挤，以免妨碍空气流通，造成温度不均匀，而影响灭菌效果。

灭菌后冷却速度不能太快，以防玻璃器皿因温度骤变而破碎，应等到温度下降到50℃左右时，方能打开烘箱门取出玻璃容器；否则，外部的冷空气就会被吸入烘箱，使里面的玻璃器皿受到微生物污染，甚至有可能发生炸裂；也可将玻璃器皿直接存放在烘箱内待用。此外，还可把玻璃器皿放入水中进行煮沸灭菌。

2. 金属器械的灭菌

金属器械可以用干热灭菌法灭菌，即将拭净或烘干的金属器械用纸包好，盛在金属盒内，放于烘箱中在120℃的温度下灭菌2h；也可以湿热灭菌，即用布包好后放在高压灭菌器内灭菌。在无菌操作中所用的各种金属器械，如镊子、解剖刀、解剖针和扁头小铲等，在接种无菌过程中一般用火焰灼烧灭菌法进行灭菌，即把金属器械放在95%的酒精中浸一下，然后放在酒精灯火焰上燃烧灭菌，待冷却后再使用。

也可用台式灭菌器（图3-2）进行灭菌。台式灭菌器一般有玻璃珠式［图3-2(a)］的和红外线式［图3-2(b)］的，玻璃珠式的消毒芯内装有大量直径3～5mm的玻璃珠，消毒芯温度达到300℃时，金属器械插入玻璃珠内半分钟即可彻底消毒，一般配两套器具轮换使用；而红外线灭菌器内腔温度可达到900℃，只需要2～3s即可达到灭菌效果，因温度太高，使用时应注意，不能把器械长时间放置在灭菌器内，以免发生弯曲变形。红外灭菌器内腔大小不同［图3-2(b) 中Ⅰ和Ⅱ］可适用于不同大小的接种工具。

器械灭菌的步骤应当在无菌操作过程中反复进行，以避免交叉污染。

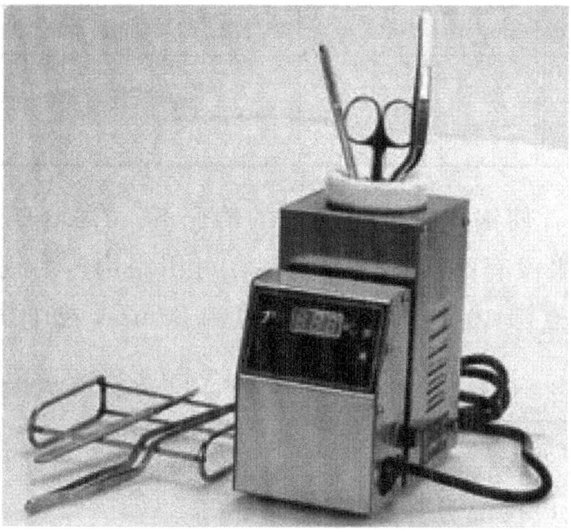

(a) 玻璃珠式

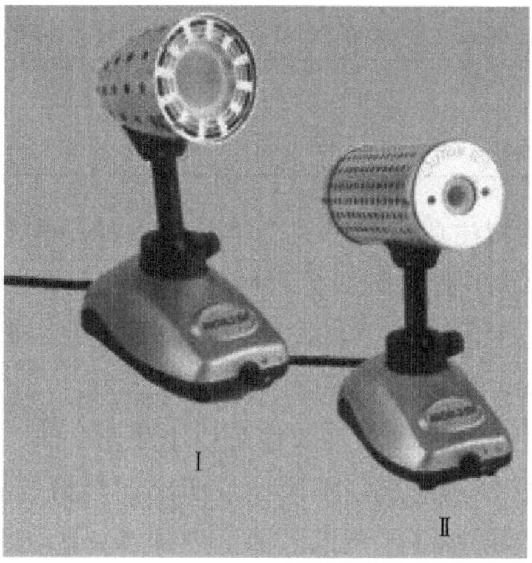

(b) 红外线式

图3-2 台式灭菌器

3. 布质品的灭菌

工作服、口罩、帽子等布质品均用湿热灭菌法，即将洗净晾干的布质品用牛皮纸包好，放入高压灭菌器中，在压力为1.1kgf/$cm^2$❶、温度为121℃的情况下，灭菌20～30min。

4. 塑料器皿和器械的灭菌

有些类型的塑料器皿也可进行高温灭菌，如聚丙烯、聚甲基戊烯、同质异晶聚合物等可在121℃下反复进行高压蒸汽灭菌；而聚碳酸醋经反复高压蒸汽灭菌之后机械强度会有所下降，因此每次灭菌的时间不应超过20min。

5. 接种台表面的灭菌

每次接种前，先开启超净工作台紫外灯照射20min，或用70%～75%酒精喷雾灭菌，然后开启风机，超净工作台正常送风30～40min后，工作区即达到无菌状态，可以按无菌操作要求开始进行接种工作。

六、培养基的灭菌

培养基配制好并分装后，应立即灭菌，至少应在24h之内完成灭菌工作。常规培养基，无论液体和还是固体的，其灭菌均采用高压蒸汽灭菌法，即用高压蒸汽灭菌器进行灭菌。

1. 常规培养基的灭菌方法

灭菌作用取决于温度，而不是直接取决于压力。灭菌所需的时间随着需要消毒的液体容积而变化（见表3-1）。在1.1kgf/cm^2的压力下，锅内温度就能达到121℃。在121℃的蒸汽

---

❶ 1kgf/cm^2=98.0665kPa。

温度下可以很快杀死各种细菌及高度耐热的芽孢，而这些芽孢在100%的沸水中能生存数小时。一般少量的液体只需要20min就能达到彻底灭菌的效果，如果灭菌的液体量大，就应适当延长灭菌的时间。

表 3-1 培养基蒸汽灭菌所需最少时间

容积/mL	在121℃下所需的最少灭菌时间/min	容积/mL	在121℃下所需的最少灭菌时间/min
20～50	15	1000	30
75	20	1500	35
250～500	25	2000	40

特别注意，只有完全排除锅内的冷空气，使锅内全部是蒸汽的情况下，1.1kgf/cm^2的压力才对应于121℃，否则灭菌不彻底。如果没有高压蒸汽灭菌锅，可用家用压力锅代替，也可采用间歇灭菌法进行灭菌，即将培养基煮沸10min，24h后再煮沸20min，如此连续灭菌3次，也可达到完全灭菌的目的。

使用高压灭菌锅要注意以下事项：

① 使用前应仔细阅读说明书，严格按要求操作。

② 先在高压蒸汽灭菌锅内加水，加水量应按说明书上要求。

③ 不可装得太满，否则因压力与温度不对应，造成灭菌不彻底。

④ 记住达到所需压力时的时间，通常灭菌要求压力为1.1kgf/cm^2，锅内达121℃，按不同灭菌要求维持压力15～40min。

⑤ 不能随意延长灭菌时间和增加压力。培养基要求比较严格，既要保证灭菌彻底，又要防止培养基中的成分变质或效力降低，琼脂在长时间灭菌后凝固力也会下降，以致冷后不能凝固。

⑥ 当冷却被消毒的溶液时，必须高度注意，如果压力急剧下降，超过了温度下降的速率，就会使液体滚沸，从培养容器中溢出；务必缓慢放出蒸汽，才不会使压力降低太快，以免引起激烈的减压沸腾，使容器中的液体四溢，培养基沾污棉塞、瓶口等造成污染。当压力逐渐降至零后，才能打开盖子。经过灭菌的培养基应置于10℃下保存，特别是含有生长调节物质的培养基，置于4～5℃低温下保存会更好些。含吲哚乙酸或赤霉素的培养基，要在配制后的1周内使用完，其他培养基最多也不应超过1个月。在多数情况下，应在消毒后2周内用完。

2. 含热敏感成分的培养基的灭菌方法

有些生长调节物质（如GA、ZT、IAA）、尿素以及有些维生素等，遇热时容易分解，将有70%～100%失效，不宜进行高压灭菌。当培养基中需要使用这些成分时，可将培养基中除这些成分之外的全部成分配制好，装在三角瓶中进行高压灭菌，而这些热不稳定成分则用过滤除菌方法灭菌，然后在超净工作台上，在无菌条件下把这部分成分加入灭菌并已冷却到大约40℃（即恰在琼脂凝固之前）的培养基中，混合均匀再分装到培养瓶中。

溶液过滤除菌的操作方法是：使用孔径为0.45μm或更小的细菌滤膜，将滤膜安装在适当大小的支座上，用铝箔包裹起来，或装入一个大小合适的有螺丝盖的玻璃瓶内，进行高压灭菌（过滤器的灭菌温度至关重要，不应超过121℃）。条件容许的话，可以购买一次性的细菌过滤器，无需灭菌，拆开包装即可使用。把一个装有需要灭菌的溶液的带刻度注射器（不必消毒）安装到已灭过菌的过滤器组件的一端（图3-3），不需要安装针头，缓慢地推动

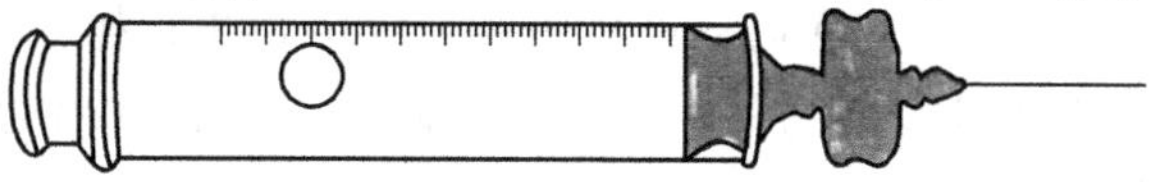

图 3-3 用于少量液体灭菌的一种微孔过滤器组件

溶液使之穿越安装在这个过滤器组件中间的细菌滤膜，过滤后的溶液由过滤器组件的另一端滴下来，直接加入培养基中；或收集到经过灭菌的玻璃瓶内，然后再用一个灭过菌的刻度移液管加到培养基中。如要对大量溶液进行过滤除菌，也可采用大的过滤组件。不过，在进行上述操作之前，首先应澄清要进行过滤灭菌的溶液，方法是使之通过一个三号孔隙度的烧结玻璃过滤器（图 3-4），或先用一个 0.65μm 的滤膜进行初滤，这样即可减少 0.45μm 滤膜过滤器微孔的堵塞，从而使过滤灭菌进行得比较顺畅。

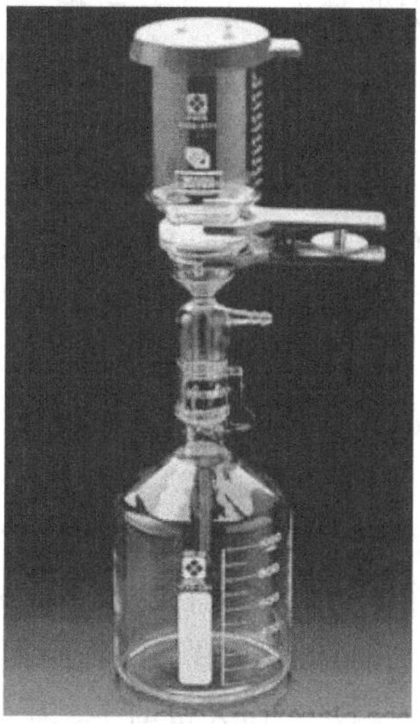

图 3-4 使用玻璃过滤器对除菌溶液进行初滤

七、植物材料的消毒、灭菌方法

植物组织培养过程是在无菌条件下完成的，培养的植物细胞、组织及小苗都是在无菌的培养基上生长的，培养容器也是放置在洁净的培养室内，因此，这些植物材料的转瓶培养可以直接在超净工作台上进行，而从外界新采回的植物材料，则必须经过严格的表面消毒，去除植物表面所含的大量细菌和真菌，才能接种到无菌的培养基上。

取自外界的植物材料，无论是地上部分还是地下部分，都带有大量的细菌和真菌，对这些植物材料主要采用化学消毒剂进行浸泡消毒，而这一过程在杀死植物材料表面的细菌和真菌的同时，还要保证植物材料的活力，即：对植物材料的消毒、灭菌只是消灭培养材料上的微生物，要不损伤或只轻微损伤植体材料，不影响其生长。

不同植物以及同种植物的不同部位的组织有其不同的特点，生长在不同环境下的植物表面各部分所含的微生物种类和数量也不同，所以，在消毒时都要进行摸索试验，以达到最佳的消毒效果。植物不同部位的消毒方法将在项目四（无菌培养体系的建立）中详细介绍。

八、无菌操作

用于维持培养系统的无菌状态和防止微生物进入无菌范围的一系列操作技术称为无菌操作技术。在组培快繁中，无菌操作技术是无菌技术的核心，包括操作前的准备工作、操作过程的技术和操作后的整理工作。在进行无菌操作时，首先要明确无菌区和非无菌区。例如，处于工作状态的超净工作台的操作区以及酒精灯火焰周围 5cm 以内属于无菌区，灭菌后的培养容器内部以及包裹的内部是无菌的，其他区域则属于非无菌区，会有微生物存在，在操作过程中要避免无菌的材料暴露在非无菌区或者被有菌的物体接触到。

其次，操作人员要严格按无菌操作程序进行操作，使操作环境中的微生物降低到许可的范围内，从而防止污染的发生，在无菌操作过程中须严格执行下列操作要点：

① 应提前20～30min启动超净工作台，使无菌空气吹过台面上的整个工作区域；在初次使用新购进的超净工作台时，应在启动以后等待30min再进行操作。

② 工作台面上不能堆放过多的物品，以免影响超净工作台吹出的无菌空气的流通而降低超净工作台的灭菌效果。

③ 操作人员穿着的工作服、帽子、口罩等，要经常清洗和保持干净，并严格进行灭菌，就是将洗净、晾干的衣帽、口罩等用纸包好后通过高温蒸汽灭菌方法进行灭菌或将衣帽挂在缓冲间，用紫外灯或臭氧灭菌。

④ 操作人员在操作前必须剪掉指甲，用肥皂清洗双手后，再用70%～75%酒精擦洗。

⑤ 操作时，操作人员坐端正，呼吸均匀，头不要伸进工作台里面，不能对着无菌的外植体材料及接种工具呼吸，在操作过程中，严禁谈话并戴上口罩，以防引起污染。手要在超净工作台的工作区里面，动作要轻缓有序。

⑥ 接种时，先将培养瓶口在酒精灯火焰上燎一下，培养瓶要拿成斜角，避免空气中的真菌孢子落入培养瓶内。

⑦ 接种工具如刀、镊子等每次使用前都应放入台式灭菌器灭菌，或在70%～75%酒精中浸泡后在火焰上反复灼烧并放凉后才使用，避免烫伤植物材料；使用后的接种工具也要在酒精灯上灼烧灭菌或插入台式灭菌器中。

⑧ 凡已灭过菌的物品在超净工作台上处于敞开状态时，应将其放在靠近超净台出风口的一侧，工作人员的手、手腕等不得从这些物体的表面上方经过。

⑨ 已灭菌的外植体、接种工具不得接触工作台面和培养瓶外壁及各种物体表面。

⑩ 操作期间应经常用70%～75%酒精擦拭工作台面和双手，避免造成交叉污染，如接种工具被手或其他物体污染后再次使用而引起培养基或培养物的污染。

无菌操作的完整程序如下：

将实验所需器具和材料准备就绪→用70%～75%的酒精擦拭超净工作台面（台面若为有机玻璃不能擦拭）→开启超净工作台上的紫外灯和无菌操作室内的紫外灯（杀菌20～30min）→关紫外灯、打开排风扇→进入缓冲间，用肥皂清洗双手、戴上口罩、更换经灭菌的衣帽和鞋→进入接种室（无菌操作室）→用70%～75%的酒精擦拭双手→点燃酒精灯，将接种用的金属器械在酒精灯火焰上灼烧，冷却待用；或者打开台式灭菌器电源，待升温后将接种用的金属器械放入灭菌器中灭菌→进行外植体的分离与接种（见操作视频）→接种完毕后清理工作台上的废弃物，用70%～75%的酒精擦拭工作台和手→在培养容器上标注材料名称及接种日期→关闭酒精灯、台式灭菌器和超净工作台，将接种材料拿到培养室内进行培养。

视频：无菌操作技术

【工作任务】

任务3-1 植物组培容器的洗涤与无菌水的制备

一、任务目标

（1）熟练掌握植物组织培养容器的洗涤方法。

（2）掌握植物组织培养中无菌水的制备技术。

二、任务准备

根据操作人员的数量准备好一定数量的组培玻璃瓶、有污染的培养瓶、三角瓶、接种盘和试管用于清洗，并准备好试管刷、瓶刷等清洗用具和洗衣粉。

三、任务实施

1. 污染培养瓶的灭菌

已有霉菌、细菌等菌落的培养瓶，不要打开其瓶盖，连同里面的植物培养物（愈伤组织、芽、苗等）一起用高压蒸汽灭菌锅进行灭菌，灭菌条件：121℃，20min。

注意：灭菌锅的操作应由专人负责。

2. 玻璃培养瓶（组培瓶）的清洗

用瓶刷蘸洗衣粉刷洗瓶内、外，然后用清水涮洗5～6次，将瓶内的洗衣粉溶液冲洗净，倒置于塑料筐内晾干。

若是用过的内部没有杂菌污染的旧瓶，要先将瓶内的培养基及培养物刮出；若是有杂菌污染的，应先灭菌后再开盖清理培养基和培养物，用清水冲洗瓶子，然后再用洗衣粉刷洗，并去除瓶外原有标记（可用酒精棉球擦）。

3. 接种用具的清洗

用瓶刷蘸洗衣粉刷洗接种盘，清水涮洗5～6遍，倒置于塑料筐内晾干。

4. 无菌水的制备

取清洁的组培瓶，每瓶装入容量2/3的自来水，盖紧瓶盖，灭菌备用，如果是用于细胞培养的，则应在瓶中装双蒸水或纯水。

四、任务结果

（1）将清洗完毕的培养容器和用具放置在指定位置，等待老师检查。

（2）将工作任务及实施结果写成实训报告。

五、考核及评价

掌握植物组培过程中污染产生的可能原因以及控制方法；掌握培养容器和器具的洗涤方法；掌握无菌水的制备方法，参照下表考核点进行评分（总分：100分）。

植物组培容器的洗涤与无菌水的制备考核点	分值	评分
植物组培过程中的污染有哪些可能的原因(口答),能正确说出2～3个	20分	
说出高压灭菌锅灭菌的温度、压力和时间(口答)	10分	
污染培养瓶的清洗是否灭菌后才开盖	10分	
培养用过的旧瓶,检查没有杂菌污染,把瓶内培养基刮出后再用洗衣粉清洗	10分	
组培瓶用洗衣粉刷洗后,用清水涮洗5～6次	10分	
清洗的组培瓶等玻璃容器透明锃亮,内外壁不挂水珠,内部洁净无污渍	20分	
清洗后的组培瓶外、接种盘上没有标签、标记或其他污渍	10分	
无菌水的制备方法正确:瓶内装水的量为瓶子容量的2/3	10分	
总分	100分	

任务3-2 ▶▶ 操作环境消毒及无菌操作

一、任务目标

（1）熟悉组培室消毒的常规方法，掌握植物组培无菌环境控制技术。

(2) 熟悉无菌操作相关仪器、设备和器械用具的使用方法。

(3) 掌握无菌操作技术的基本程序。

二、任务准备

(1) 检查超净工作台、紫外灯、台式灭菌器等设备的状态是否正常。

(2) 准备适量的2%新洁尔灭或二氧化氯消毒剂用于无菌操作室和培养室地面、空间的消毒；准备足量的75%酒精和酒精棉球或纱布、酒精喷壶、酒精灯、火柴或打火机、镊子、解剖刀、剪刀等物品。

(3) 准备已经灭菌的接种盘、MS培养基、营养琼脂培养基平板；选择有密集芽丛的无菌材料或茎高苗壮的无菌苗作为无菌操作的试验材料，准备足够的数量。

三、任务实施

1. 无菌操作室、培养室的消毒

按照说明书的用量，将二氧化氯消毒剂稀释后，将干净抹布浸入稀释的消毒剂中，之后稍微拧干抹布，擦拭接种室、培养室内所有物体外表面，包括超净工作台台面、小推车、培养室内的培养架等，并用浸泡于消毒液中的拖把将地板拖一遍。

将试验所需器具和材料准备好，接种工具、接种盘、无菌苗瓶和MS培养基放置在超净工作台上，注意物品的摆放，不能挡住超净工作台的出风口。

开启超净工作台的紫外灯和室内的紫外灯，照射20min。20min后，关闭紫外灯，打开排气扇15min后，方可进入无菌操作室操作。

注意：由于紫外灯开启时能产生臭氧，增强杀菌效果，所以应保持无菌操作室门和排气扇关闭。

2. 室内消毒效果检查

准备四个营养琼脂培养皿，将其中两个放置在无菌操作室中部的小推车上，开启超净工作台的风机，风力调节到最大；将另两个放置在超净工作台的中央。计时20min后，分别将超净工作台和室内小推车上的两个培养皿中的一个打开皿盖，5min后再盖上，然后把培养皿做好标记，放入培养箱内，30℃培养48h。

3. 无菌操作（接种）

按下列顺序操作，在超净工作台上把无菌的培养物（如愈伤组织或无菌苗）切割或分离，然后转接到无菌培养基上。

进入缓冲间，用肥皂清洗双手、戴上口罩、更换经灭菌的衣帽和鞋→进入接种室（无菌操作室）→用70%～75%的酒精擦拭双手→点燃酒精灯→将灭菌的接种盘包裹打开，取出接种盘→将镊子蘸完酒精后在酒精灯火焰上灼烧，或者打开台式灭菌器电源，待升温后将镊子直接放入灭菌器中灭菌→镊子放到接种盘上或接种工具架上冷却待用→将无菌苗瓶盖打开，瓶口在酒精灯火焰周围燎一下→用冷却的镊子将一株无菌苗或一个丛芽取出放在接种盘中央→将解剖刀用酒精灯或者台式灭菌器灭菌并冷却→一手拿镊子、一手拿解剖刀，将无菌芽丛分离成单株，或者将愈伤组织切割成0.5cm左右的小块→打开MS培养基的瓶盖，瓶口在酒精灯火焰周围燎一下，然后用镊子把分离的单株芽苗插入培养基中，或者把愈伤组织块放到培养基上，稍加按压，使之接触到培养基→盖紧瓶盖，在瓶外做标记（材料名称、接种人、日期)→灭掉酒精灯，清理工作台上的废弃物，用70%～75%的酒精擦拭工作台和手→关闭超净工作台，将接种好的材料拿去培养室内进行培养。

四、任务结果

(1) 无菌操作室和培养室的消毒。两天后检查培养皿，以室内小推车和超净工作台上放置的未开盖的平皿为对照，对照皿内无菌落的情况下，开盖 5min 的皿内菌落数：在室内小推车上的≤3，即可说明室内消毒合格；在超净工作台上的皿内菌落数<1，说明超净工作台状态正常。

(2) 一周后，检查接种后放在培养室内培养的材料，如果瓶内有污染（如有细菌、酵母菌和霉菌菌落），并且超净工作台的状态正常，即可判定为无菌操作技术不合格；如果没有杂菌长出，即可认为无菌操作合格。

(3) 将工作任务及实施结果写成实训报告。

五、考核及评价

掌握操作环境消毒的方法，正确说出操作要点；掌握无菌操作的技术（按下列表格各项评分），操作流程各环节操作正确（总分：100 分）。

操作环境消毒方法和无菌操作技能考核点	分值	评分
能正确说出哪些地方是无菌区，哪些是非无菌区（口答）	20 分	
说出两种室内消毒常用方法（口答）	10 分	
准备工作：穿着、头发符合无菌操作要求，操作前手和台面消毒，培养基等物品在超净台上摆放正确	10 分	
接种工具使用前消毒，消毒后摆放正确	10 分	
组培瓶开盖后，瓶口经酒精灯火焰灭菌	10 分	
接种工具经冷却后才接触植物材料	10 分	
将外植体分割、转入新培养基，操作过程中，植物材料没有接触到无菌区外的物品	10 分	
接种后组培瓶口经酒精灯火焰灭菌后再盖瓶盖；按要求在瓶上做标记，熄灭酒精灯，收拾用具，清洁并消毒台面	10 分	
将转接后的瓶苗放入指定位置，培养一周后检查无污染	10 分	
总分	100 分	

【项目自测】

1. 无菌环境控制的方法有哪些？哪种方法最便捷高效？

2. 无菌室空气污染情况如何检验？

3. 要对下列物品进行消毒灭菌，哪些应采用高压蒸汽灭菌法，哪些可以用干热灭菌法，哪些可以用紫外灯灭菌法？（物品包括布手套、镊子、解剖刀、玻璃组培瓶、玻璃培养皿、液体培养基、超净工作台面）

4. 无菌操作技术的要点有哪些？

模块二 药用植物组织培养通用技术

项目四 无菌培养体系的建立（初代培养）

【学习目标】

知识目标

◆ 理解外植体和初代培养的基本概念；
◆ 熟悉外植体的类型和选择依据；
◆ 掌握初代培养及其操作要点。

技能目标

◆ 熟练掌握各种外植体材料的选择、分离、切取和接种等操作技术；
◆ 会进行营养器官的初代培养；
◆ 能正确判断并解决初代培养过程中易出现的问题，掌握解决这些问题的一般方法。

素质目标

◆ 通过对初代培养的知识学习，培养独立思考和解决问题的能力。

【必备知识】

一、外植体与外植体的初代培养

外植体是指在植物组培快繁技术中，从植物体上切取下来准备用来培养的根、茎、叶、花、果、种子等器官以及各种组织和细胞。

外植体的初代培养，是指对从植物体（母体）上切取下来的那一部分所进行的第一次的培养，也就是指将准备进行体外无菌培养的组织或器官从母体上取下，经过表面灭菌后，切割成合适的小段或小块，置于培养基上进行培养的过程。

初代培养的目的就是获得无菌的培养材料，从而建立无性繁殖系，无性繁殖系包括茎梢、芽丛、胚状体和原球茎等。

二、外植体材料的类型和选择

根据植物细胞全能性学说，所有植物细胞在理论上都具有重新形成新植株的能力，而事实上各种细胞表现全能性、重新形成新植株的能力并不相同，所以进行组织培养时要选择那些容易进行再分化形成新植株的外植体作试验材料。在同一植物的各个不同部位的组织、器官中，其形态发生的能力因植株的年龄、季节及生理状态不同而有很大不同，对培养的反应也不同，因此，选择合适的外植体进行植物组培快繁尤为重要。

在选择一个合适的外植体作为培养材料前，应了解外植体的类型和特点，了解外植体不同部位的生理状态和发育年龄对植株再生的影响等知识；同时要综合考虑外植体的部位、器官的生理状态和发育年龄以及取材的季节、时间等因素。

1. 外植体的类型

外植体可以分为带芽的外植体和由分化组织构成的外植体两种类型。

（1）带芽的外植体　如茎尖、侧芽、原球茎、鳞芽等，利用此类外植体进行培养有两种目的，一种是诱导茎轴伸长，为此就要在培养基中添加植物生长素和赤霉素；另一种是抑制主轴的发育，促进腋芽最大限度生长，以产生丛生芽，为此则应在培养基中加入细胞分裂素。

带芽外植体产生植株的成功率高，而且很少发生变异，容易保持材料的优良特性，是组培快繁中外植体的首选。

（2）由分化组织构成的外植体　如茎段、叶、根、花茎、花瓣、花萼、果实、花粉、胚等，这类外植体大多由已分化的细胞组成。这类外植体作为接种材料，常常要经过愈伤组织阶段，再从愈伤组织分化出芽或胚状体而形成再生植株，因此由这类外植体形成的后代可能有变异。

2. 外植体的选择

（1）外植体的部位　确定取材部位时，一方面要考虑培养材料的来源是否丰富，另一方面也要考虑外植体材料经过脱分化产生愈伤组织是否会引起不良变异，丧失了原品种的优良性状。综合考虑才能做到保质保量。

茎：对于大多数植物来说，茎尖无疑是较好的取材部位，因为其形态已基本建成，生长速度快，茎段侧芽或顶芽容易萌发，遗传性状稳定，同时也是获得无病毒植株的重要途径。但是茎尖常常受到材料来源的限制，因此，茎段成为广泛应用的外植体材料，如菊花、广藿香、何首乌、月季、驱蚊草、雪松、桉树、薄荷等均取茎段建立无性繁殖体系，此外，选择茎段外植体也可以保证培养材料充足。

叶：一些草本植物由于本身矮小或者缺乏显著的茎，可以采用叶片、叶柄、花瓣等作外植体，很多植物的叶具有较强的再生能力，可直接诱导形成芽、根等器官，或经脱分化增殖形成愈伤组织再分化出茎、叶、根，如非洲菊、花毛茛、虎眼万年青等。而且选择叶片作为外植体，其材料来源最为丰富，培养利用成功的实例有：广藿香、大岩桐、矮牵牛和豆瓣绿等。

种子胚：一些培养较困难的植物，可选取种子为外植体进行无菌播种，再用种子萌发后的胚为外植体进行后续培养，通常取胚中的子叶或下胚轴作为外植体进行培养较易获得成功。

花药：花药和花粉培养是育种和获得无病毒苗（草莓等植物）的重要途径之一，花药培养和花粉培养都可以获得单倍体的细胞并可以诱导形成单倍体植株。进行花粉培养一般是以花药为外植体，在无菌条件下打开花粉囊，取出里面的花药进行培养；花药里密集的花粉细胞是分散的单细胞，由于减数分裂，花粉细胞的染色体数目是体细胞的一半，即花粉细胞是单倍体细胞。

其他：除上述外植体部位外，还可根据需要，选取根、花瓣、鳞茎等部位作为外植体进行培养。

（2）器官的生理状态和发育年龄 外植体器官的生理状态及发育年龄会直接影响形态发生。植物生理学的观点认为，同一植株上的器官具有不同的生理年龄，同一器官的不同部位也具有不同的生理年龄。沿植物的主轴，越向上的部分形成的器官出现得越迟，生理年龄也越老，越接近发育上端越成熟，越易形成花器官。相反，越向下，其生理年龄越小，越易形成营养芽。总体来说，树龄小的要比树龄大的容易获得成功。一般情况下，幼年组织比老年组织有较高的植株再生能力。

因此，在木本植物的组织培养中，取幼龄树的春梢嫩枝段或老龄树干基部的萌蘖条较好，下胚轴与具有3～4对真叶的幼嫩茎段，生长效果也较好，如在烟草、西番莲的培养中发现植株下部组织产生营养芽的比例高，而上部组织产生花器官的比例高。

（3）取材时间 在组培快繁中，外植体取材的时间也很重要。一般按照植物生长的最适时期取材，即春夏季取材，材料幼嫩，生理机能旺盛，灭菌也容易，且易培养。而秋冬季取材，植物已进入生长末期或休眠期，对诱导反应迟钝或无反应，培养很难成功。雨季湿热季取材，因灭菌困难不易成功，应在雨后晴天早晨取材。

此外，同种植物在不同年份杂菌的感染率也是有区别的，如第一年曾对一种植物的某种组织进行培养，没有发生污染现象，而在第二年，用来自同一块地，同一物种，同一部位的材料来接种，污染率却高达83.3%～100%。

（4）外植体大小 外植体材料大，灭菌工作很难彻底，容易产生污染，而且浪费植物材料；外植体材料太小，多形成愈伤组织，成活率较低，因此，除了用于去除病毒的脱毒培养外，一般外植体不宜过小。通常外植体为叶片、花瓣等，大小为0.5～1.0cm^2；外植体为茎段的，长0.5～1.0cm；茎尖培养存活的临界大小应为0.1～0.5mm，一般是一个茎尖分生组织带1～2个叶原基。

在初代培养中，杂菌感染与植物种类、植物栽培状况、取材季节、外植体的大小及操作者的技术有关。一般来说，外植体越大，杂菌发生越多；夏季比冬季多；组培外植体取材尽量选取在温室内培养的植物，从大田和野外采集最好在雨后初晴的早晨。

三、外植体的预处理

采自野外或田间的植物材料，在进行消毒之前，应进行预处理，去除病虫害的影响，通过预培养和植株修剪等措施得到含菌较少的新枝条，以利于后续的消毒，提高初代培养的成功率。

1. 材料的预处理

（1）喷杀虫剂、杀菌剂 对准备采样的植物部位（如枝条、叶片、芽或花等），在采样前7天连续多次喷施杀虫剂、杀菌剂，以杀死材料表面的虫卵和微生物。

（2）套袋 提前选定枝条等取材部位，喷施杀虫剂、杀菌剂后，套上白色塑料袋或透明纸袋，下面用线绳绑住，待新枝条长出后，打开套袋取新枝条。

2. 材料的预培养

挖取小植株，剪除一些不必要的枝条后，改为盆栽，喷杀虫剂或杀菌剂，置于温室内或人工气候室内培养。

也可将采回的枝条或小植株插入水中或低浓度的糖溶液中培养，再取其新长出的枝条、芽或者根来进行消毒接种。

3. 外植体的修整

外植体在进行表面消毒灭菌前，要进行必要的修剪，方便材料表面消毒灭菌和接种时的剪切。常用外植体的修剪方法和步骤见表 4-1。

表 4-1　常用外植体的修剪方法和步骤

外植体类型	修整方法及步骤
茎尖、茎段	①用手术剪或刀，剪除枝条上叶片、叶柄、刺、卷须等附属物，保留基部叶柄 5mm 左右。②将修整好的外植体浸泡在饱和洗衣粉溶液中 60min。③用软毛刷从枝条基部往顶端方向轻轻刷洗，去除枝条表面蜡质、油质、枝毛及杂质等。④用清水冲洗干净。⑤枝条剪成带 2～3 个茎节、长度为 4～5cm 的茎段。⑥用干净烧杯或其他容器装好，待外植体表面消毒、灭菌
叶片	叶片带蜡质、油质、茸毛，可用软毛刷蘸肥皂水刷洗，较大叶片可剪成带叶脉的叶块，大小以能放入冲洗用容器为准
果实、种子、胚乳	一般不用修整，直接冲洗消毒。对于种皮较硬的种子可去除种皮，预先用低浓度的盐酸浸泡或机械磨损

四、外植体的消毒

因为植物材料的表面都或多或少地带有各种微生物，在植物组织培养的过程中，这些微生物会迅速增长，从而影响培养的植物材料的生长甚至造成死亡，为了成功地进行植物组织培养，在材料接种前必须进行消毒灭菌，消毒后的外植体在无菌培养基上培养后没有杂菌长出，才能用于后续的试验。

外植体消毒灭菌的原则是：既要把材料表面附着的微生物杀死，同时又不能伤及材料，不影响其生长。所以，消毒时采用的消毒剂及其浓度、处理时间等，都应根据处理的情况及材料对消毒剂的敏感度来决定。不同植物以及同种植物不同部位的组织有其不同的特点，所以，开始进行外植体消毒前都要进行摸索试验，以达到最佳的消毒效果。

1. 消毒剂的选择

选择外植体消毒剂的原则是：消毒剂要求既要有良好的消毒作用，又要容易被蒸馏水冲洗掉或会自行分解，而且不会损伤外植体，影响其生长。外植体消毒常用的消毒剂有：次氯酸钙（9%～10%的滤液）、次氯酸钠液（0.7%～2%）、磷酸乙基汞（乌斯普龙）（800～1500 倍液）、氯化汞（0.1%～1%）、乙醇（70%～75%）、过氧化氢（10%～12%）等。这些消毒剂的使用浓度和消毒时间应根据外植体的情况和对消毒剂的敏感性而定；对消毒剂敏感的外植体，消毒时间不宜过长。目前比较常用的消毒剂其使用情况及效果见表 4-2。

表 4-2　几种常见消毒剂的比较

消毒剂	使用浓度	去除难易程度	消毒时间/min	效果
次氯酸钠	0.7%～2%	易	5～30	很好
次氯酸钙	9%～10%	易	5～30	很好
过氧化氢	10%～12%	最易	5～15	好

续表

消毒剂	使用浓度	去除难易程度	消毒时间/min	效果
氯化汞($HgCl_2$)	0.1%～1%	较难	2～15	最好
溴水	1%～2%	易	2～10	很好
乙醇(酒精)	70%～75%	易	0.2～2	好
硝酸银	1%	较难	5～30	好
抗生素	4～50mg/L	易	30～60	较好

次氯酸钙 [$Ca(ClO)_2$]、次氯酸钠 (NaClO) 能分解产生具有杀菌能力的氯气，并挥发掉，灭菌后很容易除去，对植物组织无毒害作用。一般将植物组织浸泡在次氯酸钠溶液中5～30min即可达到消毒的目的。过氧化氢 (H_2O_2) 也可分解成无害的化合物。硝酸银在加入氯化钠后就成为不活泼物质。

氯化汞 ($HgCl_2$) 是一种有剧毒的重金属杀菌剂，能使蛋白质变性，使酶失活，一般使用浓度为0.1%～0.2%。$HgCl_2$ 配制方法：称取 $HgCl_2$ 0.1g，用少许酒精溶解，再用水定容至100mL即可。用 $HgCl_2$ 处理6～12min可达到消毒目的，其消毒效果在常用的外植体消毒剂中是最好的，是休眠种子最理想的消毒剂；并且氯化汞对植物材料的损伤较小，所以被广泛用于各种植物材料的消毒试验中。但其缺点是汞离子不易去除，必须多次用无菌水冲洗，并且剧毒的 $HgCl_2$ 在自然中和在人体内都不会降解，使用过程需非常谨慎，勿使消毒剂接触到身体或污染超净工作台，使用后要对消毒剂废液及洗涤外植体的废水采取无害化处理，避免对环境的污染。

乙醇（酒精）能使蛋白质脱水变性，高浓度乙醇会使蛋白质很快脱水凝固，消毒作用反而减弱；70%～75%乙醇比其他浓度的酒精具有更强的杀菌力和穿透力，而且有湿润作用，可排除材料上的空气，利于其他消毒剂的渗入；但不能彻底杀菌，一般不能单独使用，常用作表面消毒的第一步。由于其穿透力强，在使用时要严格控制好处理时间，一般不超过1min。

除表4-2中所列的消毒剂外，也可用市售家用消毒剂对外植体进行消毒，可按照产品说明书上的推荐量使用，但要进行试验后才能确定针对具体的植物材料所需的浓度。

通常为了增强消毒效果，常将两种以上的消毒剂配合使用，如用75%的酒精短时间消毒后，再用次氯酸钠消毒。

表面消毒剂对植物组织也是有毒的，因此，使用消毒剂时还要考虑外植体的情况和对消毒剂的敏感性。对于取自较洁净环境（如温室内）或者本身较为洁净（如刚抽出新芽或者有果皮包着的种子等）的材料，可以选择低毒的次氯酸盐或者市售家用消毒剂。但要注意某些外植体（如绿叶等）对次氯酸盐消毒剂较敏感，需控制消毒时间，不宜过长，否则容易使外植体损伤严重甚至死亡。总之，要选择适宜的消毒剂浓度和处理时间，以尽量减少对植物组织的伤害。

2. 消毒方法

外植体消毒前，应做简单的处理以降低表面的含菌量，提高消毒灭菌效果。一般是用自来水冲洗10min左右，有的材料较脏，要用洗衣粉或洗洁精等洗涤，把泥土等洗干净。有的地下部等组织，带须根多的还要用小刀削光滑，以利于彻底灭菌。有的材料表面着生太多茸毛，阻止了消毒剂的附着，影响消毒效果，可用蘸有肥皂粉、洗衣粉或洗洁精的软毛刷刷洗、清水冲洗干净后吸干水分。这一步骤在无菌室外进行。

将清洗过的外植体材料拿到超净工作台上，用选定的消毒剂进行消毒，此过程因在超净工作台上进行，需要严格遵守无菌操作规程。

消毒后的外植体应立即进行切割、接种至无菌培养基上培养，以保证植物材料的活力并减少再次污染的概率。

植物不同部位的材料应采取下列不同的方法和步骤：

（1）茎段和叶片的消毒

① 清洗外植体。切取材料的幼茎和尚未完全展开的叶片，浸入稀释的肥皂液（或洗衣粉、洗涤灵）中，再用软刷或油画笔轻轻刷洗外植体表面，清除附着在外植体上的尘土和部分菌体，然后用自来水冲洗，除去皂液与污物。据报道，经过此种处理，可以除去外植体表面 90%的微生物。

② 75%乙醇消毒。酒精的浓度应视外植体表面的干湿而定，表面湿润的外植体可以将乙醇的浓度提高到 80%；乙醇的用量一般为外植体体积的 10 倍以上；消毒时间应控制在 15～30s。为了提高乙醇的消毒效果，可以在乙醇中加入 0.1%的酸或碱，因为 H^+ 和 OH^- 可以改变细胞表膜带电荷的性质，以增加膜的透性，从而提高乙醇的消毒效力。

③ 消毒剂消毒。消毒剂一般用 0.1% $HgCl_2$。作用时间的长短依照材料的带菌状况而定，通常在 2～15min。消毒时搅动液体，使植物材料与消毒剂有良好的接触。若在 $HgCl_2$ 中加入几滴 Tween-80 或 Tween-20，可以降低表面张力，提高杀菌效力。若用 0.7%～2%有效氯的次氯酸钠溶液代替 $HgCl_2$ 也可以达到消毒的效果。

④ 无菌水漂洗。经过消毒或灭菌的外植体，要用无菌水冲洗，必须彻底除去残留的 Hg^{2+}，否则外植体会受到明显伤害，常用方法是用无菌水漂洗 5 次，每次无菌水用量以淹没外植体为宜，并不断摇动。经过这样的处理，基本上可以消除残留 $HgCl_2$ 的伤害。经此灭菌程序，染菌率可以控制在 10%以内，有时可达 5%以下。

上述外植体消毒程序具有一定的通用性，适用于一般植物。

（2）果实及种子的消毒　果实或种子消毒前，先用自来水清洗，清洗时间因材料的清洁程度而定。一般用自来水冲洗 10～20min，甚至更长时间。

绿色荚果可以采用火焰杀菌法。将绿色荚果清洗后，转入 95%乙醇中，再将荚果取出放入灭菌的培养皿中，点燃灼烧，并不断翻转荚果，待表面酒精燃尽，即可获得无菌荚果。然后在无菌条件下取出幼胚或种子用于接种。火焰灭菌既快速、彻底，又简便、经济。该程序也适用于块根类外植体的灭菌。

种子灭菌通常先用热水浸种，然后再用次氯酸钠或氯化汞等杀菌剂灭菌。热水浸种除具有增加种皮透性、打破种子的休眠、促进种子萌发的作用外，高水温还有一定的杀菌作用。浸种的水温和时间与种子的大小、干燥程度以及种皮厚度有关，如黄连、伊贝母应在 0～5℃较低温度下进行，穿心莲种子在 37℃温水中浸 24h，而甘草的种子需要在 100℃下保温 1～2h。

具体灭菌步骤是：用自来水冲洗 10～20min，再用 75%乙醇迅速漂洗一下。或是先用 2%次氯酸钠溶液浸泡 10min，然后无菌水冲洗 2～3 次，就可以去除种子的病菌，而用于接种。果内种子则先要用 10%次氯酸钙浸泡 20～30min，甚至几小时，依种皮硬度而定。对难以灭菌的还可以用 0.1%氯化汞或 1%～2%溴水消毒 5min。进行胚、胚乳培养的，若种子种皮太硬，也可预先去掉种皮，再用 0.7%～2%的次氯酸钠溶液浸泡 8～10min，经过无菌水冲洗后，即可取出接种。

(3) 花药的消毒　用于植物组培的花药，按小孢子发育时期要求，实际上多未成熟。由于它的外面有花萼、花瓣或颖片、稃片保护，通常处于无菌状态，因此，只要将整个花蕾或幼穗进行表面消毒就可以了。如毛曼陀罗的花药，消毒时先去掉花蕾的萼片，一般用 75%乙醇浸泡几秒钟，立即用无菌水冲洗 2～3 次（因为酒精脱水作用强，会使药壁组织脱水、花粉吸水后形成花粉块，不易散开和保存），再在漂白粉清液中浸泡 10min 或 0.1%的 $HgCl_2$ 溶液灭菌 5～10min，再经过无菌水冲洗 2～3 次，然后在无菌条件下剥去花药壁和子房壁，即可获得无菌花粉接种。胚珠的获得类似于花药的消毒。

(4) 根及地下部器官的消毒　此类材料生长于土中，消毒较为困难。除预先用自来水洗涤外，还应用软毛刷刷洗，用刀切取损伤及污染严重的部位，用吸水纸吸干后，将其放入 75%乙醇中浸泡 2～3min，用 0.1%～0.2% $HgCl_2$ 溶液浸泡 5～15min 或 2% NaClO 溶液浸泡 10～15min，再用无菌水冲洗 3 次，然后用无菌滤纸吸干水后即可接种。

上述方法仍不见效时，可将材料浸入消毒液中进行抽气减压，以帮助消毒液渗入，而达到彻底灭菌的目的。也可以用火焰杀菌法灭菌，即将块根直接置于酒精灯火焰高温区，缓慢旋转移动，以不伤及内部组织为度。烧灼后立即浸入冷无菌水中降温。

(5) 热带植物外植体的灭菌　在热带生长的植物，由于生长环境常年高温高湿且多雨，故在茎叶表面寄生着大量的微生物，并附着大量的霉菌孢子和细菌芽孢，甚至一些菌丝体侵入表皮内的薄壁组织。因此，用上述常规灭菌程序灭菌效果不佳，可参考以下方法：先用皂液刷洗和酒精杀菌后，再将外植体转入 0.2% “Benlete”（一种杀真菌剂）溶液和 0.2%链霉素溶液中，于 25℃，100r/min 的摇床上振荡过夜（16h），然后再用 75%乙醇处理 1min，用 0.1%$HgCl_2$ 杀菌 10～15min。

五、外植体接种和初代培养

外植体的接种是把表面灭菌过的植物材料切割或分离出组织、细胞、器官，经无菌操作，转移到无菌培养基上进行诱导培养的操作过程。接种时要求严格遵守无菌操作规程（见项目三【必备知识】八“无菌操作”）。将消毒好的外植体接种到适宜的培养基上，经过一段时间的培养，无论是脱分化形成愈伤组织，或者是分化出芽或根等器官，都是在无菌的条件下形成的，这个过程称之为“无菌培养体系的建立”，也称为“初代培养”。初代培养的材料通过后续培养，即继代培养，可以不断地增殖。

初代培养成功的要求是：无菌的环境条件、适宜的培养基和外植体、操作者的无菌操作技术等。接种操作要求时间短、速度快，技术操作到位，防止环境菌类污染。

1. 准备工作

根据培养材料的特点和培养目的，设计好培养基配方，初代培养时，常用诱导或分化培养基，即培养基中含有较多的细胞分裂素和少量的生长素。按配方配制培养基并完成灭菌。

按照项目三“无菌操作”的要求提前开启超净工作台，做好各项准备工作。

2. 外植体的接种

以下操作均在超净工作台上完成，需按无菌操作规程要求进行。

① 切割外植体。将消毒好的外植体放在无菌培养皿或接种盘内切割。较大的材料肉眼观察即可操作分离，较小的材料需要在双筒实体解剖镜下（体视显微镜）放大操作。外植体材料切割方法：先将接触消毒液的伤口部分（如茎的两端，叶柄下端）切去一小段，然后将

茎剪切成 1cm 左右的小段，每段带一个节，注意上切口离节不要太近以免伤到芽原基，一般在 0.5cm 左右；芽下切口离芽也在 0.5cm 左右；叶片一般切割成 0.5～1.0cm^2 的小块。分离材料时，切割动作要快，防止挤压使材料受损伤而导致培养失败。刀片、剪刀和镊子等工具要严格保持无菌，避免使用生锈的刀片，要勤换接种工具，或者接种工具使用一次就放入高温灭菌炉中或放到 95%酒精中浸泡，然后灼烧放凉备用，以防止交叉污染。

② 接种。左手拿培养瓶，轻轻取下封口膜或旋开瓶盖，将瓶口靠近酒精灯火焰，瓶口倾斜，避免空气中的微生物落入瓶中，将瓶口在火焰上燎几秒钟，使灰尘杂物等固定在原处，然后用右手拿灭菌并冷却的镊子夹一块分离好的外植体材料轻轻送入培养瓶内，插在培养基表面。茎段外植体接种时要让茎的形态学上端朝上，垂直插入培养基中，使芽基部紧贴培养基；叶片通常将叶背接触培养基，这是由于叶背气孔多，利于吸收水分和养分。

初次接种的瓶中放入的外植体数目不宜多，以 1～2 个为宜，材料在培养容器内要保持一定距离，以保证必要的营养面积和光照条件。镊子灼烧后放回支架或浸入消毒酒精中，或插入高温灭菌炉中。最后将培养瓶盖好或用封口膜包扎瓶口。接种结束后，做好标记，注明培养材料、培养基、接种日期等。把培养容器移至培养室进行观察，将超净工作台面收拾干净，接种用具带出接种室消毒备用。

3. 初代培养

将接种完的培养瓶放入培养房或培养箱中进行培养，一般设置温度为 (25±1)℃，16h 光照/8h 黑暗。一周后观察是否有污染，外植体是否有生长、分化或者脱分化，如果有污染的，要及时清理出培养房。

视频：初代培养技术

六、初代培养常见问题预防措施

外植体的初代培养是植物组织培养过程的基础，初代培养是否成功，直接关系到无菌繁殖体系能否建立，继代培养能否顺利进行，最终影响到试管苗增殖速度及生产规模。初代培养过程中应特别注意菌类污染和酚类物质引起的褐变问题，应了解预防污染和褐变的措施。

1. 预防菌类污染

菌类污染是指在组培过程中，由于真菌、细菌等微生物的侵染，培养基和培养材料滋生大量菌斑，使试管苗不能正常生长和发育的现象。

根据病原菌，菌类污染可分为细菌污染和真菌污染两种类型。

(1) 细菌污染　污染现象：在培养过程中，培养材料附近或培养基中出现薄液状物体、混浊的水渍状痕迹、云雾状痕迹或出现泡沫的发酵状情况。这些现象多数是细菌污染造成的，其特点是菌斑呈黏液状，温度为 25～30℃左右时发生，一般接种 1～2d 即可发现。

乳白色的细菌污染需要特别注意，其可能是外被荚膜的迟缓芽孢杆菌所致，该菌耐高温，耐常规消毒剂，可以随培养材料、接种用具等传播；可出现在培养基表面，也可以呈滴形云雾状出现在培养基内。如果出现这种污染，应对培养基进行高压灭菌后再清洗培养瓶。

针对细菌污染的原因应采用相应的预防措施：

① 外植体灭菌不彻底造成的污染。最初从室外或室内选取的外植体材料，都不同程度

地带有各种微生物。通常多年生木本植物比一二年生的草本植物带菌多，老的材料比幼嫩的材料带菌多，田间生长的材料比温室里生长的材料带菌多，地下部分的材料比地上的材料带菌多，一年中以雨季的材料带菌多。有些病菌可以侵入材料内部，即便采取表面灭菌措施，也难以除掉所有的病菌，结果造成严重的污染现象。

为避免外植体带菌，应该认真对待外植体所有环节的工作：从外植体取材的部位、年龄、季节、大小，到外植体清洗、灭菌和接种操作。需要特别注意的是外植体经过材料灭菌后，并不意味着微生物已完全被杀死，可能有相当多的材料仍带菌，这些个体培养1～2d后就开始长菌，需要及时地进行检查并立即淘汰，否则会出现交叉污染。当外植体材料有限时，也可以采用对污染的材料进行二次灭菌的办法，但灭菌时间和消毒剂用量较难掌握，效果通常都不理想。初代培养接种时尽可能做到一个试管或培养瓶只接种一个外植体，避免相互之间感染。

② 培养基灭菌不彻底造成的污染。通常现象是整批培养基出现污染，尤其是在未接种使用前就发现有杂菌长出。可能的原因有：高压蒸汽灭菌的温度、压力、时间和灭菌方法不对，以及过滤灭菌中过滤膜孔径、过滤灭菌器械的灭菌处理和过滤灭菌操作不当等。另外，如果塑料瓶盖或封口膜使用次数太多，会由于材料老化导致开裂、穿孔，也会导致灭菌后的培养基再次污染。

为避免培养基灭菌不彻底导致的污染，在培养基灭菌室要严格遵守操作规程，首先要将高压锅内的冷空气排干净，升温后要在121℃下保持20～30min。现在大多数采用全自动灭菌锅，要注意灭菌锅里摆放培养基等灭菌物品时要留有一定空隙，不能太密集，并且经常检查瓶盖，及时淘汰残次培养基。

③ 操作器具灭菌不彻底造成的污染。生产中多数采用高压蒸汽或灼烧灭菌两种方法进行操作器具的灭菌，而接种过程中，通常用酒精灯灼烧法，该方法可能会因操作人员的技术不到位而造成操作器具的污染。

在接种过程中，接种器械的灭菌一定要彻底，并且每使用一次后，都要蘸酒精在酒精灯火焰上彻底灼烧灭菌，避免交叉污染；灭菌后的接种工具不小心接触到带菌物体（如手臂、超净工作台面、接种瓶外面等）要再次灭菌后才能使用。条件容许的话，最好使用台式灭菌器，以保证接种器械灭菌效果并且提高工作效率。

④ 操作人员操作不当造成污染。接种时操作者手接触材料或器皿边缘，或者是讲话、呼吸不注意、打喷嚏等，都有可能造成细菌污染。

因此，操作人员一定要严格遵守无菌操作规程，在接种前和接种过程中，常用75%酒精擦手；操作人员在操作期间应戴口罩、穿工作衣、换工作鞋，禁止讲话、咳嗽；接种工应当熟练掌握操作技术，做到操作规范、熟练，以降低污染概率。

（2）真菌污染　污染现象：培养基或接种材料上长出白毛状菌落，时间长了还会呈现黄色、黑色、绿色等，温度为25～30℃时一般在接种后3～10d即可发现。

针对引起真菌污染的原因，应采用相应的预防措施：

① 周围环境不清洁和空气污染造成的。如无菌操作室的空气不洁净、超净工作台的过滤装置失效，通常现象：在同一张超净工作台上接种的大部分培养材料出现污染。

接种室和培养室要用高锰酸钾和35%～40%甲醛水溶液（俗称福尔马林）进行定期熏蒸消毒；除此以外，接种前要用紫外灯照射灭菌或用循环风紫外灭菌机进行灭菌。定期对超净工作台过滤器进行清洗和更换，防止超净过滤器工作失效。另外，每次使用应提前15～

20min 打开机器预处理，并用 75%酒精对台面进行喷雾消毒。

② 操作人员操作不当造成的。例如打开瓶塞、封口膜时，使瓶口边缘的真菌孢子落入瓶内或打开包头纸、解除橡皮筋时扬起灰尘，造成空气污染。通常现象：霉菌菌落出现在瓶子边缘，数量多，分散，而培养材料上没有菌。

严格操作。如在接种前，解除橡皮筋、打开瓶塞或揭封口膜时，动作要轻缓；接种时，培养瓶要拿成斜角，避免空气中的真菌孢子落入培养瓶内。

③ 培养容器不清洁或瓶口过大。培养瓶瓶口过大，致使真菌孢子掉入培养瓶内，或者在分装培养基时，培养基沾到了培养瓶口外，导致霉菌污染。

针对这一情况，应采用瓶口较小的培养瓶。分装培养基时如果瓶口有沾到要用清洁纱布擦洗干净后再灭菌；对使用过的培养瓶应及时清洗，否则残留的培养基会滋生大量的微生物。此外，已污染的培养瓶不能随便就地清洗，必须经高压灭菌，彻底杀死各微生物后再进行清洗。

2. 褐变现象

褐变现象是指在组织培养过程中，外植体材料向培养基中释放褐色物质，导致培养基逐渐变成褐色，外植体也随之慢慢变褐死亡的现象。它的出现是由于植物组织中的多酚氧化酶被激活，而使细胞的代谢发生变化，酚类物质被氧化后产生醌类物质，它们多呈棕褐色，当扩散到培养基后，就会抑制其他酶的活性，从而影响外植体的培养。

引起外植体褐变的因素比较复杂，常常随植物种类、基因型、外植体的年龄、取材的时间和部位及培养条件等不同表现出不同的反应，应针对不同的情况采取不同的预防措施。

① 遗传因素引起的。在不同种植物，同种植物不同类型、不同品种的组织培养过程中，褐变发生的概率和严重程度存在很大的差异。一般木本植物比草本植物更容易发生褐变现象，鞣质含量高的植物也容易褐变。如山楂、鹅掌楸、油茶等。

② 取材时间和部位。由于植物体内酚类化合物含量和多酚氧化酶的活性在不同的生长季节不相同，一般在生长旺盛季节含有较多的酚类化合物，即早春萌动时植物体内含有的酚类物质相对较少。随着生长季节的到来，酚类物质含量增加，多酚氧化酶的活性也逐渐增强，褐变现象会严重许多，因而一般都选在早春或秋季取材。在取材部位上，一般幼嫩茎尖较其他部位褐变程度低，木质化程度高的茎段在经过表面灭菌后褐变现象更严重。

③ 材料的年龄和生理状态。外植体材料的生理年龄与接种后的褐变现象有密切关系，许多试验表明，幼龄材料酚类物质含量少，褐变现象较轻；而成龄材料酚类物质含量多，容易产生褐变现象。

因此选择适宜的外植体材料和最佳的培养条件是解决褐变现象最主要的手段。

④ 外植体的大小。一定程度上，外植体材料越小越容易发生褐变，相对较大的材料出现褐变较轻。

⑤ 外植体材料受伤程度。外植体材料受伤会加剧褐变的发生。取材时，如果切口较大，褐变程度严重，因此，在切取外植体时，应尽可能减小其受伤面积，以减轻褐变的发生。除此之外，外植体表面灭菌时所使用的化学灭菌剂及较长的灭菌时间也会加重褐变现象。

对容易褐变的材料可间隔 2～24h 培养后，再转移到新的培养基上，这样经过连续处理 7～10d 后，褐变现象便会得到控制或大为减轻。

⑥ 光照。光照可提高多酚氧化酶的活性，从而促进培养物的褐变。故在初代培养过程中对外植体进行暗光培养，对抑制褐变发生有一定的效果；若在初代培养前，先将材料或母

株枝条进行遮光处理，再切取外植体进行培养，其处理效果会更好。

⑦ 温度。温度对褐变有很大的影响，因为高温能促进酚类物质的氧化；而低温则可以有效抑制酚类物质的合成，降低多酚氧化酶的活性，从而减轻褐变。在不影响正常生长和分化的前提下，尽量降低温度、减少光照也可以有效控制褐变现象的产生。

⑧ 培养基。培养基成分和培养方式等对褐变的发生也有一定影响，浓度过高的无机盐会使某些外植体褐变程度增加，此外，细胞分裂素的水平过高也会刺激某些外植体的多酚氧化活性，从而使褐变现象加深。

因此，采用浓度适宜的无机盐、控制激素水平或在培养基中加入抗氧化剂，如盐酸半胱氨酸（100mg/L）、抗坏血酸（50～100mg/L）或柠檬酸（150mg/L）等能够较为有效地避免或减轻很多外植体的褐变现象；在培养基中添加吸附剂如 0.1%～0.5%的活性炭，或者加入聚乙烯吡咯烷酮（PVP，0.01mg/L）也可以避免酚类化合物的毒害作用从而防止褐化；采用液体培养，也可以有效抑制褐变现象。

【工作任务】

任务 4 茎叶外植体的灭菌与接种（初代培养）

一、任务目标

（1）初步掌握植物茎叶外植体表面消毒的常规方法。

（2）通过无菌操作训练，掌握植物组织培养中的无菌操作技术。

二、任务准备

（1）检查仪器设备状态　超净工作台及紫外灯。

（2）准备已经灭菌的材料　培养基、无菌水，检查瓶盖是否脱落松动；滤纸、培养皿和接种盘，包裹是否完整无破损。

（3）准备用具、试剂　18cm 手术弯剪、16cm 镊子、普通剪刀、记号笔、酒精灯、废液杯、烧杯、毛刷、纱布、酒精棉球、洗洁精、2%新洁尔灭、75%酒精、0.1% $HgCl_2$ 或 2% NaClO 溶液。

（4）准备外植体材料　一定数量的药用植物的茎、叶或带芽枝条。

三、任务实施

1. 外植体的选取及预处理

① 外植体。选取生长健壮、已发芽、长势较好、无病害的植物带芽的枝条作为外植体。

② 材料预处理。取培养材料（茎、叶或带芽的枝条等），用自来水冲洗表面污物灰尘，然后用清洁剪刀修剪培养材料，将茎上的叶片剪去后剪成 2～4cm 的小段，顶芽和腋芽、大芽和小芽分开，分别放入烧杯中，加入清水和一两滴洗洁精，浸泡、涮洗 10min，再用流动自来水冲洗干净，置空培养瓶中备用。

2. 接种前的准备

① 用水和肥皂洗净双手，穿上灭菌过的专用实验服、帽子与鞋子，进入接种室。

② 打开超净工作台和无菌操作室的紫外灯，照射 20min。

③ 照射 20min 后，关闭紫外灯，打开室内排气扇，打开超净工作台风机。

④ 将预处理的材料、废液杯、消毒剂、无菌水、培养基、接种盘等放到超净工作台的

两侧，注意不能挡住出风口，超净工作台送风 20min 后，可以进行无菌操作。

3. 外植体消毒

① 用 75%的酒精擦拭工作台和双手。

② 用蘸有 75%酒精的纱布擦拭灭菌培养基的瓶子外壁，放进工作台。

③ 把解剖刀、剪刀、镊子等器械浸泡在 95%酒精中，在火焰上灭菌后，放在器械架上。

④ 无菌水冲洗。超净工作台上，把预处理的外植体材料用无菌蒸馏水清洗 2 次，洗后的水倒入台面的废液杯中。

⑤ 酒精消毒。将 75%酒精倒入装外植体的容器内，消毒外植体 10～15s，时间长短视植物材料情况而定。动作一定迅速，需晃动。然后将酒精倒去。

⑥ $HgCl_2$ 或次氯酸钠消毒。将 0.1% $HgCl_2$ 液或 2% NaClO 溶液倒入装有外植体的容器内，消毒外植体 5～10min，时间长短视材料情况而定，需晃动容器或用玻璃棒搅拌，使植物材料与灭菌剂有良好的接触；将消毒后的 $HgCl_2$ 倒入专门的废液瓶集中处理。

⑦ 无菌水清洗。将无菌水倒入装有外植体的瓶中，摇晃清洗外植体，将洗过的水倒入准备好的废液瓶，再加入无菌水，如此反复清洗 3～5 次。

4. 茎叶外植体的接种

① 外植体分割。用灼烧后冷却的镊子将消毒好的外植体夹至接种盘中，用解剖刀或剪刀对外植体进行处理，剥离外植体芽外部小叶片，露出尖端生长点和 2～3 片叶原基部分，将此部分剪下作培养材料；茎切成合适小段，叶片四周切除，分割成约 1cm×1cm 的叶块。

② 外植体接种。打开灭菌的培养基瓶盖，迅速将瓶口在酒精灯火焰周围燎一下，把镊子在火焰上灭菌，待冷却后，夹取分割好的外植体放至培养基上，茎段以形态学上端朝上插入，叶片以叶面朝上平放，稍加按压，使之接触培养基，盖上瓶口。每瓶接种 1～2 个外植体。操作期间应经常用 75%酒精擦拭工作台和双手；接种器械应反复在 75%的酒精中浸泡和火焰上灭菌。

③ 接种结束后，清理和关闭超净工作台。

四、任务结果

（1）将本次实训内容整理成实训报告，简述无菌接种操作程序。

（2）接种一周后，观察接种材料的污染情况，并分析污染原因。

五、考核及评价

掌握茎叶外植体选取原则和处理方式，初步掌握植物外植体接种准备和表面消毒的常规方法，掌握植物组织培养中的无菌操作技术。参照下表考核点进行评分（总分：100 分）。

茎叶外植体的灭菌与接种（初代培养）考核点	分值	评分
茎叶外植体植物的选取原则，要求生长健壮、已发芽、长势较好、无病害植物的带芽的枝条（口述）	10 分	
培养材料用洗衣粉冲洗、修剪（叶、顶芽和腋芽、大芽和小芽分开），继续用洗衣粉液清洗 10min，再用流动自来水冲洗干净	5 分	
接种前准备。操作人员穿着灭菌后的专用衣物进入接种室，打开紫外灯照射超净工作台和无菌操作室 20min 后关闭，操作前 10min 打开风机	10 分	
用 75%的酒精擦拭工作台和双手	10 分	
解剖刀、剪刀、镊子等器械浸泡在 95%酒精中，在火焰上灭菌后，放在器械架上	10 分	

续表

茎叶外植体的灭菌与接种(初代培养)考核点	分值	评分
外植体先用75%酒精消毒6～10s,需晃动,将酒精倒去;再用1% $HgCl_2$ 液或2% NaClO溶液浸泡5～10min,需晃动,最后3min静置。已灼烧镊子置 $HgCl_2$ 或在10%的漂白粉清液中浸泡10～15min	15分	
外植体反复清洗3～5次,剥离芽外部小叶片,露出尖端生长点和2～3片叶原基部分,按无菌操作接入三角瓶培养基中	10分	
接种取下接种器械,在火焰上灭菌。操作期间应经常用75%酒精擦拭工作台和双手;接种器械应反复在75%的酒精中浸泡和火焰上灭菌	10分	
操作结束接种结束后,清理和关闭超净工作台	10分	
整理实训内容,记录实训操作程序,实训报告应真实、客观、整洁	10分	
总分	100分	

【项目自测】

一、名词解释

初代培养、外植体、菌类污染、褐变现象

二、简答题

1. 外植体种类有哪些?
2. 选用一个合适的外植体材料时应考虑哪些因素?
3. 初代培养的关键技术有哪些?
4. 如何进行外植体接种工作?
5. 分别阐述植物根培养、茎尖培养、茎段培养和叶培养的方法。
6. 引起细菌污染和真菌污染的原因有哪些?如何克服污染现象?
7. 产生褐变的因素有哪些?如何克服褐变现象?

项目五 继代培养

【学习目标】

知识目标

◆ 了解继代培养的特点;

◆ 掌握增殖率及其计算方法、试管苗增殖的相关理论知识。

技能目标

◆ 熟练掌握转接技术;

◆ 能分析继代培养阶段出现异常现象的原因;

◆ 掌握防止玻璃化、驯化、分生能力衰退等异常现象发生的方法。

素质目标

◆ 培养耐心、细致的工作作风。

【必备知识】

一、继代培养

将初代培养得到的培养材料转移到增殖培养基继续培养，以获得大量增殖的培养物，这个培养阶段称为继代培养或增殖培养。通过继代培养，把来自外植体的培养物（包括细胞、组织或器官切段）通过更换新鲜培养基以及进行不断切割、分离并连续多代的培养，从而获得大量增殖的培养物。继代培养过程表现为多次转接瓶苗，因此也称为转瓶阶段、试管苗快繁阶段、增殖阶段等。此阶段一个周期一般为4～6周，可增殖3～10倍或者更高。如果没有污染，并能及时转瓶，那么增殖数将呈几何级数增长。

在植物组培快繁过程中，继代培养是其中的重要环节，这一环节的关键就是无菌操作技能与有序工艺流程。同时，长期继代也是种质资源离体保存的必要手段。

1. 植物离体快速繁殖体的类型

通过初代培养所获得的茎段、不定芽、胚状体、原球茎或愈伤组织等，数量未达到预期目标，也难以进行后续的生根培养或者炼苗移栽，这些培养材料称为中间体，要进行多次增殖，培养成无根苗或球茎等。生产上要根据不同植物种类的增殖特点，选择适宜的培养基，确定合适的转瓶操作要求，尽可能保持中间繁殖体的增殖率，扩繁出理想数量的材料。

植物组织培养中，把通过植物体细胞繁殖所获得的后代称为“无性系”，也就是无性繁殖所获得的后代。从一个单细胞、一块愈伤组织、一个芽（或其他器官）都可以获得无性系。用植物组织培养技术进行快速繁殖的无性系也称为“快速繁殖体”或“中间繁殖体”，中间繁殖体一般可分为以下几个类型：

① 原球茎。细胞或组织经原球茎途径分化成植株。大部分兰花属于这一类型，如兰科药用植物铁皮石斛、白及等就可以从植株的各部分离体组织诱导形成原球茎，将其切割，置于培养基中，可以分化出茎、叶和根，再经培养分化形成植株。

② 愈伤组织。即从细胞或愈伤组织培养通过不定芽形成植株，如枸杞、山豆根、广藿香等药用植物可以通过愈伤组织培养，再分化得到再生植株。

③ 胚状体。从细胞或愈伤组织通过胚状体途径，即由球形期、鱼雷期、心形期、子叶期经成熟胚发育成植株，如檀香、刺五加、东北天南星等药用植物的组织培养可通过胚状体途径形成植株。

④ 器官。从离体球茎、花、芽、叶、鳞片等，即从离体的母体组织直接产生小植株，如百合鳞茎在培养基中形成多个鳞茎，后期培养成完整植株。

⑤ 无菌短枝（绿茎）。选取已发育成熟的腋芽，连同短枝经表面灭菌后在无菌条件下培养，使其生根。腋芽可用生长激素处理促使其萌发。这一方法在较短时间内即可获得一个植株，并且获得的无菌植株可以用其带节（腋芽）茎段在无菌条件下多次培养使植株增殖。采用这种中间繁殖体进行种苗生产，不仅简易、高效，并且繁殖后代变异少，是工厂化育苗常用的方法。

⑥ 顶端分生组织。即茎尖培养，培养材料为0.2～0.5mm的顶端分生组织，顶端分生组织生长，茎段也随之伸长，再生成植株。茎尖伸长后，如不能生根，可采用试管内嫁接技术获得完整植株或直接将伸长的茎尖嫁接到室外砧木上（试管外嫁接）。此种方式获得的植株有限，一个顶端分生组织只能产生1个芽，这种中间繁殖体一般用于脱毒苗的生产。

⑦ 侧芽。诱导侧芽（腋芽）生长，使顶端生长受到抑制，将侧芽（腋芽）分割培养来增加数量。

⑧ 不定芽。这种不定芽来自芽原基或分生组织等，直接分化成芽苗。不定芽发生的数量较大，不受腋芽数目的限制，其增殖率比腋芽萌发率高，繁殖系数大。以这类中间繁殖体进行快繁植株的以草本植物居多，例如：药用植物菊苣、鱼腥草等。

2. 中间繁殖体的增殖

（1）增殖系数及其计算　增殖系数是指在一个培养周期内中间繁殖体增加的倍数，是反映快繁速度的一个指标。通常按接种的繁殖体个数，或按培养瓶计算，经过几个周期的培养，看看能得到多少个或得出多少瓶中间繁殖体，这两种方法都比较准确，但不能简单得按接种 1 个芽，培养后能数出多少个芽来计算，应按能再切出多少个供再接种来计算。有了每一周期（从转接当天到再次可供转接的当天）需要多少天，每周期每一瓶能转接多少瓶，每瓶有多少苗，这几个基本数字，就可以根据几何增加的原理，按下面简单的公式计算出年增殖率的理论值：

设年增殖率为 Y，起始培养的繁殖体个数为 m，每周期增殖的倍数为 X，全年可增殖的周期数为 $n=365$/每周期的天数，则：$Y=mX^n$

例如：某材料现有 10 个繁殖块，平均增殖倍数是 3，每个月为一个增殖周期，那么年增殖率为 10×3^{12}。

可以看出，培养周期越短，每次增殖的倍数越高，年增殖率就越高。生产上，只要每年能增殖 8～10 次，每次增殖 3～4 倍以上，就可满足快速繁殖的要求。

这是一个理论值，它受到许多因素的制约，污染是主要因素，还有设备、人力、工艺流程、规模与空间容量等因素，如培养用的容器不可能成几何级数地增加，操作人员也不可能无限增加，因此这个理论数字是很难做到的，需要细致的计划和管理才能达到较理想的指标。

中间繁殖体的增殖是组培的关键阶段，在新梢等形成后，为了扩大增殖系数，需要多代培养。在此过程中需要研究培养基和培养条件、继代培养物的分化潜力、继代培养物的体细胞变异、操作人员的技能、培养空间安排等问题。其中培养基是技术关键，是调控增殖系数的主要手段。增殖培养基一般是在分化培养基上加以改良，以利于增殖率的提高。接种后的外植体要分化出丛状芽、愈伤组织或胚状体，必须对培养基及激素的种类和浓度进行严格的设计和筛选，因为激素的种类和浓度对外植体的分化和增殖起到重要的作用。只要建立起快速繁殖增殖体系，培养材料就能按几何级数增加。增殖系数因植物种类不同而有差异，多在 3～10 之间，4～6 周即可繁殖一代。

（2）中间增殖体的扩增方法　继代培养中扩繁的方法包括切割茎段、分离芽丛、分离胚状体、分离原球茎、脱分化培养等。

① 切割茎段。常用于有伸长的茎梢、茎节较明显的培养物。这种方法简便易行，准确地保持母种特性。

② 分离芽丛。适于由愈伤组织分化产生的芽丛，若芽丛的芽较小，可先切成芽丛小块，放入 MS 培养基中，稍大时再分离开来继续培养。

③ 分离胚状体或原球茎。适用于形成胚状体或原球茎的植物，可以将胚状体或原球茎分离出来培养，使之数量增加。

④ 脱分化培养。在组织培养过程中，将已经分化的茎、叶、花等外植体在适宜的培养

基上进行诱导培养，令其形成愈伤组织，回到没有分化的状态，称为脱分化。经脱分化形成的愈伤组织可以在一定的培养基上保持快速增殖，并且可以多次继代培养，当转移至诱导分化培养基上培养时，可以再分化出芽进而再生出完整植株。应当注意的是，有的植物愈伤组织在经过多次的继代培养后，其再分化的能力会衰退，在诱导分化培养基上的再生植株数量降低甚至不能再生植株。

促进中间繁殖体增殖的措施基本为促进芽的生成，使芽不断发生、形成，外植体在原来数目上按几何级数增长，因此，在接种阶段只要有一瓶成功并进入脱分化状态，那么开展快速繁殖工作就会非常有利。增殖使用的培养基对于一种植物来说每次几乎完全相同，培养物在接近最良好的环境条件、营养供应和激素调控下，排除了其他生物的竞争，所以能够按几何级数增殖。

（3）增殖培养操作方法　一般情况下，在转瓶时多采用固体培养基，要提前制备好培养基，与待转材料同时放入超净工作台上灭菌 20min 后，进行转瓶，严格按规程操作，将已分化或半分化中间增殖体切割成小（段）块栽到新培养基上，封好口，放入培养箱培养。具体接（转）苗过程包括取苗、切苗、接苗、封口、记录。

视频：继代增殖培养

① 取苗。先解开培养瓶的瓶盖（封口膜），如果不能一次取出其内的全部材料，要先把封口膜封好口，放入培养室继续培养。取苗时先将瓶盖摘下，瓶口靠近酒精灯火焰区，然后把瓶口外缘在酒精灯上烤一下；正式取苗时，瓶口尽量靠近火焰控制区内，取出苗放入无菌培养皿或接种盘后要及时盖好瓶盖；一次取苗不可太多，以免在超净工作台上被风干。

② 切苗。培养皿放在离风窗 10～20cm 处，不可太往外；镊子和手术刀都不可太热，最好冷却到环境温度，刀和镊子不可在培养皿正上方操作；在切苗过程中产生的垃圾可堆放在培养皿内的一侧位置上，若非迫不得已，不可弄到培养皿外。

③ 接苗。培养瓶盖（或封口膜）的放置方法和瓶口灼烤方法与取苗时相同，烤完瓶口后，要先倒掉瓶内多余的水分，然后再接苗；接苗时，镊子最好不要与瓶口接触，100mL 瓶内一般接 5～10 株苗，不要放得太多；组培苗在瓶内要排放均匀、整齐，深度适宜。

④ 封口。封口膜要及时捆绑，其松紧度以用手转不动为准，封口前也要在酒精灯上烤一下瓶口。用带盖的组培瓶培养的，在盖瓶盖前也要将瓶口在酒精灯上烤一下。

⑤ 记录。下台前要把品种代号、培养基类型、个人编号以及接种日期标示到瓶上。用盛物盘把转接好的瓶苗放入培养室培养。离开之前还要把工作台收拾干净，把接种过程中产生的垃圾清理掉，台上的物品也要摆放整齐，关闭超净工作台。

在增殖阶段，需进行的大量工作是把分化或未分化的材料由一瓶分为多瓶。不停地转接，扩大数量。因此，要求操作技术更精细，更娴熟。从理论上讲主要是培养基配制和接种操作两个环节，但与初代培养相比，最大差异是外植体材料处于无菌状态，不用消毒。因此，主要是保证培养基无菌、接种环境无菌、转瓶用具无菌、接种操作者不带入菌，在操作过程中严格按要求去做，例如，每一个增殖瓶的打开和用具起用都要重新消毒一次。在整个过程中，（垂直风超净工作台上）瓶口尽可能不要向上；用具最好是使用一次接完一瓶，如果碰到瓶外物品，就要烧灼后再用，严格控制意外及多余动作。

对于培养基，如果出现不凝固、增殖慢现象，基本配方及琼脂要做出适当改变；如果在使用或贮备环节上有杂菌出现，必须及时调整，严防受污染培养基及用品进入无菌室，否则将造成严重后果。因此，在转瓶过程中，虽然不用对外植体消毒处理，但对培养基等，要求更加严格。由于增殖芽和根受细胞分裂素/生长素影响，比值大利于增殖芽，比值小利于根的发生，因此，在初代培养成功后，保持或加大细胞分裂素/生长素比值，可以采用增加细胞分裂素或减少生长素的办法，但也要经过多次试验才能选定。

3. 影响继代培养增殖率的因素

（1）植物材料的影响　不同种类植物、同种植物的不同品种、同一植物的不同器官和不同部位继代繁殖能力也不相同。一般是草本＞木本，被子植物＞裸子植物，年幼材料＞年老材料，刚分离组织＞已继代的组织，胚＞营养体组织，芽＞胚状体＞愈伤组织。

（2）培养基及培养条件　培养基及培养条件适当与否对能否进行继代培养影响颇大，故常改变培养基和培养条件来保持继代培养，如在水仙鳞片基部再生子球的继代培养中，加活性炭的培养基中再生子球数量比不加活性炭的要多出一至几倍。

（3）继代培养时间长短　有的材料长期继代培养可保持原来的再生能力和增殖率，如广藿香、何首乌等；有的经过一定时间继代培养后才有分化再生能力；而有的随继代培养时间加长而分化再生繁殖能力降低。如杜鹃茎尖外植体通过连续继代培养产生小枝数量开始增加，但在第四或第五代则下降，虽可用光照处理或在培养基中提高生长素浓度以减慢下降速率，但无法阻止，因此必须进行材料的更换。

（4）季节的影响　有些植物材料能否继代培养与季节有关。百合鳞片分化能力的高低，表现为春季＞秋季＞夏季＞冬季。进行球根类植物组织培养繁殖和胚培养时，就要注意继代培养不能增殖是因其进入了休眠状态，可通过加入赤霉素和低温处理来打破休眠。

（5）增殖系数　一般每月继代增殖 3～10 倍，即可用于大量繁殖。盲目追求过高增殖倍数，一是所产生的苗小而弱，给生根、移栽带来很大困难；二是可能会引起遗传性不稳定，造成灾难性后果。

4. 继代培养计划的制订

中间繁殖体的扩增是组培工作占用时间最长、意义最大的经常性工作。由于育苗空间、成本投入和产出不一定完全顺畅，因此，这一阶段也不能让其无限运转下去，在中间繁殖体达到一定数量之后，则应考虑使其中一部分转入生根壮苗阶段。主要通过改变培养基成分及激素配比，也可采用环境调控，使增殖材料分流，移出产品以及减慢增殖速度等。但必须保存一定量增殖状态的母株，便于扩大生产。因此，必须根据市场需求和繁殖材料的增殖率制订好增殖培养计划。

增殖培养计划的制订要在成熟的实践基础上综合考虑，一是增殖系数，二是培养空间，三是出瓶条件。

增殖系数是关键，要稳定、安全，并且经济适用，是在大量的实践基础上计算出来的。因此，必须经过生产过程才能得到实用的结果。一般增殖系数控制在 3～10 之间，太大并不可取，增殖系数太大容易出现变异。

培养空间主要指培养室大小，一般来说，培养架分为五层，每层能摆大约 200 个 50mL 的三角瓶，160 个 100mL 的三角瓶，500mL 的罐头瓶能摆 80 个，每个架子占地面积是 60cm×140cm，可以根据以上数字来推算瓶数。

出瓶条件包括培养条件、幼苗管理条件、出瓶周期等。

增殖培养计划制订的内容如下。

① 繁殖系数确定。一般控制在3～8。

② 人员安排。组培室内工作要严谨周密，室外管理是后期任务，所需人员更多。

③ 空间安置。培养室的面积与存瓶量。

④ 仪器、水、电安置。每天控制温度、光照时间，节约水电。

⑤ 出瓶时间。春、夏季为好，减少冬季管理成本。

⑥ 任务推算。生产任务、销售时间、人员、资金等。

快繁生产应以提高种苗质量、降低生产成本为核心，从培养基配方、培养室的光温条件、操作水平、过渡管理等技术环节上进行研究。尤其在大规模生产中，在技术的运用上要特别注意不同种类和品种的差异和特殊性问题。植物组培中的玻璃化、变异、畸形、增殖率低、季节性的污染等问题普遍存在，使一些种类难以进行大规模生产，必须通过培养基、激素和环境的调节，并严格操作标准和加强环境消毒来进行改善。

大规模生产中，要考虑培养计划与市场的衔接问题；组培生产是一个连续性的过程，而且其中的环节较多，加上受激素和环境因素的影响较大，种类、种间的差异也大，这样有时就会出现某些品种不能按时、按量出瓶，或是出瓶苗在过渡的过程中受气候和环境的影响，成苗率低等现象。无论哪一个环节稍有问题，都会造成不能按时供苗，使企业和生产者的效益受到影响，所以在制订生产计划时一定要周密和严谨，把各种可能出现的问题都充分考虑在内，但也不能将余地留得太大，否则过量生产会增加生产成本。

首先要限制增殖的瓶数，存架增殖总瓶数不应过多或过少。如盲目增殖，一段时间后就会因缺乏人力或设备，处理不了后续的工作，使增殖材料积压，一部分苗老化，错过最佳接转继代的时期，造成生根不良、生长势减弱、增殖倍率降低等不利后果。增殖瓶数不足，会造成母株数不够用，也会延误产苗。存架瓶数可以按下式计算：

存架增殖总瓶数(T)＝增殖周期内工作日数(D)×每工作日需用的母株瓶数(B)

例如：在菊花扩繁中，每天有4人转瓶，每人每天按转接300瓶计算，则每工作日需要1200瓶，按一个月为一个增殖周期，按每个月有25个工作日，则存架增殖总瓶数为25×1200＝30000。

其次是考虑每天接种增殖与生根的比例。需按实际情况试做后确定，一般为3∶7，通过培养基中植物激素的用量、糖浓度、培养温度等条件也可加以调整。增殖倍率高的，生根的比例大，每工作日需用的母株瓶数较少，产苗数（即生根的瓶数×每瓶植株数）较多；反之，增殖倍率低，因需要维持原增殖瓶数，就占用了不少材料，以致不可能有较多的材料用于生根，出苗数就少。可见调整为最佳培养基、提高增殖倍率是很重要的措施。

每天接种生根的株数便是今后每天出瓶苗数。在总体设计上要计划出幼苗出瓶种植的工作量。快速繁殖是由较高的增殖倍数、较短的增殖周期和周年生产这三个因素组成的，因此，凡是应用于生产的种类都必须满足这三个因素。尤其是第一、第二个因素，如果达不到要求，那将还是处于研究、开发阶段的种类。此外，还要考虑整套技术，如无菌操作熟练程度、污染比例高低、出瓶苗栽植成活率、出瓶苗培养空间等。快速繁殖是一项复杂的系统工程，计划应力求做到周密细致，才能保证繁殖的快速和企业的效益。

二、继代培养常见问题及其解决措施

在继代培养中常常会出现玻璃化、褐变、生长缓慢等异常现象，应查找原因及时采取措施解决问题，以保障组培快繁的顺利进行，减少损失。

1. 玻璃化苗及其控制

当植物材料不断地进行离体繁殖时，有些培养物的嫩茎、叶片往往会呈半透明水渍状，这种现象通常称为玻璃化，出现玻璃化的组培苗称为“玻璃化苗”。因为出现玻璃化的嫩茎或芽不宜诱导生根，并且生长缓慢，繁殖系数有所下降，而已经生根的试管苗变成玻璃化苗时，其茎、叶表面无蜡质，体内的极性化合物水平较高，细胞持水力差，植株蒸腾作用强，移栽不能成活。因此，玻璃化现象如果不能控制，将严重降低植物组培的效率，造成人力、物力、财力的极大浪费。

试管苗的玻璃化程度在不同的种类、品种间，有所差异。

玻璃化现象出现的原因有很多，总的来说是培养基和培养条件不适宜、不平衡。针对各种具体原因采取的改进或者预防措施如下：

① 培养基溶质水平过低，水势过高。措施：可以提高培养基中的溶质水平，例如适当增加培养基中的无机盐，补充钙离子（Ca^{2+}）或者增加蔗糖、琼脂的添加量，以降低培养基的水势。

② 培养基中离子种类比例不适。措施：可以适当调整培养基中各无机盐成分的含量，一般应减少培养基中含氮化合物的用量，减少或除去 NH_4NO_3。

③ 培养基中激素含量不适宜。通常培养基中的细胞分裂素浓度过高或细胞分裂素与生长素含量的比值过高都易引起玻璃化现象，所以降低培养基中细胞分裂素含量，或者加入适量脱落酸、赤霉素（GA）或多效唑（PP333）可以改善或者预防玻璃化苗出现。

④ 不良培养环境。在培养环境温度过高、光照时间不足及通气不良等情况下，培养容器中空气湿度过高，组培苗含水量过高，容易出现玻璃化现象。

因此，控制培养环境温度，适当低温处理，或进行变温培养；提高光照强度，适当延长光照时间，充分利用自然光照来降低玻璃苗的发生频率；并且采用通气性好的封口材料代替聚乙烯塑料膜作为封口材料，选择有透气膜的瓶盖，增加容器通风；可以降低培养容器内部环境的相对湿度，还可以通过培养环境补充 CO_2，促进植物光合作用，这些方法都可以降低玻璃化的发生。

⑤ 其他原因。上述原因都排除外，还可以尝试在培养基中添加其他物质，如活性炭、青霉素、聚乙烯醇（PVA）等；或者延长培养周期，降低继代培养的频率；选择不易玻璃化的品种及部位作外植体材料等。

2. 增殖培养中的异常现象及解决措施

(1) 苗分化数量少、速度慢、分枝少、芽苗生长不均　可能原因：细胞分裂素用量不足，温度偏高，光照不足。改进措施：提高细胞分裂素用量，适当降低温度，增强光照，改单芽继代培养为团块（丛芽）继代培养。

(2) 苗分化过多、生长慢、有畸形苗、节间极短、苗丛密集、微型化　可能原因：细胞分裂素用量过多，温度偏低。改进措施：减少或停用细胞分裂素一段时间，适当调高温度。

(3) 分化率低、畸形、培养时间长时苗再次愈伤组织化　可能原因：生长素用量偏高，温度偏高。改进措施：减少生长素用量，适当降温。

(4) 叶粗厚、变脆　可能原因：生长素用量偏高，或细胞分裂素用量偏高，植株叶片接触培养基生长。改进措施：适当减少生长调节剂用量，避免叶片接触培养基。

(5) 再生苗的叶缘、叶面等处偶有不定芽分化出来　可能原因：细胞分裂素用量偏高，或表明该种植物适于该种再生方式。改进措施：适当减少细胞分裂素用量，或分阶段地利用这一再生方式。

(6) 丛生苗过于细弱，不适于生根或移栽　可能原因：细胞分裂素浓度过高或赤霉素使用不当，温度过高，光照时间短，光强不足，久不转移，生长空间不足等。改进措施：减少细胞分裂素用量，免用赤霉素，延长光照时间，增强光照，及时转接，降低接种密度，更换封瓶膜的种类。

(7) 幼苗淡绿，部分失绿　可能原因：无机盐含量不足，pH 不适宜，铁、锰、镁等缺少或比例失调，光照、温度不适。改进措施：针对营养元素亏缺情况调整培养基，调好 pH，调控温度、光照。

(8) 幼苗生长无力，发黄落叶，有黄叶、死苗夹于丛生苗中　可能原因：瓶内气体状况恶化，pH 变化过大，久不转接导致糖已耗尽，营养元素亏缺失调，温度不适，激素配比不当。改进措施：及时转接、降低接种密度，调整激素配比和营养元素浓度，改善瓶内气体状况，控制温度。

3. 驯化现象及其控制

在植物组织培养的早期研究中，发现一些植物的组织经长期继代培养后，发生一些变化，在开始的继代培养中需要生长调节物质的植物材料，其后加入少量或不加入生长调节物质就可以生长，此现象就叫作“驯化”。如在胡萝卜薄壁组织培养过程中，逐渐消耗了和母体中原有器官形成有关的特殊物质。如初代培养中加入 6～10mg/L 的 IAA，才能达到最大生长量，但经多次继代培养后，在不加 IAA 的培养基上也可达到同样生长量，一般约在一年以上，或继代培养 10 代以上出现驯化现象。

驯化现象看起来可以节约成本，似乎对组培快繁有利，但并不是所有的驯化现象出现都是好的，有时长期的“驯化”现象会得到适得其反的结果，如卡特兰实生苗在长期加香蕉的培养基中继代培养，最后只长芽不长根，芽的增长倍数很高，但芽又细又弱，不利于生根壮苗；为了调整这种状况，需要转入增加了生长素的培养基中过渡培养，经过一至几次继代培养才可长出较多的根。

通过控制继代培养的代数，避免长期的继代培养，可以预防驯化现象出现。

4. 细胞分化和植株再生能力衰退及其解决措施

(1) 植物形态发生能力的保持和丧失的内因　在长时间的继代培养中，材料自身内部会发生一系列的生理变化，除了前面讲的玻璃化、“驯化”现象外，还会出现形态发生（即分化出芽或根等）能力的丧失。不同的植物、同一植物的不同部位外植体在进行组织培养时，其保持分化能力的时间差异很大，在以腋芽或不定芽增殖的植物中，培养许多代之后仍然保持着旺盛的增殖能力，一般较少出现再生能力丧失问题，而以愈伤组织进行的增殖培养中，愈伤组织经数代增殖培养后，再转入分化培养基中也不能分化出芽或根，即这些细胞可能丧失了分化能力。

一般认为分化能力衰退主要有三个原因：

第一，愈伤组织中含有从外植体启动分裂时就有的成器官中心（分生组织），当重复继代培养后分生组织逐渐减少或丧失，这意味着不能形成维管束，只能保持无组织的细胞团。也有人认为是在继代培养过程中，逐渐消耗了原有的与器官形成有关的特殊物质造成分化能力衰退。

第二，形态发生能力的减弱和丧失，与内源激素的减少或产生激素的能力丧失有关。

第三，也可能是细胞染色体出现畸变，数目增加或丢失，导致分化能力和方向的变异。

(2) 促进细胞分化的方法　细胞分化是组织分化、器官分化的基础，是发育生物学的一个核心问题，也是离体培养再分化和植株再生得以实现的基础。细胞分化的实质是基因选择活化或阻遏，使细胞在结构、生理生化特性上发生改变，从而导致细胞分化。

细胞分化的机制极为复杂，而植物生长调节剂在细胞分化中有明显的调节作用，它与细胞分化中的细胞生长、细胞分裂密切相关。在组培快繁中，我们更关注的是形态结构的分化，因此，可以通过调节培养基中生长素和细胞分裂素的比值大小来获得不同器官的分化，例如：提高生长素与细胞分裂素的比值，则促进根的分化；降低这一比值，则促进芽的分化。

【工作任务】

任务5 药用植物无菌苗的增殖培养

一、任务目标

(1) 熟练掌握试管苗转接时的基本操作步骤及正确的操作方法。

(2) 掌握继代培养的基本流程及操作步骤，提高无菌操作能力，降低污染率。

二、任务准备

(1) 检查高压灭菌锅、超净工作台、台式灭菌器等设备状态。

(2) 准备MS培养基母液、琼脂、蔗糖、75%酒精、无菌培养皿或接种盘、喷雾器、酒精灯、镊子、剪刀、解剖刀和组培瓶。

(3) 准备转瓶材料：药用植物（广藿香/何首乌/铁皮石斛/金线莲/百合）无菌苗。

三、任务实施

(1) 配制转瓶培养基并进行高压蒸汽灭菌，同时灭菌的还有培养皿或接种盘（此步骤应提前完成，具体操作见项目二任务2-2 MS培养基的配制）。

(2) 灭菌后的4～5瓶培养基和接种盘包裹放入超净工作台内，过多的培养基可放到接种室内的小推车上。

(3) 将待转瓶的无菌苗放入超净工作台内，开启紫外灯灭菌，20min后开启排气扇，打开超净工作台风机。

(4) 15min后，进入接种室，按无菌操作要求对手部和超净工作台面进行彻底消毒。

(5) 教师示范操作要领，强调注意事项。或者学生通过观看标准操作视频进行学习。

(6) 学生开始正式转瓶操作。尽量快捷，严格保持无菌操作要求。

(7) 转接完毕，及时清理超净工作台面并用75%酒精消毒，将接种后的材料拿到培养室进行培养。

(8) 清洗用过的培养瓶和接种盘，打扫环境卫生。

四、任务结果

(1) 每人单独完成转瓶4～5瓶，操作过程要按无菌操作要求，规范、快捷。

(2) 分别在培养一周、两周后观察实验结果、统计污染率，将操作内容和观察结果综合分析后写成实训报告。

五、考核及评价

掌握组培苗转瓶的基本操作技术（按下列表格各项评分），各环节的操作正确（总分：100分）。

无菌苗转瓶操作技能考核点	分值	评分
穿干净实验服，头发扎好或戴帽子，双手洗净	10分	
提前制备转瓶用培养基，配方正确，数量够，质量合格	10分	
选择待转瓶苗1～2瓶，并放入工作台	10分	
培养基、待转瓶苗摆放在超净工作台上两侧，接种工具摆放在台中央	10分	
操作前用75%酒精消毒手及台面	10分	
拿放工具、瓶及开盖方法正确	10分	
将外植体分割，转入新培养基中2～3块	10分	
操作正确、熟练，未碰到有菌物体，及时封口	10分	
及时标记瓶苗，清洁台面，合理放置转瓶苗	10分	
一周后检查的污染率低于25%	10分	
总分	100分	

【项目自测】

1. 继代培养阶段的增殖类型包括哪些？各有何特点？
2. 增殖系数的大小对组培苗生产意义很大，如何调控增殖系数？
3. 玻璃化现象是组培苗增殖过程中的常见问题，哪些因素会引起玻璃化现象发生？
4. 组培苗过于细弱、脆嫩应采取哪些措施解决？
5. 假设一种桔梗试管苗的繁殖系数是5，培养周期是30天，要经过多长时间产量能够达到10万？

项目六 壮苗生根培养与炼苗、移栽

【学习目标】

知识目标

- 了解试管苗生根的类型和影响生根的因素；
- 了解影响试管苗移栽成活的因素。

技能目标

- 能熟练掌握诱导试管苗生根的方法与操作技能；
- 熟练掌握试管苗驯化移栽的方法与操作技能；
- 能解决试管苗生根与移栽过程中遇到的一些问题。

素质目标

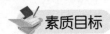

◆ 培养吃苦耐劳的精神和耐心、细致的工作态度。

【必备知识】

在植物的组培快繁中，通常是将诱导芽增殖和诱导生根的培养分开进行。通过外植体的初代培养后，先进行继代培养，诱导产生大量的中间繁殖体（丛生芽、嫩梢或原球茎）后，再进行诱导生根的培养，最后得到完整植株再进行炼苗移栽。

培养材料增殖到一定阶段，若不能及时将培养物转移到生根培养基上，就会引起试管苗发黄老化，或者因过分拥挤而使无效苗增多，造成浪费。所以增殖到一定数量后，就要将部分培养物分流到生根培养基上，并且诱导生根的同时，芽苗也会生长得更健壮，这一过程就是生根壮苗培养。生根壮苗之后再进一步驯化炼苗、移栽，以获得高质量的商品苗。

试管苗的生根与移栽是植物组培快繁的最后一道工序，也是组培快繁能否出产品、有效益的最终环节，关系到该技术能否应用于生产。

一、组培苗的生根壮苗培养

试管苗的生根壮苗培养是将无根小植株转入生根培养基中或直接栽入基质中，诱导其生根，同时促进小植株健壮生长，形成完整植株的过程。这个过程要求试管苗生出浓密而粗壮的不定根，以提高试管苗对外界环境的适应力及驯化移栽的成活率，获得优质商品苗。

1. 试管内生根

（1）影响试管苗生根的因素　试管苗根的发生均来自不定根。根原基的形成与生长素有关，但根原基的伸长和生长可以在没有外源生长素的条件下实现。影响试管苗生根的因素很多，有植物材料自身的生理生化状态，也有外部的培养条件，要提高试管苗的生根率，就必须考虑这些影响因素。

① 植物材料。不同植物、不同的基因型甚至同一植株的不同部位和不同年龄对根的分化都有决定性影响。因植物材料的不同，试管苗生根从诱导开始至不定根出现，一般快的只需 3～4d，慢的则要 3～4 周甚至更久。例如菊花、百合、溪黄草、枸杞等，一般只需培养一次，采用 1/2 或 1/4 的 MS 基本培养基，全部去掉或仅用很低的细胞分裂素，并加入适量的生长素（NAA、IBA 等）进行生根培养，一般 2～4d 即可见根。

此外，生根难易还与母株的生理状态有关，因取材季节和所处环境条件不同而异。不同植物材料生根的一般规律是：木本植物较草本植物难，成年树较幼年树难，乔木较灌木难，同一植物中上部材料较基部材料难，休眠季节取材较开始旺盛生长的季节取材难。

试管苗多而小，也影响其生根。通常需要采取一定的措施来促进试管苗的生根，如滤纸桥培养、分次培养等。

植物组培苗生根的难易具体到不同的植物种类上也存在差异，一般来说，自然界中营养繁殖容易生根的植物材料，在离体繁殖中也较易生根。

② 基本培养基。诱导生根的基本培养基，一般需要降低无机盐浓度以利于根的分化，常使用低浓度的 MS 培养基，如 1/2 MS、1/3 MS 或 1/4 MS 的基本培养基，如白木香在 1/4 MS培养基下生根较好，硬毛猕猴桃在 1/3 MS 培养基下生根较好，水仙的小鳞茎则在 1/2 MS 培养基下才能生根。

矿质元素的种类对生根也有一定的影响。对大多数植物而言，大量元素中 NH_4^+ 多不利于发根；生根培养一般需要磷和钾元素，但不宜太多；Ca^{2+} 一般有利于根的形成和生长；微量元素中以硼、铁对生根有利。

此外，糖的浓度对试管苗的生根也有一定的影响，一般低浓度的蔗糖对试管苗的生根有利，且有利于试管苗的生活方式由异养到自养转变，提高生根苗的移栽成活率，其使用浓度一般在 1%～3%。如桉树的不定芽发根最适宜的蔗糖浓度为 0.25%；但也有些植物在高浓度时生根较好，如怀山药在蔗糖 6%时生根状况最好。

③ 植物生长调节剂。在试管苗不定根的形成中，植物生长调节剂起着决定性的作用，一般规律是：生长素类的生长调节剂均能促进生根；此外，如果培养基中有细胞分裂素，则生长素的浓度一般要高于细胞分裂素的浓度才能诱导生根。

生根培养中常用的生长素主要为 IBA、NAA、IAA 和 2,4-D 等，其中 IBA、NAA 使用最多。IBA 作用强烈，作用时间长，诱导的根多而长；NAA 诱导的根少而粗。一般认为用 0.1～1.0mg/L 的 IBA、NAA 有利于生根，两者可混合使用，但大多数单用一种人工合成生长素即可获得较好的生根效果。常见药用植物生根培养基的生长调节剂水平见表 6-1。此外，商品生根粉（ABT）也可促进不定根的形成，并可与生长素、赤霉素等配合使用，如猕猴桃采用 1mg/L 或 1.5mg/L 的 1 号 ABT 生根粉生根率可达 100%，在赤桉组培苗生根中 ABT 与 IBA 配合使用较单独使用效果好。

表 6-1 常见药用植物生根培养基中的生长调节剂水平

植物名称	生长调节剂种类	生长调节剂浓度/(mg/L)
桃	NAA	0.1
铁皮石斛	IBA	0.1
菊花	NAA 或 IBA	0.1
溪黄草	NAA	0.2
何首乌	IBA	0.5
山楂	IBA	1.0～1.5
白木香	IBA+NAA	IBA 0.2+NAA 0.2
巴戟天	IAA+NAA	IAA 0.2+NAA 0.4
黄檗	IAA+NAA	IAA 0.2～0.4+NAA 0.2～0.4

外植体的类型不同，试管苗不定根的形成所需的植物生长调节剂也不一样。一般愈伤组织分化根时，使用 NAA 最多，浓度在 0.02～6.0mg/L，多为 1.0～2.0mg/L；使用 IAA 和激动素 KT 的浓度范围分别为 0.1～4.0mg/L 和 0.01～1.0mg/L，而以 1.0～4.0mg/L 和 0.01～0.02mg/L 居多。而胚轴、茎段、插枝、花梗等材料分化根时，使用 IBA 居首位，浓度为 0.2～10mg/L，以 1.0mg/L 为多。

不同植物试管芽苗诱导生根的合适生长调节剂都需通过试验来确定。若使用浓度过高，容易使茎部形成一块愈伤组织，而后再从愈伤组织上分化出根来，这样，因为茎与根之间的维管束连接不好，既影响养分和水分的输导，移栽时根又易脱落且易污染，成活率不高。如苹果生根培养基中 IBA 或 NAA 浓度超过 1.0mg/L，多数苗都是先于苗基切口处产生愈伤组织，随后在愈伤组织上分化生根，这样当生根后的试管苗移栽后，苗基的愈伤组织很快干死，使苗与根间形成一个隔层，成活率大大降低。

据统计，试管苗的生根培养中单一使用一种生长素的情况约占 51.5%，使用生长素加激动素的约占 20.1%。

总之，试管苗的生根培养多数使用生长素，大都以IBA、NAA、IAA单独使用或配合使用，或与低浓度细胞分裂素配合使用，萘乙酸与细胞分裂素配合时一般摩尔比在（20～30）∶1为好。赤霉素、细胞分裂素和乙烯通常不利于发根，如与生长素配合使用，则浓度一般宜低于生长素浓度；脱落酸（ABA）有助于部分植物试管苗的生根；植物生长延缓剂如多效唑（PP333）、矮壮素（CCC）、比久（B_9）对不定根的形成具有良好的作用，在诱导生根中所使用的浓度一般为0.1～4.0mg/L。

对于已经分化根原基的试管苗，则可在没有外源生长素的条件下实现根的伸长和生长。

④ 其他物质。一般认为黑暗条件对根的生长有利，因此在生根培养基中加入适量的活性炭对许多植物的生根均有利，如铁皮石斛、白木香等的生根培养中加入活性炭可促使根系生长粗壮、白嫩，且生根数量多。

另外，在一些难生根的植物生根培养基中加入间苯三酚、脯氨酸（100mg/L）和核黄素（1mg/L）等也有利于试管苗的生根，如苹果新梢的生根。

⑤ 继代培养代数。试管嫩茎（芽苗）继代培养的代数也影响其生根能力，一般随着继代代数的增加，生根能力有所提高。如线纹香茶菜继代培养的次数越多则生根率越高，在前2代之内生根率约为70%，而5代之后生根率达100%；有的植物开始培养生根困难，如白木香，但在继代培养多代以后，其生根率可达60%左右。其他植物（如阳春砂、巴戟天等）经过若干次继代培养也能提高生根率，而且从试管苗长成的植株上切取插条要比在一般植株上切取的更易生根。

⑥ 光照。光照强度和光照时间对生根的影响十分复杂，结果不一。一般认为生根不需要光，生根比较困难的植物通过暗培养可提高其生根率，有些植物用低光强处理也可促进其生根。但很多植物在诱导生根后，根系的生长受光照的影响，如阳春砂、溪黄草、广藿香等，在较强的光照下根系也很发达，且植株生长健壮。一般认为在植株生长期减少培养基中蔗糖浓度的同时，需要增加光照强度（如增至3000～10000lx），以刺激小植株使之产生通过光合作用制造食物的能力，便于由异养型过渡到自养型，使植株变得坚韧，从而对干燥和病害有较强的忍耐力，使无菌苗生长健壮。虽然在高光强下植株生长迟缓并轻微褪绿，但当移入土中之后，这样的植株比在低光强下形成的又高又绿的植株容易成活。

⑦ pH。试管苗的生根要求一定的pH范围，不同植物对pH要求不一，一般为5.0～6.0。如杜鹃试管嫩茎的生根与生长在pH为5.0时效果最好，胡萝卜幼苗切后侧根的形成在pH为3.8时效果最好，大部分植物的根生长在pH为5.8时效果最好。

⑧ 温度。试管苗在试管内生根，或在试管外生根，都要求一定的适宜温度，一般为16～25℃，过高过低均不利于生根。植物生根培养的温度一般要比增殖芽的温度略低一些，但不同植物生根所需的最适温度不同。如河北杨试管苗白天温度为22～25℃、夜间温度为17℃时生根速度最快，且生根率也高，可达到100%。

（2）诱导试管内生根的方法　诱导试管内生根的方法可以分为两种：“一步生根法”和“两步生根法”。

“一步生根法”即是将植物生长调节剂预先加入培养基中，然后再接种材料诱导其生根。一般采用固体琼脂培养基进行生根培养，以利于植株的固定和生根；对于在固体培养基中较难生根的植物类型，则可采用液体培养基，并在液体培养基上加一滤纸桥进行生根培养，以解决试管苗固定和缺氧的问题。

操作方法：把增殖培养后没有生根的丛生芽苗分离，或者把较长的无根苗切割成1～

2cm 长的小枝条，将这些芽苗或者小枝条的下端直接插入含有生长素的生根培养基中进行诱导生根培养。

“两步生根法”是将需生根的植物材料先在无菌的一定浓度的植物生长调节剂溶液中浸泡或培养一定时间，然后再转入无植物生长调节剂的培养基中进行培养。这种方法可显著提高生根率，部分植物两步生根法的处理方法及其生根率见表 6-2。

表 6-2 常见植物的两步生根法

植物名称	诱导生根的处理方法	生根率
核桃	1/4DKW[①]+IBA 5.0～10.0mg/L(暗培养 10～15d)	60.5%～89.7%
牡丹	IBA 50～100mg/L(浸泡 2～3h)	90%以上
板栗	IBA 1.0mg/L(浸泡 2min)	90%
猕猴桃	IBA 50mg/L(浸泡 3～3.5h)	93.3%

① DKW 培养基配方见附录一“十一”。

“两步生根法”有两种操作方法：

① 将诱导生根的材料基部浸入 50mg/L 或 100mg/L IBA 溶液中处理 4～8h，诱导根原基的形成，再转移至无植物生长调节剂的培养基上促进幼根的生长。

② 将诱导生根的材料接种到含有生长素固体培养基中培养 4～6d，待根原基或幼根形成后，再转移至无植物生长调节剂的培养基上进行生根培养。

这两种方法对诱导生根都很有利，其中第①种方法操作起来更便捷，也被更广泛采用。对于容易生根的植物，不需要生长素也能诱导试管内生根。具体方法是：

① 延长在增殖培养基中的培养时间，试管苗即可生根，如何首乌、广藿香等的生根培养。

② 将增殖培养后的无根苗转移至无机盐减量的培养基中，例如 1/2 MS、1/3 MS 或 1/4 MS 培养基，培养一段时间即可诱导出根，如白木香的生根诱导采用 1/4MS 培养基。

③ 有意降低一些增殖率，减少细胞分裂素的用量而增加生长素的用量，将增殖与生根合并为一步，如金线莲、花叶芋等丛植植物的生根培养。

对于少数生根比较困难的植物，则可采用下列方法促进试管苗生根。

① 滤纸桥培养。采用粗试管加液体培养基，并在试管中放置滤纸做的筒状杯（滤纸桥），托住切成单条的嫩枝，滤纸桥略高于液面，靠滤纸的吸水性供应嫩枝水、营养成分和生长素等，可使生根过程加速，如山茶花等木本花卉试管苗的生根培养。

② 分次培养。对于少数由于小苗残留的细胞分裂素较多而难以生根的植物，可先在无植物生长调节剂的 MS 培养基中过渡培养一次，再转接到生根培养基中进行生根培养。对于一些生长细弱的植物，一般也需要采用不加植物生长调节剂的培养基进行一次壮苗培养，以促使幼苗粗壮，便于诱导生根和以后的种植。另外从胚状体发育成的小苗，常常有原先已分化的根，这种根可以不经诱导生根阶段而生长，但因经胚状体途径发育的苗，数量特别多，并且个体较小，所以也常需要一个低浓度或没有植物生长调节剂的培养基进行培养，以便壮苗生根。

总的来说，“一步生根”法一般不利于幼根的生长发育，其原因是当根原基形成后，较高浓度的生长素继续存在会抑制幼根的生长发育，所以生根不易，但这种方法比较简单可行，在生产中较为常用，采用“一步生根”不能成功的，可采用“两步生根”或其他促进生根的方法。

试管内生根的目的是为了成功地将组培苗移植到试管外的环境中，也是使试管苗适应外部环境的一个过渡时期。试管中的植物是以培养基中的糖为碳源，即异养型，生根阶段必须进行调整，使它们减少对异养条件的依赖，逐步增强光合作用的能力。一般同时采取两项措施，即减少培养基中糖含量和提高光照强度，糖一般约减少一半，光照强度则随植物种类不同而异，一般由原来的 300～500lx 或 500～1000lx 的水平提高到 1000～3000lx 或 1000～5000lx 水平。在无机盐和糖浓度减半、高光强的条件下，植物能较好地生根，对水分胁迫和疾病的抗性也会有所增强，植株可能表现出生长延缓和较轻微的失绿，但这样的幼苗要比在低光强条件下长出的较绿较高的幼苗移栽成活率更高，且自然光照的较灯光照明的组培苗更能适应室外环境。

2. 试管外生根

为了提高试管苗的生根和移栽成活率，针对有些植物种类在试管中难以生根或根系发育不良、吸收功能极弱、移栽后不易成活的特点，同时为了缩短育苗周期，降低生产成本，国内外许多学者将现有的生根和驯化程序进行了改进，从而产生了试管苗瓶外生根技术。

试验证明很多植物试管繁殖的嫩枝可以用作微型插条，直接插入基质中生根成活，如将杨树、桦木和其他阔叶树试管繁殖的嫩梢，直接栽入泥炭和蛭石基质中，可很快生根，且成活率较高；采用无菌简易快繁技术对秋海棠叶进行离体繁殖，在带菌条件下可一步完成体外生根和驯化；牛大力、檀香嫩茎在试管内成苗、在试管外生根效果也较好；越橘等植物的嫩茎在试管外生根则远比在试管内好。但有些植物则需要接种在生根培养基上培养一段时间，此后无论生根与否都可移栽成活，如月季等。

（1）试管外生根的特点　所谓试管外生根，就是将植物组培中茎芽的生根诱导同驯化培养结合在一起，直接将茎芽扦插到试管外的有菌环境中，边诱导生根边驯化培养。试管外生根将试管苗的生根阶段和驯化阶段结合起来，省去了用来提供营养物质并起支持作用的培养基，以及芽苗试管内生根的传统程序。该技术的应用不仅减少了一次无菌操作的步骤，提高了培养空间的利用率，同时又简化了组培程序，解决了组培工厂化育苗生根的难题，可降低生产成本，提高繁殖系数。一般认为诱导试管苗生根过程的费用占总费用的 35%～75%，而采取瓶外生根技术可以减少生根总费用的 70%左右。

但是，试验中部分植物瓶外生根的生根率比瓶内生根率略低。其主要原因为试管苗从无菌状态的高温、高湿、弱光的环境过渡到有菌状态的自然条件，一些弱苗、小苗因不适应环境条件的变化而死亡。常见的情况主要有两种，一种为基部湿度过大，导致基部得病腐烂而死；另一种为植株缺水，叶片失水萎蔫而死。因此在进行试管外生根时要特别注意水分的控制。一般只要严格控制幼苗质量和环境因素，瓶外生根的生根率与瓶内生根率可以不相上下，甚至可高出瓶内生根率。

移栽成活率是植物组培快繁是否成功的关键，也是植物组培能否进行工厂化的关键。试管苗瓶外生根的成活率与瓶内生根后移栽的成活率相比可显著提高，其主要原因为：在培养基上诱导形成的根与芽茎的输导系统不同，或者根细小、无根毛，发育不良，且生根试管苗的根系一般无吸收功能或吸收功能极低，气孔不能关闭，开口过大，叶片光合能力低等，多种原因造成试管苗容易死亡；瓶外生根苗避免了瓶内生根的试管苗根系附着的琼脂造成的污染、腐烂，且根系发育正常健壮，根与芽茎的输导系统相通，吸收功能较强，并且试管苗瓶外生根在生根过程中即已逐步适应了环境，经受了自然环境的锻炼，不适应环境的弱苗在生根过程中已经被淘汰，移栽苗都是抗逆性强的壮苗，容易成活。

（2）影响试管外生根的因素

① 生长素。在植物组培快繁中，植物生长调节剂起着决定性的作用，而生长素一般都能促进生根。不定根的发生和发育的整个阶段一般都需要补充生长素，生长素的存在不仅有利于根原基的诱导，还有利于不定根的生长，但过高的生长素也会抑制根原基的生长，进而影响根的伸长。一般根原基的启动和形成阶段生长素起关键作用，而根原基的伸长和生长则可以在没有外源生长素的条件下实现。试管外生根就是基于上述原理，在生根的起始阶段采用高浓度的生长素刺激根原基的形成，而在根原基的伸长阶段撤掉生长素，解除其抑制作用。因此生长素的存在对试管苗瓶外生根是必需和必要的。

② 试管苗的质量。植物种类、基因型、幼化程度对分化不定根均有决定性的影响。一般木本植物比草本植物难，只有多次继代培养后才能生根，且年龄越小生根越容易。另外，生长旺盛健壮的苗也较生长细弱的苗生根力强。因此，通过多次继代培养，并采用半木质化、叶片肥厚、茎秆粗壮的无根苗可获得较高的生根率。

此外，无根试管苗在进行瓶外生根前，一般必须进行炼苗，如金线莲组培苗在试管外生根时，采用松口炼苗比封口练苗的成活率可明显提高；一品红试管苗在试管外生根时通过强光充足炼苗，可使试管苗茎秆及叶柄发红，幼茎组织充实，达到较高的木质化程度，从而提高抗性，促进生根。经过锻炼的试管苗，叶片抗蒸腾作用和适应能力增强，光合性能显著提高，适应外界环境的能力增强，因此生根成活率提高。

③ 生根方式。试管苗瓶外生根大多采用微体扦插法进行，即将无根苗切下，经过生长素处理后，扦插到基质中，进行保湿管理，来完成试管苗的生根。微体扦插基质一般采用既透气又保湿的基质，如苔藓、蛭石、珍珠岩、泥炭等，不同植物要求不同，如金线莲组培苗试管外生根以苔藓作基质最为理想，狗头枣组培苗试管外生根以蛭石为好，牛大力试管苗试管外生根则以河沙和蛭石较好。

此外，试管苗还可进行气培生根和水培生根。如部分木本植物和草本植物的试管苗茎段进行植物生长调节剂处理后，放到无任何基质的气培容器中进行生根，人为调节环境条件，其生根率与常规生根培养不相上下；满天星组培苗采用瓶外水培生根，将健壮试管苗的茎段用 ABT 生根粉处理后，然后扦插进行水培，覆膜保湿管理，其生根率可达 90%以上，且根系发达，生长势强。在试管外生根的具体操作中，应根据不同植物的种类、生根的难易、继代培养的次数来决定采取何种方式。

④ 环境条件。湿度、温度和光照条件是瓶外生根获得成功的关键因素。试管苗一般在高湿、弱光、恒温的条件下异养生活，出瓶后若不保湿，极易失水萎蔫死亡。因此，试管苗在进行瓶外生根时，必须经过由高湿到低湿、由恒温到自然变温、由弱光到强光的分步炼苗过程。试管外生根前期需采取覆膜或喷雾等方法，保证空气相对湿度达到 85%以上，温度起始阶段则控制在 20℃左右较为适宜，并及时增加光照，以保证幼苗基部的正常呼吸，并防止叶片失水萎蔫，增强其光合作用的能力。试管外生根后期则需加强通风，以逐渐降低湿度和温度，增强幼苗的自养能力，促进叶片保护功能快速完善，气孔变小，增强抗性以及适应外界环境条件的能力，提高生根成活率。

温度、光照、基质水分和空气湿度的平衡是获得较高生根率的保证。在影响瓶外生根的环境因子中，最重要的是温度，其次是基质水分和湿度，最后是光照，在具体操作中应注意平衡。

（3）试管外生根方法 试管外生根的方法主要有以下几种。

① 在试管内诱导长出根原基后再移栽。首先从继代培养获得的丛生芽中剪取1～3cm长且生长健壮的小芽，转入生根培养基中培养一段时间（2～10d），待嫩茎基部长出根原基后再取出栽入营养钵中，一般5～6d后即可自行生根，此根系一般具有根毛且吸收功能好。该方法不仅移栽简便、易行，且不伤根、成活率高，而且可缩短生产周期，又便于贮运。一般一个广口保温瓶可装1000株带有根原基的小苗，可长距离转运进行移栽，实现苗木运输移栽的微型化。如月季试管苗移栽时易发生机械损伤，导致成活率低下且不稳定，若用具有根原基的试管苗直接移栽则既耐贮运，又能显著提高移栽成活率。

② 在生根小室进行生根和炼苗。首先做一个生根小室，采用透气又保湿的基质如泥炭、蛭石、珍珠岩、苔藓等代替琼脂培养基，采用生根营养液代替蔗糖等营养成分，并人工控制温度、光照和湿度，一般采用人工喷雾，雾滴要求细，以提高空气湿度，又不致叶面有水滴流出。然后剪下长1～3cm且生长健壮的嫩茎转入生根小室，一般经3～4周的培养，即可产生发育良好、具吸收功能的根。最后再栽入温室，可提高成活率，如部分杜鹃花品种采用此法切下嫩枝栽入瓶外基质，比试管内的生根更好。

生根小室生根效果较好，条件易控制，但成本较高，而且面积较小，国外有些商业性实验室用自动化湿度调节系统，旋转培养，进行生根驯化，效果良好。

③ 盆插或瓶插生根法。以塑料盆或玻璃瓶为容器，内装泥炭或腐殖土与细沙，每瓶插入10～30株无根壮苗，插入深度为0.3～1.2cm，加入生根营养液，在一定的温度、湿度和光照条件下培养，约20d可长出根，约30d后待二级根长至8～10cm时进行移栽，可提高成活率。

④ 在智能化苗床进行生根炼苗。采用快繁计算机智能系统及技术进行试管外生根，不经试管内生根即可使无根试管苗生根后移栽，可以降低成本，提高工效。

试管苗在智能化苗床中生根，因在计算机创造的模拟自然环境中进行，用的是一般无机基质，不仅方法简便，易于操作，而且出苗率高，成本低，根系发育良好，移栽后生长正常，缓慢生长期短。该技术与组织培养瓶内增殖技术结合，十分有利于工厂化育苗的推广和应用。

二、试管苗的移栽

试管苗的移栽是植物组培快繁的最后一步，由于组培苗相对脆弱，在移栽过程中应注意各种环境条件的过渡，使试管苗逐步适应外界条件，移栽中主要注意防止伤根伤苗，做好移栽后的管理，包括保持小苗的水分供需平衡、防止菌类滋生、保持一定的光照和温度条件、保持基质适当的透气性以及防止风雨的影响等。

1. 移栽准备

（1）栽培基质的准备　为了有利于试管移栽苗根系的发育，栽种试管苗的基质要求具备透气性、保湿性和一定的肥力，且容易灭菌处理，不利于杂菌滋生，常选用珍珠岩、蛭石、沙子等，为增加附着力和一定的肥力，也可配合草炭土或腐殖土。配时按比例搭配，一般珍珠岩∶蛭石∶草炭土为1∶1∶0.5，也可用沙子∶草炭土为1∶1，具体应根据不同植物的栽培习性来进行配制，这样才能获得满意的栽培效果。以下是几种常见的试管苗栽培基质：

① 河沙。河沙的特点是排水性强，但保水蓄肥能力较差，一般不单独用来直接栽种试管苗，常与草炭土等混合使用。河沙分为粗沙、细沙两种类型，粗沙即平常所说的河沙，其颗粒直径为1～2mm；细沙即通常所说的面沙，其颗粒直径为0.1～0.2mm。

② 蛭石。蛭石是由黑云母和金云母风化而成的次生物，通过高温处理使其疏松多孔，质地很轻，能吸收大量的水，保水、持肥、吸热、保温的能力也较强，常与草炭土等混合使用。

③ 草炭土。草炭土是由沉积在沼泽中的植物残骸经过长时间腐烂形成的，其保水性好，蓄肥能力强，呈中性或微酸性，但通常不能单独用来栽种试管苗，宜与河沙等种类相互混合，配成盆土而加以使用。

④ 腐殖土。腐殖土是植物落叶经腐烂形成的，一种是自然形成的，一种是人为制造的。人工制造时可将秋季的落叶收集起来，然后埋入坑中，灌水压实令其腐烂，第二年春季再将其取出置于空气中，在经常喷水保湿的条件下使其风化，然后过筛即可获得。腐殖土含有大量的矿质营养及有机物质，通常不能单独使用，宜与河沙等基质相互混合使用。掺有腐殖土的栽培基质一般有助于植株发根。

此外，由于试管苗实行无菌培养，因此在移栽过程中必须注意卫生管理，避免移栽损失，所有的移栽土最好都进行消毒。可采用湿热消毒法，即在高压消毒锅中以0.1MPa压力消毒20～30min；也可采用化学药剂消毒法，即将5%的福尔马林或0.3%硫酸铜稀释液泼浇于土中，然后用塑料布覆盖一周后揭开，再翻动土，让其溶液气味挥发掉。

(2) 栽培容器的准备 栽培容器可用(6cm×6cm)～(10cm×10cm)的软塑料营养钵，也可用育苗盘或直接移于苗床上。其中营养钵占地大，耗用大量基质，但幼苗不用再次移栽；育苗盘和苗床一般需要二次移苗，但节省空间和基质。

(3) 遮阴、加热设备的准备 试管苗移栽时需要提供一个逐渐过渡的环境条件，尤其是在冬天或夏天移栽时，在最初的几天里要注意温度与日照不能有急剧变化，温度最好与原培养室内的温度[(25±2)℃]接近，阳光也不可直射。因植株的根系还未得到重新发育，夏天温度过高会造成植株萎蔫，冬天温度太低也会导致死亡。因此，夏天需准备遮阴的设施和其他的降温设施，如荫棚、遮阳网等；冬天则需准备加温的设施，如温室、大棚等。

(4) 炼苗 试管苗在移栽前几天一般都需要进行炼苗，让它逐步适应环境，一般方法是先将培养瓶从培养室拿到常温下放置，然后将试管苗容器口上包扎的塞子或纸去掉，放置几天，此时需注意保持空气湿度，并防止杂菌污染。尤其是在炎热的夏季，由于气温较高，当封口打开后，该容器就由原来的无菌状态转为有菌状态，杂菌容易很快生长而污染试管苗。在去掉封口时采用培养基上加薄层水的方法效果较好，既可提高湿度又可减少杂菌生长，但若放置时间较长则需换水。待试管苗逐步适应外界的光照、温度和湿度后再进行移栽，即可提高移栽成活率。

2. 移栽

移栽时，首先将试管苗从所培养的瓶中取出，取时要用镊子小心地操作，切勿把根系损坏，然后把根部黏附的琼脂冲洗掉，注意要全部除去，而且动作要轻，以减少伤根伤苗。琼脂层中含有多种营养成分，若不去掉，一旦条件适宜，微生物就会很快滋生，从而影响植株的生长，甚至导致烂根死亡。

移栽前，先将基质浇透水，并用一个筷子粗的竹签在基质中开穴，然后再将植株种植下去，最好让根舒展开，并防止弄伤幼苗。种植时幼苗深度应适中，不能过深或过浅，覆土后需把苗周围基质压实，也可只将容器摇几下待基质紧实即可，以防损伤试管苗的细弱根系和根毛。移栽时最好用镊子或细竹筷夹住苗后再种植在小盆内，移栽后需先轻浇薄水，再将苗移入高湿的环境中，保证空间湿度达90%以上。

3. 移栽后的养护管理

试管苗是否能够移栽成功，除要求试管苗生长健壮，有发育完整良好的根系，其根的维管束与茎相连之外，移栽后的养护管理也是一个非常关键的环节。试管苗移栽后的养护管理主要应注意以下几个方面。

（1）保持小苗的水分供需平衡　在试管或培养瓶中的小苗，因湿度大，茎叶表面防止水分散失的角质层等几乎没有，根系也不发达或无根，出瓶种植后即使根的周围有足够的水分也很难保持水分平衡。因此，在移栽初期必须提高周围的空气湿度（达 90%～100%），使叶面的水分蒸腾减少，尽量接近试管或培养瓶内的条件，才能保证小苗成活。

为保持小苗的水分供需平衡，湿度要求较高，首先营养钵必须浇透水，所放置的床面也最好浇湿，然后搭设小拱棚或保湿罩，以提高空气湿度，减少水分的蒸发，并且初期需经常喷雾处理，保持拱棚薄膜或保湿罩上有水珠。当 5～7d 后，发现小苗有生长趋势时，才可逐渐降低湿度，减少喷水次数，将拱棚或保湿罩定期打开通风，使小苗逐步适应湿度较小的条件。约 15d 后即可揭去拱棚的薄膜或保湿罩，并给予水分控制，逐渐减少浇水或不浇水，促进小苗长壮。

同时，水分控制也要得当，移栽后的第一次浇水必须浇透，为了便于掌握，可以采用渗水方式进行，即将刚移栽的盆放在盛有水的面盆或水池中，让水由盆底慢慢地渗透上来，待水在盆面出现时再收盆搬出。平时浇水要求不能过多过少，注意勤观察，保持土壤湿润，夏天则需喷与浇相结合，既可提高湿度，又可降低温度，防止高温伤害。

另外，在保持湿度的同时，还需注意透气性，尤其是在高温季节，高湿的条件下幼苗很容易得病而死亡。罩苗时间的长短应根据植物种类与气候条件来确定，一般一个星期左右即可，木本植物时间可相对长些，干旱季节及冬季也可长一些，反之则短。保湿罩揭开后还应适当地在苗上喷水，以利于植株的生长和根系的充分发育。

（2）防止菌类滋生　试管苗在试管内的生长环境是无菌的，而移栽出来后很难保持完全无菌，因此在移栽过程中应尽量避免菌类的大量滋生，才能保证试管苗的过渡成活，提高成活率。

要防止菌类滋生，首先应对基质进行高压灭菌、烘烤灭菌或药剂灭菌，同时还需定期使用一定浓度的杀菌剂，以便更有效地保护幼苗，如浓度 800～1000 倍的多菌灵、甲基硫菌灵等，喷药间隔宜 7～10d 一次。此外，在移苗时还应注意尽量少伤苗，伤口过多、根损伤过多，都易加重菌类侵染从而造成死苗。为了减少试管苗出瓶操作时对幼苗产生的损伤，可采用新的组培苗出瓶技术，即在生根培养时采用无糖的固体培养基或者液体培养基，出瓶时直接从培养瓶中取苗栽植，这样既省去了一道操作程序，又能进一步提高成活率，但需更加注意移栽前后的消毒灭菌。

另外，试管苗移栽后喷水时还可加入 0.1% 的尿素，或用 1/2 MS 大量元素的水溶液作追肥，并在开始给予比较弱的光照，当小植株有了新的生长时再逐渐加强光照，促进光合产物的积累，可以加快幼苗的生长与成活，增强抗性，也可一定程度地抑制菌类生长。

（3）保持一定的光、温条件　试管苗在试管内有糖等有机营养的供应，主要营异养生活，出瓶后须靠自身进行光合作用以维持其生存，因此光照强度不宜太弱，以强度较高的散射光较好，最好能够调节，随苗的壮弱、喜光或喜阴、种植成活率而定，一般约在 1500～4000lx 甚至 1500～10000lx 之间。光线过强会使叶绿素受到破坏，引起叶片失绿、发黄或发白，使小苗成活延缓。过强的光线还能刺激蒸腾作用加强，使水分平衡的矛盾更加尖锐，容易引起大量幼苗失水萎蔫死亡。一般试管苗移栽初期可用较弱的光照，在小拱棚上加盖遮阳网或报纸等，以防阳光灼伤小苗，并可减少水分的蒸发；夏季则更要注意，一般应先在荫棚下过渡，当小植株逐渐生长时，逐步增强光照，后期则可直接利用自然光照，以促进光合产物的积累，增强抗性，促进移栽苗的成活。

小苗种植过程中温度也要适宜，不同的植物种类所需的温度不一样。喜温药用植物如广藿香、穿心莲、白木香等，以25℃左右为宜；喜冷凉的植物如三七、人参、党参等以18～20℃为宜。温度过高易导致蒸腾作用增强、水分失衡以及菌类滋生等问题，温度过低则使幼苗生长迟缓或不易成活。一般试管苗夏季移栽时需放在阴凉的地方，冬天则要先在温室里过渡一段时间，以免由于温度太高或太低引起植株死亡。如有良好的设备或配合适宜的季节，使介质温度略高于空气温度2～3℃，则更有利于生根和促进根系的发育，提高成活率。若采用温室地槽等埋设地热线或加温生根箱来种植试管苗，则可取得更好的效果。

（4）保持基质适当的通气性　移栽基质要保持良好的疏松通气性，才有利于植株根系的发育。首先要选择适当的栽培基质，要求疏松通气，同时具有适宜的保水性，容易灭菌处理，且不利于杂菌滋生。常用粗粒状蛭石、珍珠岩、粗沙、炉灰渣、谷壳（或谷炭壳）、锯木屑、腐殖土等，或者根据植物种类的特性，将它们以一定的比例混合应用。栽培基质一般不重复使用，如重复使用，则应在使用前进行灭菌处理。同时，在平常的管理中也要注意不宜过多浇水，若水过多，应及时沥除，以利于根系的呼吸和植株的生根成活。此外，平时还要注意经常松土，以保持基质疏松通气。松土时必须小心操作，切勿把根系弄断损坏，所用工具的大小应视容器大小而定，一般以细竹筷为好。

（5）注意风雨的影响　由于试管苗长时间培养在室内的优越环境条件下，一般都比较娇嫩，如不注意风雨的影响，就很难移栽成功。因此，试管苗一般应移栽在无风的地方，同时在移栽初期应注意避免大雨的袭击，以减少移栽损失。

另外，在规模化生产的过渡培养温室内配置调温、调湿、调光和通气等设施，虽然投资成本较大，但可保障过渡组培苗的成活率。在管理措施完善的单位，一般3～5年即可收回投资，与条件差的过渡环境相比可获得更好的经济效益。

综上所述，试管苗在移栽的过程中只要精心养护，把水分平衡、菌类滋生、光照和温度条件、基质通气性等控制好，试管苗即会茁壮生长，获得成功。

【工作任务】

任务6　组培苗的炼苗及移栽

一、任务目标

（1）学会试管苗炼苗和移栽技术。

（2）熟练掌握试管苗生根培养的转接无菌操作技术。

二、任务准备

（1）准备已生根的试管苗　挑选植株健壮、根系完全的瓶苗准备移栽。

视频：组培苗的炼苗和移栽技术

（2）准备移栽物品 穴盘、基质（蛭石、珍珠岩、泥炭土等）、0.3%～0.5%的高锰酸钾溶液或50%的多菌灵、喷壶、遮阴网等。

三、任务实施

1. 试管苗的驯化（炼苗）

① 将生根良好的试管苗，连同培养瓶从培养室取出，放到自然光照充足的地方或驯化室进行光照适应性锻炼，可以根据植物材料的不同需求进行遮阴。

② 经过一段时间（10～20d）后，在空气湿度开始升高的傍晚，将瓶盖或封口膜半开，使其逐渐适应外界环境，开口时间多为1～3d。

2. 试管苗的移栽

① 一般选在无风、阴湿的天气进行移栽。

② 选择基质。移栽基质以疏松、排水性和透气性良好者为宜，如蛭石、河沙、珍珠岩、过筛炉灰渣等均可，可单用，也可混用。将泥炭、蛭石和珍珠岩按1∶1∶1进行配制，并充分混合均匀。

③ 装盘与消毒。将基质装入穴盘，至穴盘容量的95%，如果是新基质，可以直接浇透水；如果是重复使用的旧基质，需要用0.3%～0.5%高锰酸钾溶液或者50%多菌灵，或是高温消毒法对基质进行彻底灭菌后再使用。

④ 从瓶中小心取出试管苗，不要扯断苗根；如果培养基太干燥，可以先用清水浸泡一段时间，一般1～2h即可。

⑤ 在20℃左右的温水中将黏附于试管苗根部的琼脂和松散的愈伤组织清洗掉。注意：一定要将试管苗清洗干净，否则残留的培养基会导致霉菌污染。如果发现试管苗本身很健壮但瓶内培养基已有菌落的，要先将此类小苗集中放入广谱杀菌液中浸泡杀菌5～10min，移入苗盘时要分别放置。

⑥ 用小木棍在基质上打孔，然后将试管苗放入孔内，如果试管苗根过长，可以剪掉一段，蘸生长素（50mg/L吲哚丁酸或萘乙酸）后移入苗盘，根茎四周基质要压实，移栽后马上浇透水，放在干净、排水良好的温室或塑料保温棚中，初期要保证较高的空气湿度，一般要达90%以上。可以采用微喷技术，也可以采用塑料小拱棚的办法，以控制较高的空气湿度。

⑦ 刚移栽的小苗，有的植物需要通过遮阴来控制光照，经过一段时间的生长后，才能逐步增强光照，使小苗慢慢适应自然环境。

⑧ 移栽1周后，应该进行适量的叶面追肥，肥料可以是按照一定比例配好的稀薄磷酸二氢钾和尿素或者是1/4 MS大量元素的混合液。

⑨ 当试管苗在穴盘内生根良好时，可以按常规方法将其移栽到容器中。

四、任务结果

（1）观察并记录移栽成活率。

（2）分析总结试管苗驯化移栽的技术要点。

（3）将工作任务及实施结果写成实训报告。

五、考核及评价

掌握组培苗移栽的基本操作技术，并能说出操作要点（按下列表格各项评分）（总分：100分）。

组培苗移栽操作技能考核点	分值	评分
挑选合格的组培苗进行炼苗	10分	
移栽基质混合均匀,转入穴盘方法正确	10分	
如果是重复使用的旧基质,应该用什么方法消毒(口答)	20分	
将炼苗后的无菌苗从瓶中取出,确保没有损坏	10分	
洗净无菌苗根部的培养基	10分	
用小木棍或细竹筷在基质上打孔,栽入试管苗,压实周围基质	10分	
移栽后立刻给基质浇透水	10分	
移栽后的管理需要注意什么(口答)	20分	
总分	100分	

案例6　何首乌组培苗的炼苗及移栽

何首乌（*Polygonum multiflorum* Thunb.）又称首乌、赤首乌，为蓼科植物，药用部分为块根，性微温，味微苦，有解毒、消痈、截疟的作用。此外，因何首乌有抗衰老、抗菌、增强机体免疫力、抗癌等功效，被作为美容保健用品的原料广泛应用。

应用植物组织培养技术已经能成功生产何首乌的组培苗。何首乌组培苗的炼苗和移栽是实现组培苗产业化的最后环节。以下是何首乌组培苗炼苗移栽技术。

1. 何首乌组培苗的炼苗

选取生根良好、植株健壮的何首乌瓶苗（带培养瓶），将其从培养室取出，放到自然光照充足的地方（例如天台）或驯化室进行光照适应性锻炼，放置在天台的可以直接利用自然光，驯化室则采用强光照射（3000～5000lx）。驯化时间大约为15d。在移栽的前一天傍晚，将瓶盖松开，使其逐渐适应外界环境。

2. 何首乌组培苗的移栽

一般选无风、阴湿的天气进行移栽。在移栽前一天将泥炭土、蛭石或珍珠岩按1∶1比例充分混合均匀，作为培养基质。将混合好的基质装入直径约6cm的塑料栽培盆，至盆容量的95%，然后喷洒0.3%～0.5%高锰酸钾进行灭菌。

从培养瓶中小心取出何首乌苗，不要扯断苗根；如果培养基太干燥，可以先用清水，最好是20℃左右的温水浸泡一段时间，一般1～2h即可，将黏附于根部的琼脂清洗掉。这一步特别重要，清洗不干净易在移栽后引起杂菌污染导致死苗。

用小木棍在盆内基质中打孔，然后将试管苗放入孔内，四周基质要压实，移栽后马上浇透水，放在干净、排水良好的温室或塑料保温棚中，初期要保证较高的空气湿度，一般要达90%以上，适当遮阴。大约20d后，有新芽长出，假植成功。选取合适的栽培地搭好栽培架，即可将假植成功的何首乌组培苗带盆定植到栽培地里。若要重复利用栽培盆，也可将苗从盆中倒出，此时栽培基质已与何首乌根系缠绕紧密，可直接栽入土中。

【项目自测】

一、填空题

1. 影响试管苗生根的因素有：____________、____________、____________、____________、____________、____________、____________、____________。

2. 试管苗的生根包括____________和____________两种技术。

3. 试管苗在试管外生根的方式主要采用：____________、____________、____________和____________。

二、简答题

1. 简述促进试管苗在试管内生根的技术。

2. 和试管内生根相比，试管外生根有何特点？

3. 影响试管苗移栽成活的因素主要有哪些？简述提高移栽成活率的技术和措施。

模块三 药用植物组培苗工厂化生产

项目七 组培苗工厂化生产

【学习目标】

知识目标

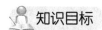

◆ 了解植物组织培养快速繁殖的影响因素；
◆ 熟悉组培苗工厂化生产的主要设施和设备的使用方法；
◆ 熟悉组培苗工厂化生产的工艺流程和影响组培苗工厂化生产的主要技术和管理因素；
◆ 掌握组培苗工厂生产成本与经济效益的概算和生产计划的制订。

技能目标

◆ 会编写组培苗工厂化育苗的生产技术方案、制订组培苗工厂化生产的计划、估算组培苗的生产成本与经济效益；
◆ 掌握组培苗工厂化生产流程各环节的操作技术。

素质目标

◆ 培养分析问题、解决问题的能力。
◆ 培养认真负责、耐心细致的工作作风。

【必备知识】

植物组培苗的工厂化生产是指在人工控制的最佳环境条件下，充分利用自然资源和社会资源，采用标准化、机械化、自动化技术高效优质地按计划批量生产健康、无毒、无病的植物苗木。通过组织培养生产植物种苗的工厂称为“植物组织培养工厂”或“组培苗工厂”。熟悉植物组织培养工厂的生产工艺流程，了解生产中所用的基本设备及其作用，是建设组织培养工厂的必要前提。

一、植物组织培养工厂构建与生产准备

组织培养工厂的建设要按照组培工作流程和生产规模进行设计，布局要科学、合理。通

常是按照植物组织培养工作的基本程序建成一条连续的生产线。

1. 植物组织培养工厂规划设计

（1）选址　新建组培工厂最好选择在空气清新、光线充足、通风良好、环境清洁、水电齐备、交通便利的地方，最好在该地区常年主风向的上风方向，以利于组织培养的顺利进行，降低培养过程的污染率，培育出优质试管苗。此外，要考虑交通便利，以便原料和产品的运送。也可因地制宜地利用现有房舍，按照植物组织培养技术和工厂化生产的要求改造成植物组织培养工厂，做到因陋就简，既能开展组培苗生产工作，又不花费过多的资金。

（2）考虑事项　植物组织培养工厂的建设均需考虑三个方面的问题：①是准备开发生产的植物种类；②是生产的规模及储备的人才、技术资源；③是自有的经济能力。

（3）规划设计原则　组织培养工厂设计时应遵循以下基本原则：①防止污染。②按照工艺流程科学设计，达到经济、实用和高效的目的。③结构和布局合理，以做到安全、节能和操作方便。④规划设计要与生产目的、规模及当地条件等相适应。

2. 植物组织培养工厂的基本结构和布局

一个上规模的植物组织培养工厂必须满足 4 个最基本的需要，分别是生产准备（培养基制备、器皿洗涤、培养基和培养器皿灭菌）、无菌操作、组培苗培养及生产性组培苗移栽。工厂总体布局参见图 7-1。

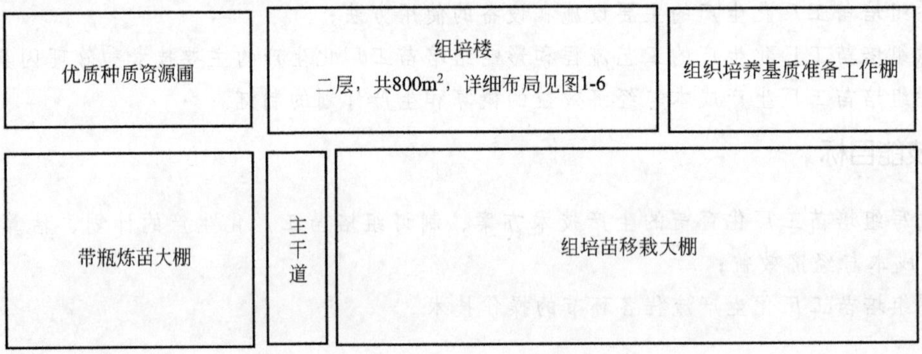

图 7-1　年产 100 万～200 万株组培苗工厂建设规划平面图

组培苗工厂的生产可分为组培快繁以及组培苗的移栽驯化两大部分，其中组培快繁部分的结构与布局可参见项目一（图 1-6）。

植物组织培养工厂按生产工艺流程和功能可布设 4 个车间：

（1）生产准备车间　生产准备车间的功能是：完成所使用的各种药品的称量、溶解、器皿洗涤、培养基配制与分装、培养基和培养器皿的灭菌、培养材料的预处理等。面积为 150～200m^2 或更大，宽敞明亮，以便放置多个实验台和相关设备，方便多人同时工作；同时，要求通风条件好，便于气体交换；车间地面应便于清洁，并进行防滑处理。

生产准备车间包括：药品储存室（约 10m^2）、称量室（20m^2）、培养基配制和洗涤室（80m^2）、灭菌室（50～70m^2）等区域，按功能区分，方便管理。

生产准备车间一般设计成大的通间，使生产各个环节在同一空间内按程序完成，衔接有序，便于程序化操作与管理，从而提高工作效率；此外还便于培养基配制、分装和灭菌的自动化操作程序设计以及相关设备的引进，从而减少规模化生产的人工劳动，便于标准化操作体系的建立。

(2) 无菌操作车间 一般包括缓冲室($5\sim6m^2$)、培养基储存室($10\sim15m^2$)和无菌操作室($30\sim50m^2$)。在无菌操作室内完成植物材料的消毒、接种、培养物的转移、试管苗的继代增殖和生根诱导等需要无菌操作的步骤。

(3) 组培苗培养车间 组培苗培养车间是接种的离体材料培养生长的场所，主要用于控制培养材料生长所需的温度、湿度、光照、水分等条件。

组培苗培养车间的基本要求是能够控制光照和温度，并保持相对的无菌环境，因此，培养车间应保持清洁（应定期用2%的新洁尔灭消毒，以防止杂菌生长）和适度干燥。

培养车间可设计为多个室，每室的空间不宜过大，便于对条件的均匀控制，一般为$40\sim50m^2$。热带植物和寒带植物等不同种类植物要求温度不同，应分室培养，通过空调调节室内温度（20～27℃）和相对湿度（40%～50%）。

培养室高度以比培养架略高为宜，周围墙壁要求有绝热防火的性能。培养架上安装日光灯或LED灯照明，安装时控开关控制光照时间，根据培养植物的不同设定不同光照时长。培养室也可设计为用自然光照替代人工照明的形式，不但可以节省能源，而且组培苗接受太阳光生长更好，驯化易成活。在阴雨天可用灯光作补充。

(4) 试管苗驯化移栽塑料大棚 组培苗驯化移栽，常在温室或塑料大棚内进行，其面积大小视生产规模而定，要求环境清洁，具备控温、保湿、遮阴、防虫和采光良好等条件。驯化室常配备风机、水帘等控温设施、喷雾装置、遮阳网、防虫网、暖气或地热线等设施；塑料钵、穴盘、草炭、河沙、蛭石等栽培容器和基质原料。

以上是植物组织培养工厂的理想设计，实际工作中，可根据工作要求和实际条件，因地制宜，因陋就简地进行设计，不必一应俱全，但要以满足组织培养工作的顺利开展为准，尤其是要确保无菌培养条件的创建。

3. 植物组织培养工厂常用仪器设备设施及其预算价格

植物组培苗工厂化生产所用设施和设备应根据市场和生产规模和任务以及自身的经济能力来确定。建立一个中等规模的“组培苗工厂”（年产100万～200万株）大约需要的主要设施、仪器设备、试剂见表7-1～表7-3。

表7-1 组培苗工厂主要设施一览表

序号	名称	面积/m^2	单价/(元/m^2)	金额/万元
1	洗涤室	40	600	2.4
2	称量室	30	600	1.8
3	培养基制备室	80	600	4.8
4	灭菌室	30	800	2.4
5	无菌操作室	50	900	4.5
6	过渡室	20	800	1.6
7	培养室	80	900	7.2
8	办公室	50	600	3.0
9	仓库	100	600	6.0
10	工作工具棚	100	120	1.2

续表

序号	名称	面积/m^2	单价/(元/m^2)	金额/万元
11	炼苗玻璃温室/大棚	700	600(300)	42.0(21.0)
12	组培苗移栽塑料大棚	3000	300	90.0
合计		580(建筑面积)+3700(塑料大棚)		166.9(145.9)

注：根据不同植物种类和技术路线调整接种室和培养室的面积比例，价格按市场价计。

表 7-2 组培苗生产工厂各车间主要仪器设备一览表

序号	名称	规格	数量	参考单价/元	金额/万元
1	超净工作台	单人	10	6000	6.0
	电热接种消毒器		15	800	1.2
	风帘机/风幕机		1	1200	0.12
2	空调	3匹	8	9000	7.2
3	电冰箱	450L	2	8000	1.6
4	纯水发生装置	50L/h	2	6000	1.2
5	全自动电热灭菌锅	0.4m^3 不锈钢	2	50000	10.0
6	电子天平	1/10000	2	7000	1.4
7	电子天平	1/100	2	2000	0.4
8	电导仪		1	3000	0.3
9	超声波清洗机		1	5000	0.5
10	鼓风电热干燥箱		1	8000	0.8
11	培养基分装机		1	25000	2.5
12	洗瓶机		1	50000	5.0
13	抽湿机	2.5L	3	2500	0.75
14	臭氧发生器	200G	3	3200	0.96
15	培养架	不锈钢,5～7层	80	2000	16.0
16	空气过滤器	100级	3	4000	1.2
17	电磁炉		2	500	0.1
18	医用手术车	不锈钢	12	1500	1.8
19	药品柜		6	1500	0.9
20	酸度计		2	2500	0.5
21	平板车		4	250	0.1
22	基质混合搅拌机		1	30000	3.0
23	粉碎机		1	30000	3.0
24	电动喷雾器		2	500	0.1
25	施肥喷药机		1	15000	1.5
26	斗车		4	300	1.2
27	电脑		2	10000	2.0
合计					71.33

注：根据生产需要添加仪器设备，价格按市场价计。

表 7-3　组培苗生产车间所需试剂一览表

名称	规格(纯度)	名称	规格(纯度)
硝酸铵(NH_4NO_3)	分析纯	蔗糖	食用
硝酸钾(KNO_3)	分析纯	酒精	工业纯
磷酸二氢钾(KH_2PO_4)	分析纯	吡哆醇(维生素 B_6)	分析纯
氯化钙($CaCl_2 \cdot 2H_2O$)	分析纯	烟酸(维生素 B_3)	分析纯
硝酸钙[$Ca(NO_3)_2$]	分析纯	抗坏血酸(维生素 C)	分析纯
四水硝酸钙[$Ca(NO_3)_2 \cdot 4H_2O$]	分析纯	泛酸钙(维生素 B_5 的钙盐)	分析纯
硫酸钾(K_2SO_4)	分析纯	钴胺素(维生素 B_{12})	分析纯
硫酸镁($MgSO_4 \cdot 7H_2O$)	分析纯	叶酸(维生素 B_C、维生素 M)	分析纯
硫酸亚铁($FeSO_4 \cdot 7H_2O$)	分析纯	肌醇	分析纯
乙二胺四乙二钠盐(Na_2-EDTA)	分析纯	生物素(维生素 H)	分析纯
钼酸钠($Na_2MoO_4 \cdot 2H_2O$)	分析纯	L-半胱氨酸	分析纯
硫酸锰($MnSO_4 \cdot 4H_2O$)	分析纯	核黄素	分析纯
硫酸锌($ZnSO_4 \cdot 7H_2O$)	分析纯	6-苄基腺嘌呤(6-BA)	分析纯
硫酸铜($CuSO_4 \cdot 5H_2O$)	分析纯	6-糠基氨基腺嘌呤(KT)	分析纯
氯化钴($CoCl_2 \cdot 6H_2O$)	分析纯	玉米素(ZT)	分析纯
碘化钾(KI)	分析纯	异戊烯基腺嘌呤(2-iP)	分析纯
硼酸(H_3BO_3)	分析纯	*α*-萘乙酸(NAA)	分析纯
氢氧化钠(NaOH)	化学纯	吲哚丁酸(IBA)	分析纯
氢氧化钾(KOH)	化学纯	吲哚乙酸(IAA)	分析纯
盐酸(HCl)	化学纯	2,4-二氯苯氧乙酸(2,4-D)	分析纯
甘氨酸(Gly)	分析纯	赤霉素(GA)	分析纯
硫胺素(维生素 B_1)	分析纯	腺嘌呤(A)	分析纯

注：根据生产需要选用或添加不同试剂。一次不可购买太多，用完再买，以免存放久了变质。

组培苗工厂的产品是可移栽大田的完整苗，所以与组培实验室不同的是，需要有组培苗炼苗和移栽、驯化的保护栽培设施和设备，见表 7-1 的序号 10～12 和表 7-2 的序号 21～27，但各种设施都有不同规格、不同材质、不同性能，因此价格也会与表中所列有较大差异。例如，采用自动化程度较高的育苗容器的传送装置、基质装盘装置等，价格就会更高。

除了设施、设备仪器和试剂外，组培苗工厂的生产还需要接种工具、手套、瓶刷、周转筐等用品用具，以及各种规格、材质的育苗容器。目前的育苗容器材质主要有塑料、泡沫和无纺布，其中，无纺布育苗袋具有透气好、可降解等优点，不仅利于根的生长，使幼苗根系发达，而且在种植时不需要脱袋，避免了根损伤也减少了工序，节约了生产成本，但目前商品价格相对较高。

(1) 组培快繁常用设备　组培快繁过程所用设备与实验室大多相同，但由于工厂生产是规模化的，很多设备为大容量、大功率的，例如电子秤、冰箱、灭菌锅（图 7-2）等，并且会采用自动化的设备替代人工操作，如洗瓶机（图 7-3）、培养基灌装机（图 7-4）、基质装盘机等，但超净工作台一般都采用单人台，可以提高工作效率并且避免双人接种操作引起的污染。

图 7-2　大型（穿墙）双门卧式灭菌锅

图 7-3　洗瓶机

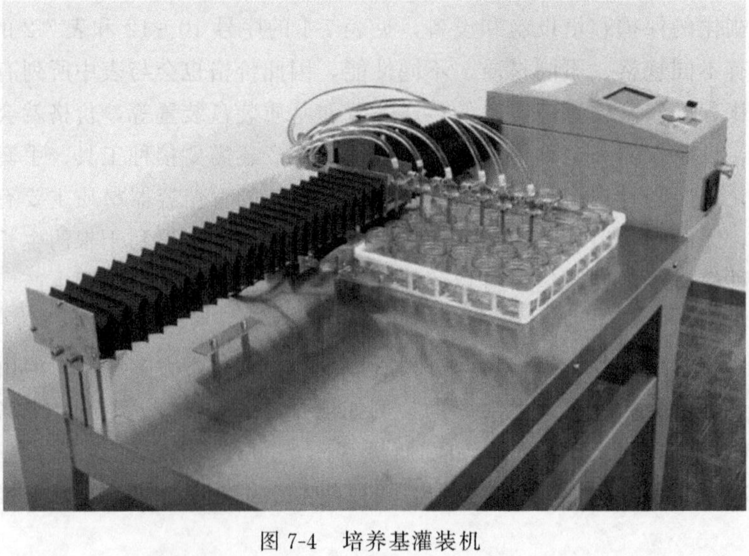

图 7-4　培养基灌装机

（2）炼苗、移栽设施和设备　组培苗炼苗和移栽的设施主要有塑料大棚（图 7-5、图 7-6）和玻璃温室。我国南方普遍用的是塑料大棚，有标准塑料大棚和简易塑料大棚。塑料大棚经济、保温效果好且使用比较方便，但使用寿命较短。玻璃温室比较适合于我国的北方，结合其他保温措施，冬天温度可控制在 20℃以上，可实现终年生产种苗的目的。

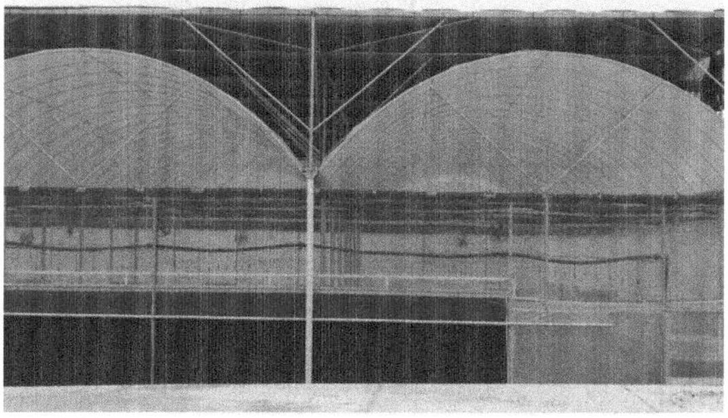

图 7-5　标准塑料大棚

图 7-6　简易塑料大棚

标准塑料大棚一般配有外遮阳和内遮阳网，材质有塑料黑网和铝箔网，铝箔网遮阳、隔热效果好，也耐用，但价格较高。包括风机、水帘、灌溉喷雾装置等设备（图 7-7）以及苗床、栽培架、栽培槽等设施棚内温度、湿度、光照强度均可自动调节。

简易塑料大棚一般密闭性不高，有的只是上拱棚，配有喷淋和滴灌设施，可根据季节需要配遮阳网，棚内温度、湿度不可控，主要靠自然调节。

图 7-7　大棚自动喷淋设备

二、组培苗工厂化生产的技术路线和工艺流程

工厂化生产种苗，首先要编制生产技术方案、制订生产计划。技术方案要依据植物种类、植物的生物学特性、生态习性以及已有成功经验等进行编制，内容主要包括：生产准备、技术路线设计、生产计划与实施等。

生产计划的制订要根据每种植物组培苗工厂化生产的工艺流程，而工艺流程的拟定又要根据生产目的和植物组织培养的技术路线。组培苗工厂化生产一般的技术路线和工艺流程见图 7-8。

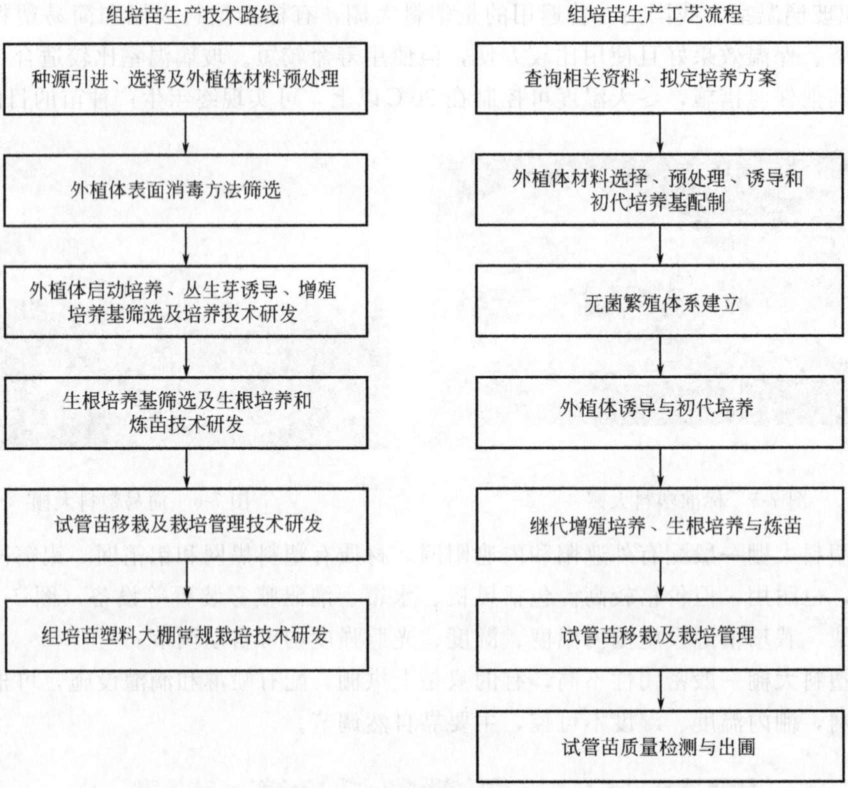

图 7-8　组培苗工厂化生产的技术路线和工艺流程

三、组培苗工厂化生产

组培苗工厂化生产主要包括以下四个技术环节：品种选育和母株培育；离体快繁生产组培基本苗；组培苗移栽及管理；苗木传送和运输。

1. 品种选育和母株培育

根据需要选择有市场发展潜力或生产需要的品种，要求纯度好、无病虫害，建立材料和原料培育圃。最好能建立一个洁净度较高的温室，把要生产组培苗的药用植物材料培育圃建在温室内，便于建立无菌苗培养体系。

2. 离体快繁生产组培基本苗

经无菌繁殖体系建立、继代快繁增殖、生根等工序，获得健壮基本苗。本阶段在组培快繁车间完成。

(1) 优良品种无菌繁殖体系建立

① 外植体预处理。2～3 月或 10～11 月，从种质资源圃获取生长健壮、健康无病虫害的优良品种母株，在干净塑料棚里进行预培养 20～30d 后，取外植体部位，用 75%酒精抹擦。

② 外植体消毒及培养室初代诱导。在超净工作台上，对经预处理的外植体材料进行消毒处理。首先，放入 75%酒精浸润 1min 后，用 0.1%的 $HgCl_2$ 溶液灭菌 3～15min，用无

菌水冲洗 5 次，将消毒好的外植体接种在诱导培养基上，放进培养室进行不定芽诱导和培养。

（2）无菌繁殖材料转接及培养室培养　外植体材料诱导培养 20d 左右后，无污染存活的材料继续转接到不定芽诱导培养基上，每 20～40d 转接一次，连续转接两次，初代培养材料无菌繁殖体系即建立。

（3）无菌繁殖材料继代接种及继代培养　初代无菌材料继续转接进行继代培养，转接时每块材料切割成 2～4 块后，接种于继代培养基上，一瓶转为 2～4 瓶。放进培养室进行继代培养。以后每 20～45d 转接一次，一直至材料满足工厂化生产出苗的要求。

（4）壮苗生根培养及炼苗　继代材料增殖到满足工厂化生产出苗的要求时，部分材料开始转入生根壮苗培养阶段，其余材料继续扩增，以便保持可持续生产。进入生根壮苗阶段的组培苗，可转入塑料大棚进行炼苗。

3. 组培苗移栽及管理

生根培养 15～30d 后，经炼苗已生根的组培苗即可进行移栽。移栽及管理程序：移栽圃地选择→组培苗移栽设施准备→育苗基质准备→组培苗出瓶与清洗→组培苗消毒→组培苗种植→组培苗栽培管理→组培苗出圃。

（1）准备工作

① 选择育苗容器。组培苗移栽驯化一般用穴盘，经济实惠。原苗移栽可选穴格、穴容稍大的，扦插苗可选二者较小的，以节省空间，降低生产成本。

② 选配基质。基质选配有固定原则。基质的作用是固定幼苗、吸附营养液、改善根际透气性。基质需具有良好的物理特性，通气性好；良好的化学特性，不含有对植物和人类有毒的成分，不与营养液中的盐类发生化学反应而影响苗的正常生长；对盐类要有良好的缓冲能力，来维持稳定、适宜植物个体的 pH。基质还需物美价廉，便于就地取材。基质种类分有机基质和无机基质。

a. 有机基质。主要有泥炭和炭化稻壳两类。泥炭由半分解的水生、沼泽湿地生、藓沼生或沼泽生的植被组成，有较高的持水能力，pH 3.8～4.5，并含有少量的氮，不含磷钾，不易分解，适合作育苗基质。炭化稻壳，将稻壳烧制成炭壳，或用未烧透稻壳，也可用锅炒制，炭化程度以完全炭化但基本上保持原形为标准，质地疏松，保湿性好，含有少量磷钾镁和数种微量元素，pH 8 以上。应用前要用水反复冲洗，必要时用稀释 300 倍的硫酸洗涤。移苗前 7d 灌营养液，待 pH 稳定后再用。利用炭化稻壳作基质，营养液配方中的磷钾含量要适当降低。

b. 无机基质。有炉渣、沙、蛭石、次生云母矿石、珍珠岩等。炉渣，把充分燃烧的煤炭炉渣粉碎，先用 3mm 孔径的筛子过筛，再用 2mm 孔径的筛子筛出直径 2～3mm 的炉渣，用水冲洗备用。沙，粒径以 0.1～2.0mm 为宜，沙含有部分锰、硼、锌等微量元素。蛭石、次生云母矿石和珍珠岩等，质轻，透气性和保湿性好，具有良好的缓冲性，是很好的基质材料。

上述基质除单独应用外，还可多种基质混合应用，取长补短。组培苗移栽后一般无土栽培，为提高空间利用率常选用格小的穴盘，能容纳的营养基质少，因而对基质的要求较高。要求基质保肥，吸水力强，透气性好，不易分解，支撑性好。采用泥炭、珍珠岩、蛭石、沙及少量有机质、复合肥混合调配为好，如美国的加州混合基质（JZ）和康乃尔草炭混合基质（KNE）等（表 7-4）。

表 7-4 混合基质配方

加州混合基质(JZ)		康乃尔草炭混合基质(KNE)	
材料名称	用量	材料名称	用量
细沙	0.5m^3	2 号、3 号园艺用珍珠岩	0.5m^3
粉碎草炭	0.5m^3	粉碎草炭	0.5m^3
硝酸钾	145g		
硫酸钾	145g	5-10-5 复合肥	3kg
白云石或石灰石	4.5g	白云石或石灰石	3kg
钙石灰石	1.5kg		
20%过磷酸钙	1.5kg	20%过磷酸钙	1.2kg

除上述两种基质外，锯木屑也可以使用，但要慎重，有毒和有油的树种木屑不能用，为了安全起见，一般木屑最好进行水冲洗或高温闷制等预处理。

③ 场地、工具及基质的灭菌、装盘。移栽场地及所有工具必须用灭菌药水清洗（10%漂白粉溶液或800倍高锰酸钾液泡10～15min），基质要先充分混匀，用1000倍百菌清喷雾、搅拌。如果基质内含土壤，消毒更应严格，还可应用下列消毒方法。

a. 65%代森锌粉剂消毒。消毒苗床土用药60g/m^3，药土混拌均匀后用塑料薄膜盖2～3d，然后撤掉塑料薄膜，待药味散后使用，具有一定防病效果。

b. 福尔马林消毒。消毒能防治猝倒病和菌核病。用0.5%的福尔马林喷洒床土，混拌均匀，然后堆放并用塑料薄膜封闭5～7d，揭开塑料薄膜使药味彻底挥发后方可使用。

c. 蒸汽消毒和微波消毒。用蒸汽消毒床土，可以防治猝倒病、立枯病、枯萎病、菌核病和黄瓜花叶病毒病等，效果良好。用蒸汽把土温提高到90～100℃，处理30min。蒸汽消毒的床土，待土温降下去后即可使用，消毒快，又没有残毒，是良好的消毒方法。微波消毒是用微波照射土壤，能灭草、线虫和病毒。行走式微波消毒机由功率30kW的发射装置和微波发射板组成，前进速度为0.2～0.4km/h。工作效率较高。将充分混匀、灭菌后的基质装入备好的育苗盘中。

④ 营养液成分和营养液配方。营养液主要成分有：大量元素如C、H、O、N、P、K、Ca、Mg、S；微量元素如Fe、Cl、Mn、B、Zn、Cu、Mo。大量元素中的C、H、O是从植物周围的空气和水中获得的。微量元素中的Cl在大多数情况下是从水中获得的，配制营养液时可不考虑C、H、O、Cl等4种元素，只配制含其他12种元素的营养液。

营养液浓度常用百分比、物质的量浓度、百万分比等表示，育苗时最常用百万分比，即一百万份溶液中所含溶质的质量分数。如百万分之一的锰，就是10^6g溶液中含有1g锰。计量标准规定用溶质的质量分数即1×10^{-6}表示。

不同植物种类所需营养液配方有所不同，以下是常用的几种营养液配方：

a. 配方1（单位：mg/kg） 尿素450、磷酸二氢钾500、硫酸钙700、硼酸3、硫酸锰2、钼酸钠3、硫酸铜0.05、硫酸锌0.22、螯合态铁40。

b. 配方2（单位：mg/kg） 硝酸钙950、硝酸钾810、硫酸镁500、磷酸二氢铵155、硫酸锰2、钼酸钠3、硫酸铜0.05、硫酸锌0.22、硼酸3、螯合态铁40。

c. 配方3（单位：mg/kg） 复合肥（$N_{15}P_{15}K_{12}$）1000、硫酸钾200、硫酸镁500、过磷酸钙800、硼酸3、硫酸锰2、钼酸钠3、硫酸铜0.05、硫酸锌0.22、螯合态铁40。

⑤ 营养液配制方法。营养液的配制方法与培养基的配制方法相似，大量元素和微量元素分开配制。需要注意的是配方的浓度单位，正确称量；大量元素在配制过程中要防止发生

沉淀，最好先将各种肥料分别溶解，再加入盛水容器中，充分搅拌，常用的几种钙肥除硝酸钙外溶解度都比较低，溶解时应先加一定量的水。

微量元素用量低，为避免每次称量麻烦，一般先配成原液，低温避光保存，使用时按一定比例取出原液加入营养液中。用温水溶解可加快速度。

营养液成分混合好后，先测定 pH，然后用稀酸、稀碱进行调整，控制 pH 在 4.5～6.5 之间，以 5.5～6.5 为最适合。如需降低 pH，可加入稀硫酸或稀盐酸；如需提高 pH，加入适量氢氧化钾或氢氧化钠。

(2) 组培苗移栽操作

① 起苗、洗苗、分级。将苗瓶置于水中，用小竹签伸入瓶中轻轻将苗带出，尽量不要伤及根和嫩芽，置水中漂洗，将基部培养基全部洗净。瓶苗分为有根苗和无根苗 2 类。再将有根苗分为一级、二级、三级。分级种植。

② 消毒、移栽。组培苗清洗后，用 1000 倍百菌清或 0.02%的高锰酸钾溶液等杀菌剂浸泡 5～8min，再用清水清洗 1 次。种时，拿起苗，用小木棍在基质上插洞，将苗根部轻轻植入洞内，回填基质，再用手轻捏根际基质，淋上定根水，放入移栽塑料大棚。无根苗需先蘸生根粉再移植。若用栽苗机应按规定操作。

(3) 组培苗栽培管理　组培苗移栽后放进移栽塑料大棚进行栽培管理。移栽后 1～2 周为关键管理阶段，主要是光照、水分、通风、透气等方面的管理。本阶段需弱光、适当低温和较高的空气湿度。这一阶段影响幼苗成活的主要因素有：

① 栽培基质。不同栽培基质对组培苗移栽成活率有显著影响，见表 7-5 和表 7-6。

表 7-5　不同栽培基质对大蒜组培苗移栽成活率的影响

基质	移栽株数/株	成活株数/株	成活率/%	效果比较/%
消毒土	50	38	73	77.7
沙土	50	37	67.5	71.8
蛭石	50	47	94	100

表 7-6　不同栽培基质对芳香樟组培苗移栽成活率的影响

基质	移栽株数/株	成活株数/株	成活率/%
黄土	20	10	50
全沙	20	11	55
珍珠岩	20	4	20
苔藓	20	18	90
黄沙：沙(1：1)	20	16	80
黄沙：沙(2：1)	20	13	65
黄沙：沙：腐殖土(2：1：1)	20	12	60
黄沙：沙：谷糠灰(1：1：1)	20	6	30
珍珠岩：腐殖土(2：1)	20	6	30

针对不同植物要求，要筛选最佳移栽基质，才能保证取得较高的移栽成活率。如芳香樟以苔藓为基质成活率最高。大蒜的组培苗以蛭石为基质，移栽成活率最高，达 94%。

② 苗的生理状况。将同种植物的合格苗（2 根以上）、1 根苗、无根苗 3 类组培苗分别种植在同样成分配比的基质上，采取相同的管理条件，经过 1 个月左右，不同类别组培苗的成活率表现出明显差别：合格苗成活率最高，可达到 90%以上，而无根苗成活率不到 30%。

③ 温、湿度。组培苗比较纤弱，适应能力差，需逐渐地适应驯化。高温季节应注意遮阳、保温、通风透气，并经常进行人工喷雾。以温度18～20℃，空气湿度保持在90%为宜。

本阶段可适施薄肥，结合喷水喷施3～5倍MS大量元素液。1周后每隔3d叶面喷施营养液1次。由于空气湿度高，气温低，幼苗易感染立枯病、猝倒病、枯叶病，造成死亡。为防止杂菌污染，可在1000倍百菌清溶液中浸根3～5min，也可适当喷药，防治病虫害。

(4)“绿化”炼苗　温室组培苗移栽成活4～6周后，可逐渐移至遮阳大棚下进行“绿化”炼苗。本阶段特点是幼苗由驯化、缓苗期进入正常生长期。根系刚恢复生长，幼叶长大，嫩芽抽梢，肥水管理非常重要。

首先，要结合浇水浇灌营养液。如果用稻壳或炉渣为基质，采用河水、自来水等浇灌时，可不用加微量元素。营养液的供给时间应适当提前，一般每7～10d应供给营养液1次。在施用营养液时，应根据不同的植物种类，采用不同的配方。绿化前期，秧苗较小，营养液的浓度应低一些，一般为0.15%～0.2%。随着秧苗长大，营养液浓度可逐渐加大到0.3%左右，使幼苗顺利实现从异养生长向自养生长的过渡。

其次，要逐渐延长光照时间，增加光照强度。要保持透明覆盖物的洁净并及时掀揭。绿化室内光照强度应由弱到强，循序渐进，否则会因光照强度增加过快而导致秧苗灼伤。有条件的可在绿化期进行人工补充光照。补充光照时可用植物效应灯、高压氯灯或日光灯，使秧苗受光在5000lx以上。补充时间因不同植物而异。

最后，绿化室内苗密集，空气湿度大，病害易发生，每隔7～10d需交替喷1000倍百菌清。

(5) 成苗管理

① 及时供水。成苗期苗较大，需水量大，气温升高，通风多，失水快，要注意及时供水。特别是采用营养钵育秧，更应经常浇水，保持育苗基质湿润。

② 控制苗床温度。开始，苗床的温度可稍高些，白天控制在25～28℃、夜间20℃，以促进生根缓苗。以后逐渐降低温度，白天20～25℃、夜间15℃左右。这一时期的苗床温度主要是利用阳光热和保温、通风措施加以调节。

③ 适当追肥。在育苗基质肥料充足的情况下，可不追肥，如有条件可每隔3～5d根外追施0.2%磷酸二氢钾液，也可撒施或随水追施复合肥，施用量为：15～30g/m^2。追肥后一定要及时浇水，防止烧苗。此期间还应注意防治苗期病虫害。

总之，成苗管理苗床温湿度要适宜，促控结合，使苗木既不徒长，又不老化。同时，还需根据气象预报，注意防寒、通风换气，确保苗木的正常生长发育。

4. 苗木传送和运输

随着商品性生产的发展，特别是植物育苗行业的发展，育苗技术和交通、物流条件的改善，商品植物苗木跨地区流动蓬勃兴起。

组培苗生产的集约化程度高，设施及技术要求严格，要创造较完善的苗木繁育设施及掌握快繁技术难度较大，因此，可在技术优势较强的地区发展组培快繁育苗业，将苗运输到种植区，这一行业的市场空间广阔，也会有较大的经济效益和社会效益。

此外，利用纬度差、海拔高度差或地区间小气候差异进行育苗，可以降低育苗能耗及苗木成本。例如我国春季南北之间温差很大，在南方可以用露地或简易保护地育苗，而北方需要温室加温。同时，也可在夏季气候比较温和的地区或海拔较高的山区的夏季或秋季延迟栽培育苗，可减轻苗期病害的发生，提高育苗质量。

进行异地育苗、运输需考虑的是：首先，经济上是否合算，育苗成本＋运输费用＋最低的利润≤用户在当地培育同等质量秧苗所需的成本费；其次，苗木需有较高的质量，品种优良、合适，苗木性状好；最后，具有稳定而畅通的销售渠道及适合的包装及运输条件。异地育苗、运输还应掌握以下技术环节。

（1）便于运输的育苗方法及苗龄　为便于运输，育苗必须注意方法。无土育苗一般水培和基质培（砂砾、炉渣等作基质），起苗后根系全部裸露，根系须采取保湿等措施，否则，经长途运输后成活率会受到影响。采用岩棉、草炭作为基质，质轻、保湿并有利于护根，效果较好。穴盘育苗法基质使用量少，护根效果好，便于装箱运输，近些年来推广应用较多，适合苗木运输。

一般远距离运输应以小苗为宜，尤其是带土的秧苗。小苗龄植株苗小，叶片少，运输过程中不易受损，单株运输成本低。但是，在早期产量显著影响产值的情况下，为保护地及春季露地早熟栽培培育的秧苗需达到足够大的苗龄，才能满足用户要求。

（2）包装、运输工具和运输适温

① 包装。苗木公司需制作有本公司商标的包装箱。包装箱的质量可因苗木种类、运输距离不同而异。近距离运输，可用简易的纸箱或木条箱，以降低包装成本；远距离运输，要多层摆放，充分利用空间，应考虑箱的容量、箱体强度，以便承受压力和颠簸。

② 运输工具。根据运输距离选择运输工具，同一城市或区、乡内，可用拖拉机、推车或一般汽车运输；远距离需依靠火车或大容量汽车，用具有调温、调湿装置的汽车最为理想。育苗工厂可将苗直接运至异地定植场所，无需多次搬动，减少秧苗受损。对于珍贵苗木或有紧急时间要求者也可空运。

③ 运输适温。一般植物苗木运输需低温条件（9～18℃）；除部分耐寒及耐热品种外，低于4℃或高于25℃均不适宜大部分植物苗木的运输。在南方地区春秋季气温较高的时间里，如需运输苗木，则应做足降温措施，如用带有温湿度调节的车厢，或者用普通货车夜间运输。

（3）运输前准备

① 确定日期。确定具体起程日期，并及时通知育苗场及用户。注意天气预报，做好运前的防护准备，特别在冬春季，应做好秧苗防寒防冻准备。起苗前几天应进行秧苗锻炼，逐渐降温，适当少浇或不浇营养液，以增强秧苗抗逆性。

② 秧苗包装。运前秧苗包装工作应加速进行，尽量缩短时间，减少秧苗的搬运次数，将苗损伤减少到最低程度。

③ 根系保护。为了保证和提高运输苗的成活率，应注意根系保护及根系处理。一般的水培苗或基质培苗，取苗后基本不带基质，可数十株至百株（视苗大小而定）扎成一捆，用水苔或其他保湿包装材料将根部裹好再装箱。穴盘苗的运输带基质，应先震动秧苗使穴内苗根系与穴盘分离，然后将苗带基质取出摆放于箱内；也可将苗基质洗去后，蘸上用营养液拌和的泥浆护根，再用塑料膜覆盖保湿，以提高定植后的成活率及还苗速度。

（4）运输　运输应快速、准时。远距离运输中途不宜长时间停留。运到地点后应尽早交给用户，及时定植。如用带有温湿度调节的运输车运苗，应注意调节温湿度，防止过高、过低温湿度给秧苗造成伤害。

四、组培苗质量控制

随着组培技术的推广应用，越来越多的组培快繁苗进入了商业化生产和流通阶段，而苗木质量鉴定是保证苗木质量和保护种植者利益的重要环节，也是确定苗木价格的重要依据。

根据组培苗的特点和用户要求，参照国家和行业标准，制定企业的组培苗质量标准，根据标准对出厂苗木进行质量检测。

1. 苗木质量标准

由于我国组培苗的质量检测标准尚不完善，可借鉴国外相关质量标准。美国新出现了不少专门检测组培苗质量的公司和机构，其主要根据苗木的商品性状（如植株大小、株高、苗龄等）、健康状况（如是否带病毒等）以及遗传稳定性（如是否有变异）等制定详细的分级标准。组培苗分瓶苗和出圃苗，其标准各有差别。由于我国药用植物组培苗生产尚在起步阶段，没有统一标准，可以参考其他植物例如花卉的组培苗瓶苗质量分级公共标准和出圃苗的质量分级公共标准（表7-7、表7-8）。

表 7-7 几种花卉组培苗瓶苗的质量分级公共标准

名称	等级	根系状况	整体感	出瓶苗高/cm	叶片数/片
满天星	1级	有根	苗粗壮硬直,叶色深绿	2~3	4~8
	2级	有根原基或无根		<1.5或>3	4~8
非洲菊	1级	有根	苗直立单生,叶色绿,有芯	2~4	3片以上
	2级	无根	苗较1级苗小,部分苗叶形不周正,有芯	1~2	3片以上
勿忘我	1级	有根	苗单生,有芯,叶色绿	2~3	3片以上
	2级	有根		<2或>4	3片以上
情人草	无	有根	苗单生,叶色正常	2~4	3片以上
草原龙胆(洋桔梗)	1级	有根	苗单生,叶色绿,无莲座化	3~4	6片以上
	2级	有根		1.5~3	4~6
菊花	1级	有根	苗粗壮硬直,叶色灰绿	2~4	4片以上
	2级	有根		1~2	4片以上
孔雀草	1级	有根	苗粗壮硬直,叶色绿	3~4	5片以上
	2级	有根		1~3	3片以上

表 7-8 出圃苗的质量分级公共标准

评价项目		等级		
		1级	2级	3级
1	根系状况	根系生长均匀,完整,无缺损	根系生长均匀,完整,无或稍有缺损	根系完整,生长一般,稍有缺损
2	整体感	生长旺盛,形态完整,均匀和新鲜;粗壮、挺拔、匀称;叶色油绿、有光泽	生长旺盛,形态完整,均匀和新鲜;粗壮、挺拔、匀称;叶色油绿、光泽稍差	生长一般,形态完整,均匀,新鲜程度稍差;茎秆一般或稍有徒长现象,粗壮、挺拔、匀称;叶色油绿、光泽稍差
3	整齐度	同一级别中90%以上的地径在$x(1\pm10\%)$范围内;90%以上的苗在$x(1\pm10\%)$范围内	同一级别中85%以上的地径在$x(1\pm10\%)$范围内;85%以上的苗在$x(1\pm10\%)$范围内	同一级别中80%以上的地径在$x(1\pm10\%)$范围内;80%以上的苗在$x(1\pm10\%)$范围内
4	病虫害损伤	无检疫性病虫害,亦无病虫害危害斑点	无检疫性病虫害,亦无病虫害危害斑点	无检疫性病虫害,亦无病虫害危害斑点

2. 苗木质量检测

根据企业标准，从以下方面几方面判断苗木质量并进行分级：

（1）商品性状

① 苗龄。苗龄相对较大，早熟性较好，质量较高，级别高，依次往下排列。

② 农艺性状。有叶片形态、生长速度、株高、茎粗、植株展幅等，根据不同作物要求定级。

（2）健康状况

① 是否携带流行病菌（如真菌、细菌等）。

② 是否携带病毒病。

（3）遗传稳定性

① 是否具备品种的典型性状。

② 是否整齐一致。

③ 采用随机扩增多态性 DNA（RAPD）或扩增片段长度多态性（AFLP）对快繁材料进行“指纹”鉴定，以确定其遗传稳定性。

五、组培苗生产计划

根据目前一般组培实验室和组培育苗工厂的生产设施及技术水平，通过调控组培快繁的主要技术参数，例如增殖系数、继代周期等，以及调控培养条件，制订组培育苗工厂的生产计划。

1. 计算培养基的需要量

国内的组培工厂，多半利用容量为 250～300mL 的罐头瓶或塑料瓶（耐高温消毒）作为培养瓶，每瓶分装的培养基底应约为 1.5～2cm，每瓶接种 5～7 个芽（或团块），这样每 100L 培养基即可接种 1 万～1.5 万个芽。对于一些阴生植物的组培，可采用塑料袋培养，则每升培养基的接种量可大幅度提高。在诱导生根培养时，为获得壮苗，常需要减少每瓶的接种数量，每瓶以不超过 5 株为宜。因此，根据订单制订生产计划，首先要计算好培养基的需要量。

2. 控制增殖系数和继代周期

多数植物的组培育苗生产，常将其增殖系数控制在 3～8 左右。增殖系数小于 3 时，生产效率太低，生产成本相对提高；但如果增殖系数大于 8 时，增殖的丛芽过多，相对可用于生根的壮苗材料减少而且难以获得优质苗，影响生根质量和后期移栽成活率。继代周期随不同植物的生长习性和培养条件而异，但最好能控制在 30d 左右或更短。如果继代周期过长，一方面由于需要光照等管理而增加生产成本，另一方面由于培养基陈旧和瓶口封闭不严将增加污染率。

3. 控制生根诱导与增殖培养的比例

① 继代培养后形成能诱导生根的绿茎（芽苗）和继代增殖芽的比例应根据增殖系数和出苗计划进行控制，一般不小于 1∶3。即每次继代培养后，至少应有 1/2 的芽苗（高度约 1～3cm）供生根诱导。譬如，一瓶接种 6 个芽，增殖系数为 3，在再次继代转移时，18 个芽中应至少有 9 个芽抽长至一定高度（1～3cm），可供生根诱导。如果某一品种在初期由于种芽数量少，急需迅速扩大基础芽量时，可考虑适当加大细胞分裂素的浓度，增大增殖系数

进行丛芽增殖，以迅速扩大基础芽量。相反，当生产后期某一品种材料的基础芽量已经过剩时，常需减少丛芽增殖，而增加用于诱导生根的绿茎的比例。总之，应根据订单任务需求，调节控制好生根诱导和增殖培养的芽苗比例。

②生根诱导培养的时间以20～30d为宜，生根率应大于80%，每株的发根数在2～3条左右。生根诱导的时间过长，不但易引起培养基污染，而且发根的整齐度不一，影响苗生长的整齐度，给集中移栽带来困难。如果生根率过低，则生产成本极高，发根数太少，则将降低移栽成活率。两者均对大规模生产不利。

4. 控制试管苗移栽成活率

试管苗移栽成活率的高低对于生产大棚苗来说特别关键，将直接关系到组培苗的生产成本，决定组培技术在生产中的应用。对于木本药用植物来说移栽成活率一般要高于70%，而草本植物一般要高于80%。

5. 生产计划

生产规模的大小也就是生产量的大小，要根据市场的需求，根据组织培养试管苗的增殖率和生产种苗所需的时间来确定。

（1）试管苗产量的估算　试管苗的增殖率是指植物快速繁殖中间繁殖体的繁殖率。估算试管苗的繁殖量，以苗、芽或未生根嫩茎为单位，一般以苗或瓶为计算单位。年生产量（Y）决定于每瓶苗数（m）、每周期增殖倍数（X）和年增殖周期数（n），其公式为：$Y=mX^n$。如果每年增殖8次（$n=8$），每次增殖4倍（$X=4$），每瓶8株苗（$m=8$），全年可繁殖的苗是：$Y=8\times4^8=52.4288$（万株）。此计算为生产理论数字，在实际生产过程中其他因素（如污染、培养条件、发生故障等）会造成一些损失，实际生产的数量应比估算的数字低。

（2）生产计划制订　根据市场的需求和种植生产时间，制订全年植物组织培养生产的全过程。制订生产计划虽不是一件很复杂的事情，但需要全面考虑、计划周密、工作谨慎，把正常因素和非正常因素均要考虑在内。

制订生产计划必须注意以下几点：对各种植物增殖率的估算应切合实际；要有植物组织培养全过程的技术储量（外植体诱导技术、中间繁殖体增殖技术、生根技术、炼苗技术）；要掌握或熟悉各种组培苗的定植时间和生长环节；要掌握组培苗可能产生的后期效应。制订出计划后，在实施过程中也容易发生意外事件。

① 确定供货数量和供货时间。a. 供货数量。生产计划是根据市场需求情况和自身生产能力制订出的生产安排。如果有稳定的订单就可以根据订单要求，同时考虑市场预测来安排生产。在无大量定购苗之前，一定要限制增殖的瓶苗数，并有意识地控制瓶内幼苗的增殖和生长速度。通常可通过适当降温或在培养基中添加生长抑制剂和降低激素水平等方法来控制，或将原种材料进行低温或超低温保存。

b. 供货时间。根据订单和市场预测确定苗木生产数量后，尤其是直接销售刚刚出瓶的组培苗或正在营养钵（苗盘）中驯化的组培幼苗时，必须明确供货时间。虽然组培育苗在理论上说是可以全年生产，任何时候都可以出苗。然而，在实际育苗实践中，由于受大田育苗的季节性限制，一般出货时间集中在秋季和春季。尤其是在早春，此时出货的组培苗在温室或塑料大棚中经过短时间的驯化后即可移栽入大田苗圃，可以大大地降低育苗成本。

② 安排生产计划。在确定了供货数量和供货时间后，就可以制订具体的生产计划。首

先要考虑的是种苗基数。如果没有现成的试管种苗，需要先进行外植体消毒、接种制备种苗，这样常常需要1～2个月或更长的时间，才能获得供正常增殖生产需要的试管种苗。有了一定数量的种苗，则可以根据该品种的增殖系数、继代周期、壮苗需要、生根率和移栽成活率，以及污染损耗等技术参数和一定的保险系数，并根据实际生产能力，初步安排具体的生产日程计划。一般有数种方案可供选择。

a. 方案一。如果供苗时间比较长，从秋季一直到春季分期分批出苗，则可以在继代培养4～5代后开始边增殖边诱导生根出苗。因为一般组培苗在第四至第十次继代时增殖最正常，效果最好。

假设以100瓶迷迭香增殖苗为基础，每瓶有芽10个以上；继代周期为一个月，芽增殖率为4，生根培养每瓶接种8个芽，即每瓶继代瓶苗（10个芽）可转接1.2瓶；生根率90%，移栽成活率95%，把保险系数计算在内。可制订一个年产100万株苗的生产计划如表7-9。

表7-9　方案一的组培苗生产计划

月份	继代次数	增殖继代瓶数（接种瓶数×增殖系数）	生根瓶数（接种瓶数×每瓶继代苗转接生根瓶数×生根率）
1	0	100	
2	1	400	
3	2	1600	
4	3	6400	
5	4	6400×4=25600	19200×1.2×0.9
6	5	6400×4=25600	19200×1.2×0.9
7	6	6400×4=25600	19200×1.2×0.9
8	7	6400×4=25600	19200×1.2×0.9
9	8	6400×4=25600	19200×1.2×0.9
10	9	6400×4=25600	19200×1.2×0.9
11	10	6400×4=25600	19200×1.2×0.9
12	11	6400×4=25600	19200×1.2×0.9
总计		213300	184320×0.9=165888

从第5个月开始，每次转瓶就把保存的瓶苗的1/4继续增殖培养，即25600×(1/4)=6400瓶，剩余的用于生根，即25600－6400=19200用于诱导生根，增殖和生根的瓶数比为1∶3。得到165888瓶生根苗经移栽后成苗数=165888×8×95%≈126万株，再考虑减去生产过程5%～10%的污染损耗，可以完成100万株苗的生产任务。

上表所列生产过程是以现有的增殖瓶苗为基础，并且没有考虑污染损耗的生产速度：从接受订单开始，生产100万株需要增殖培养基和生根培养基共397620瓶，接种工一台班可接250瓶，即需要1590个工作日，一年按开工300天计，1590/3=5.3，大约需要6个工人接种一年。

b. 方案二。如果供苗时间集中，但又有足够长的时间可供继代培养，则可以连续多代增殖，待存苗达到一定数量后，再一次性壮苗、生根，集中出苗。

例如，经过6次继代培养后，其中约有1/3绿茎已符合生根要求，可转入诱导生根，生产计划如表 7-10，一次性产带根瓶苗 132710 瓶，经移栽后成苗数＝132710×8×95%≈100 万株。

表 7-10 方案二的组培苗生产计划

月份	继代次数	增殖继代瓶数（接种瓶数×增殖系数）	生根瓶数（接种瓶数×每瓶继代苗转接生根瓶数×生根率）
1	0	100	
2	1	100×4＝400	
3	2	400×4＝1600	
4	3	1600×4＝6400	
5	4	6400×4＝25600	
6	5	25600×4＝102400	
7	6	102400×4＝409600	
8	7	(409600－122880)×4＝1146880	122880×1.2×0.9＝132710.4
总计			132710

除上述方案之外，还可设计其他方案，例如，接到供货订单较晚，离供苗时间很短，这时往往需要增加种苗基数，前期可采用激素调节，尤其是提高细胞分裂素比例，并控制最适宜的温度、光照条件等来提高增殖系数。

但是，必须注意的是在初步方案制订出来后，要根据每次继代时所需的工作量（尤其是达到最大工作量时）与实际操作的能力（每天可能接种的苗量等）进行调整，再利用多种生产品种和多种生产方案的配合，制订出全年具体的生产计划，使日常工作量尽可能达到均衡，以利于提高设备的利用率和人力合理安排。为保险起见，可以将继代周期设计为 40d。生产计划制订后，在具体操作时由于各种原因，还必须及时进行修改和调整。

六、组培苗的成本管理与经济效益概算

1. 直接成本

直接成本是直接用于组培苗生产的各种原料、耗材和人员工资的成本。按每生产 200 万株苗的全过程中（包括继代接种、生根诱导等）耗用 30000～40000L 培养基推算，培养基制备的药品、人工工资、电耗及各种消耗品（如酒精、刀具、纸张、记号笔等）需直接生产成本 60 万～80 万元。其中，生产期间的电耗和人工工资占极大比重，如果能充分利用自然光来减少人工光照和合理利用光源、采用机械化和人工智能将大大降低成本。此外，随着各项生产技术的改进、提高和自动化设备的引进，扩大生产规模也可以有效地降低直接生产成本。一般情况下每株组培苗的直接成本可控制在 0.3～0.4 元或更低。

2. 间接成本

① 固定资产（厂房、设备及设备维修等）折旧。按年产 200 万苗的组培工厂规模，约需厂房和基本设备投资 240 万元左右，如果按每年 5%折旧推算，即 12 万元的折旧费，则每株组培苗将增加成本费 0.06 元左右。

② 市场营销和经营管理开支。如果市场营销和各项经营管理费用的开支按苗木原始成本的 30%运作计算，每株组培瓶苗的成本增加 0.09～0.12 元。

③ 生产风险附加费及技术开发费。按技术开发费为直接成本的 8%、风险附加费为直接

成本的5%，每株组培苗增加0.11～0.15元。

3. 经济效益概算

从以上各项成本费合计计算，每株组培幼苗的生产成本为0.56～0.73元。在生产中，可以通过技术革新、提高生产效率、降低能耗、加强管理来降低成本，目前大部分组培苗的生产成本都可控制在0.40～0.60元。但总的来说，成本还是较高，因此，组培育苗工厂在选择投产的药用植物品种时必须慎重。应首先选择有市场前景、售价高、用传统育苗方式生产有限的品种进行规模生产，否则可能造成亏损。

4. 组培苗的增值

以上是一般组培苗的成本概算。随着生产技术、经营管理水平的提高和规模生产的扩大，生产成本进一步降低。此外，还可以考虑从以下途径使组培苗增值，提高工厂总体的经济效益。

（1）销售筛盘苗或营养钵苗　刚刚出瓶的组培苗，由于移栽成活较为困难，常常销售不畅，价格也难以提高。因此，组培工厂除直接销售刚出瓶的组培生根苗外，可以扩大移入营养土中的筛盘苗（或营养钵苗）的销售。这时组培苗已移栽入土，成活有保障，不但农民易于接受，而且价格也较易提高。一般可增值30%～50%或更多。如果再进一步在田间苗圃培养1～2d，按成苗出售则可增值1～2倍，甚至更多。尤其是一些名贵药用植物成苗，其增值更为可观。

（2）培养珍稀名贵植物和无病毒种苗　对某些珍稀名贵植物和一些无病毒种苗，可以控制一定的生产量，自行建立原种材料圃，按种苗、种条供给市场批量销售，可获得极高的经济效益，例如药用植物大叶南五味子（黑老虎）、牛大力组培苗价格曾经高达5元/株。

（3）培养专利品种组培苗　积极研制和开发有自主知识产权专利品种的组培苗生产，同时采取品牌经营策略实现名牌效应，将更有利于经济效益的稳定增长。

（4）利用组培苗建立采穗圃进行组培苗嫩梢扦插　利用组培苗的幼态化，采用组培苗嫩梢进行扦插，可加快插条的生根，提高扦插的生根率和成苗率，扩大生产规模，大大降低单株苗的生产成本。

（5）利用组培法提高培养物的有效药用成分含量　对于一些药用植物不一定需要培养成苗，可直接利用培养基调节而提高培养物的有效药用成分含量，从而提高价值。

植物组织培养育苗工厂，尤其是组培苗生产车间的设计是否合理，是直接关系到生产效率、经营成本和总体经济效益的大事，切勿草率行事。在参考上述各项规划设计要求的基础上，尽可能地多考察一些国内外卓有成效的组培育苗工厂，并结合自身的实际条件综合考虑，才能制订出比较合理且经济实用的组培苗工厂设计方案。当然，具体的厂房、辅助建筑、温室等的基建图纸、选料和施工等还必须在相关建筑设计和施工的专业人员指导下进行。

【工作任务】

任务7-1 参观植物组培快繁工厂并做成本和效益概算方案

一、任务目标

（1）了解植物组培快繁工厂的生产工艺流程及生产所需的设施设备。

(2) 学会制订组培苗工厂的成本和效益概算方案。

二、任务准备

参观植物组培快繁工厂，需准备好照相机、记录本、笔以及计算器。

三、任务实施

(1) 参观植物组培快繁工厂。在工厂有关人员的引导下，逐一参观工厂的仓库、办公室、洗瓶车间、配料车间、灭菌室、接种车间、培养室、驯化室。

(2) 参观中在得到对方的许可下可以拍照，记录设备的名称，了解用途和性能特点。

四、任务结果

(1) 完成参观记录。包括参观的场地、设备名称及用途。

(2) 做一个年产 200 万株组培苗工厂的成本和效益概算方案。

五、考核及评价

(1) 相关知识 详细记录参观的场地、设备名称以及设备用途（50 分）。

考核点	评分要求	分值	评分
记录参观场地的整体概况	参观场地的车间概况与名称	10 分	
记录场地内的设备	以记录详细与否为评分依据	10 分	
详细介绍设备的用途	能否详细说明其用途	30 分	
	总分	50 分	

(2) 操作技能 设计一个年产 200 万株组培苗的植物组培快繁工厂，详细做出成本和效益概算方案（50 分）。

考核点	评分要求	分值	评分
制订详细的组培苗生产计划	计算培养基用量，控制增殖系数和继代周期，估算试管苗产量	15 分	
计算生产成本	详细列出生产的各项成本	15 分	
计算组培工厂经营管理成本	详细列出工厂经验管理成本	10 分	
组培工厂效益概算方案	经过计算，确定组培工厂效益	10 分	
	总分	50 分	

任务 7-2 ▶▶ 年产 100 万株组培苗工厂的生产规划设计

一、任务目标

(1) 深刻认识组培苗生产的模式和特点。

(2) 根据生产规模，合理设计组培苗工厂生产规划。

二、任务准备

计算机、绘图纸、绘图笔、橡皮、三角板、直尺、照相机等。

三、任务实施

1. 组培苗工厂化生产计划制订

① 依据生产规模，计算需要培养的试管苗株数。

试管苗株数＝生产规模/(生根率×移植成活率×合格商品苗获得率)

② 依据供货方案制订生产方案。若供苗时间集中，有足够的时间继代培养，可等继代苗数达到一定数量后，进行一次性壮苗生根，集中出苗。若供苗时间较长，应采取分期分批出苗供货，即在继代培养到增殖瓶苗达到一定基数（约 20000 瓶）后开始边增殖边诱导生根。

③ 确定工作人员数目及使用设备数量。一般而言，一个单人超净工作台可年生产 10 万～15 万株试管苗，占地面积为 3～5m^2，一个 1.2m×0.6m×1.8m 的 5 层培养架，占地面积约为 1.5～2.0m^2，平均每架放置约 500 个培养瓶。则年生产 100 万株试管苗需要6～8 台单人超净工作台，接种员 6～8 人，1.2m×0.6m×1.8m 的 5 层培养架 50～60 架。

④ 依据使用设备数量和种苗生产量确定接种室、培养室和塑料大棚面积大小。根据③确定的设备数量和年生产 100 万的种苗生产量，需要接种室面积应为 50～60m^2，培养室面积应为 100～120m^2，塑料大棚面积约 2000m^2。

2. 组培苗生产工艺流程设计

① 依据组培苗生产的性质和目的确定具体的生产环节。

② 依据组培苗生产的技术路线制订每个生产环节的生产操作规程。

③ 依据供货时间和组培苗生产周期的长短制订每个生产环节的具体生产方案，包括人员及材料设备的配备、生产实践和生产量。

四、任务结果

完成年生产 100 万株组培苗商业性工厂的生产规划设计方案。

五、考核及评价

（1）相关知识　写出任务实施过程的具体步骤和内容（50 分）。

考核点	评分要求	分值	评分
组培苗工厂化生产计划制订	①依据生产规模，计算需要培养的试管苗株数	5 分	
	②依据供货方案制订生产方案	8 分	
	③确定工作人员数目及使用设备数量	5 分	
	④依据使用设备数量和种苗生产量确定接种室、培养室和塑料大棚面积	8 分	
组培苗生产工艺流程设计	①依据组培苗生产的性质和目的确定具体的生产环节	8 分	
	②依据组培苗生产的技术路线制订每个生产环节的生产操作规程	8 分	
	③依据供货时间和组培苗生产周期的长短制订每个生产环节的具体生产方案，包括人员及材料设备的配备、生产实践和生产量	8 分	
总分		50 分	

（2）操作技能　做一个年生产 100 万株组培苗的工厂生产规划设计方案（50 分）。

考核点	评分要求	分值	评分
工厂化育苗生产技术路线	①种源引进、选择及外植体材料预处理	3 分	
	②外植体表面消毒	3 分	
	③外植体启动培养、丛生芽诱导、增殖培养基筛选及培养	3 分	
	④生根培养基筛选及生根培养和炼苗	3 分	
	⑤试管苗移栽及栽培管理	3 分	
	⑥组培苗塑料大棚及常规栽培	3 分	
	⑦年产 100 万株苗工厂化育苗技术评估	3 分	

续表

考核点	评分要求	分值	评分
工厂化育苗生产工艺流程	①培养基配置车间 ②无菌操作及培养车间 ③组培苗生根及炼苗车间 ④组培瓶苗移栽及栽植车间	3分 3分 3分 3分	
工厂化育苗生产的厂房结构及主要设备	①厂房结构 ②育苗厂设备	3分 3分	
工厂化育苗生产的几个关键技术	①品种选择 ②外植体材料的选择 ③无菌繁殖体系的建立 ④试管瓶苗的移栽 ⑤工厂化育苗成本、效益管理	2分 2分 2分 2分 3分	
	总分	50分	

【项目自测】

1. 简述快繁工厂化生产技术。
2. 组培育苗工厂的机构应如何设置？
3. 如何进行组培育苗的生产成本与经济效益概算？

【素质拓展】

① 组培苗工厂的经营管理

② 年产100万迷迭香组培苗技术方案

模块四 药用植物种苗快繁新技术及研发

项目八 无毒苗生产技术

【学习目标】

知识目标

◆ 理解脱毒苗的含义及培育脱毒苗的意义；
◆ 掌握热处理、微茎尖培养、微体嫁接等常用的脱毒方法；
◆ 熟悉指示植物法和酶联免疫吸附鉴定方法等常用脱毒鉴定技术；
◆ 掌握脱毒苗的保存和繁殖方法。

技能目标

◆ 能熟练进行热处理、微茎尖培养等脱毒技术操作；
◆ 会利用指示植物鉴定法、酶联免疫吸附鉴定法来进行脱毒效果鉴定。

素质目标

◆ 培养细心观察、耐心总结的能力；
◆ 培养勇于创新的精神。

【必备知识】

植物病毒病是由病毒和类似病毒的微生物（如类病毒、支原体、衣原体以及类细菌等）引起的一类植物病害。植物病毒对植物生产的危害程度仅次于真菌病害。目前已发现的植物病毒病已达 700 余种，广泛存在于果树、蔬菜、花卉、林木以及药用植物上。

多数作物，特别是无性繁殖的作物，随着栽培时间的推移，感染的病毒种类会越来越多，如侵染枸杞的病毒有枸杞病毒、马铃薯 X 病毒（PVX）、马铃薯 Y 病毒（PVY）、黄瓜花叶病毒（CMV）等，侵染菊花的病毒和类病毒有 19 种，侵染柑橘的病毒有 23 种等。由于病毒的侵染干扰和破坏了植物正常的生理代谢，使优良品种的生产力衰退，产量下降、品质变劣甚至死亡。

大多数病毒或类病毒主要随种苗或其无性繁殖材料传播，种子很少传播病毒，但也有少数专化性强的病毒如豆类病毒，马铃薯Y病毒属、线虫传多面体病毒属的病毒等可以通过种子传播。植物一旦被病毒侵染是没有特效药物可以根除的，造成的损失极其严重。因此，对药用植物的感病品种，特别是有性生殖退化，仅能用无性繁殖方法繁殖的品种，进行脱毒培养和无毒苗繁殖是防治病毒病的有效途径，从而提高作物产量和品质，提升经济效益。

一、脱毒苗与植物脱毒培养

植物脱毒是指通过各种物理或化学的方法，将植物体内有害病毒及类似病毒去除而获得无病毒植株的过程。通常所说的“脱毒苗”也称“特定无毒苗”，只是脱去该种植物的主要危害病毒，并非是绝对无病毒苗。

目前获得无病毒材料主要有两条途径。一是从现有种质资源中筛选优良健康单株的种子进行有性繁殖；二是采用一定的技术手段脱除无性繁殖植株体内的病毒。对无性繁殖材料的脱毒，组织培养占有重要的地位，因为它在控制重复感染的条件上和繁殖速度上都具有很强的优势。

目前植物脱毒的方法主要有热处理脱毒法、微茎尖培养脱毒法、微体嫁接脱毒法、超低温脱毒法、花器官培养脱毒法、愈伤组织培养脱毒法、抗病毒药剂脱毒法等。而生产上常用的是热处理脱毒和微茎尖培养脱毒，有时也会同时综合运用两种或两种以上的脱毒方法。

1. 热处理脱毒法

热处理也称温热疗法，是植物病毒脱除中应用最早和最普遍的方法之一。它利用植物病毒病原与植物组织的耐热性差异，将植物材料在高于正常温度（35～40℃）的环境条件下处理一定的时间，使植物组织中的病毒可被部分地或完全地钝化或失去活性，失去侵染的能力，而植物组织只受到较小或不受伤害。热处理脱毒原理见图8-1。同时，一定高温可以加速植物细胞的分裂，病毒的增殖速度和扩散速度跟不上植物的生长速度，使植物出现不带病毒或病毒浓度很低的新生组织。

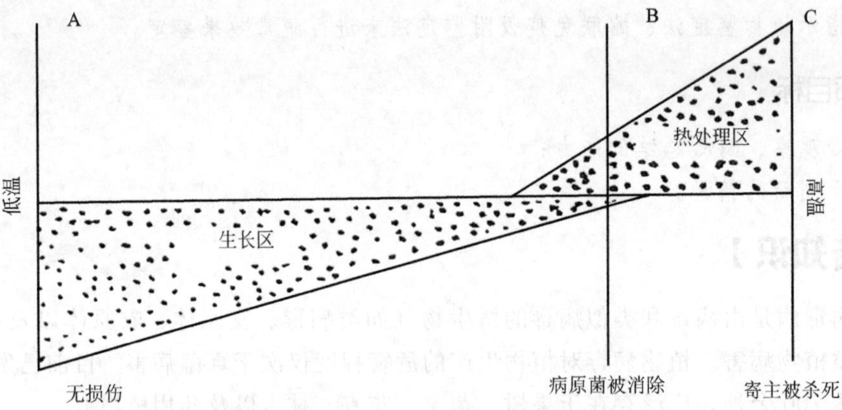

图8-1 植物生长区和热处理区关系图解

A温度点：寄主和病菌都无损伤；B、C区为热处理区

在寄主热死点C和病原菌热死点B之间的距离越大，热处理法成功的概率也就越高

热处理脱毒一般采用温汤、热空气对植物材料进行处理等方式，操作简便、成本低。

（1）温汤处理　温汤处理常用方法是将材料放在50～55℃的温水中浸渍10min或35℃处理30min至数小时，可使一些热敏感的病毒失活。温汤处理简便易行，对休眠芽和种子效果较好；但对植物本身损害较大，有时会导致植物组织窒息甚至死亡。处理时必须根据材料状况严格控制温度和处理时间。为避免长时间浸泡对植物材料的伤害，一般采用热空气处理脱毒。

（2）热空气处理　将待脱毒的植物材料在预先准备好的热疗室培养一段时间，使病原钝化或病毒的增殖速度和扩散速度跟不上植物的生长速度而达到脱除病毒的目的。热空气处理脱毒适用于鲜活植物材料的脱毒。其处理程序包括：脱毒材料的准备、热处理、茎尖嫁接和组织培养等。

① 脱毒材料的准备。为增强耐热能力，保证植株正常生长，热处理的苗木必须选择根系发达、生长健壮、染病轻、具有丰富碳水化合物贮备、生长旺盛的植株。通常用经盆栽后植株高达 3m、1 年左右的苗木。热处理前，最好对植株进行适当地修剪，增加植物忍受热处理的能力。

② 热处理。温度和时间的把握是热处理的关键，温度越高，时间越长，消毒效果越好，但植物受损害越大，反之，病毒消除效果差。处理温度和时间要因病毒种类而异。把生长旺盛的植物移到一个热疗室中，注意最初几天空气温度应逐步增高，直到达到要求的温度为止。一般在 35～42℃下处理一定时间，如有些病毒在 33～34℃条件下处理 30d 即可脱除，有些病毒必须在 39～42℃的条件下处理 50～60d 才能脱除。生产实践中，一般常用35～38℃恒温，尤以 37℃恒温处理 （30±2)d 的使用较多。热处理时，若钝化病毒所需要的连续高温处理会伤害寄主组织，则应当试验高低温交替处理的效果。

采用变温处理既可消除病毒又使植物伤害变小，如马铃薯脱毒就是一个成功案例，以每天 40℃处理 4h，16～20℃处理 20h，成功获得脱毒植株。另外热处理时相对湿度应保持在 85%～95%，光照强度为 3000～10000lx。所脱除的病毒种类与处理温度的高低及处理时间长短有密切关系。应注意三者之间的协调关系。表 8-1 是在生产上脱毒成功的植物案例。

表 8-1　生产中取得成功的植物脱毒案例表

<table>
<tr><th>植物</th><th>病毒种类</th><th>处理温度</th><th>处理时间</th><th>获得效果</th><th>备注</th></tr>
<tr><td>麝香石竹</td><td>所有病毒</td><td>38℃以下</td><td>2 个月</td><td>无毒茎尖</td><td></td></tr>
<tr><td>康乃馨</td><td>轮纹病毒
嵌纹病毒
斑驳病毒</td><td>38℃
38℃
38℃(40℃)</td><td>2 个月
2 个月
2 个月(6～8 周)</td><td>无毒茎尖</td><td></td></tr>
<tr><td>红树莓</td><td>所有病毒</td><td>38℃±1℃</td><td>8 周</td><td>无毒茎尖</td><td></td></tr>
<tr><td>草莓</td><td>斑驳病毒、星状病毒、番茄环斑病毒、花叶病毒、皱叶病毒、黄边病毒、镶脉病毒</td><td>40～41℃</td><td>4～6 周</td><td>无毒茎尖</td><td></td></tr>
<tr><td>菊花</td><td>无籽病毒、轻斑驳病毒、脉斑驳病毒、潜隐病毒、绿斑驳类病毒、矮化病毒等</td><td>37℃</td><td>4～6 周</td><td>无毒茎尖</td><td></td></tr>
<tr><td rowspan="3">马铃薯</td><td rowspan="3">卷叶病毒</td><td>35℃以下</td><td>几个月</td><td>无毒茎尖</td><td rowspan="3">变温处理</td></tr>
<tr><td>40℃</td><td>4h</td><td rowspan="2">无毒茎尖</td></tr>
<tr><td>16～20℃</td><td>20h</td></tr>
<tr><td rowspan="2">黄花烟草</td><td rowspan="2">CMV</td><td>40℃</td><td>16h</td><td rowspan="2">无毒茎尖</td><td rowspan="2">变温处理</td></tr>
<tr><td>22℃</td><td>8h</td></tr>
</table>

③ 热处理后的茎尖嫁接或组织培养。热处理后应尽快取嫩枝上的茎尖嫁接到无毒实生砧木上或进行组织培养才能获得无毒植株。因为热处理不能使病毒完全失活，处理停止后，

病毒会恢复增殖和扩散，因此，取微茎尖的速度要快。一般用于嫁接的茎尖取1.0～1.5cm长，用于组织培养的取0.3～0.5mm长。取茎尖越小，获得脱毒植株的概率越高，但嫁接和组织培养的成活率越低。关于茎尖嫁接的具体方法后面将会作进一步介绍。

热处理脱毒法简便易行，但也有其局限性，具体表现在：

① 热处理不能脱除所有病毒。如在马铃薯中应用此技术，只能消除卷叶病毒。一般而言，热处理主要对球状病毒、类似纹状病毒及植原体（也叫类菌原体或类菌质体，为原核生物）等起作用，而对于那些耐热性的杆状病毒采用热处理脱毒效果较差。

② 热处理温度高，时间延长，病毒钝化效果好，但寄主植物伤害会增大，也可能会钝化寄主植物的阻抗因子，致使寄主植物抗病毒因子活性降低，脱毒效果差。生产中，热处理通常和其他脱毒方法综合使用，效果会更好。

2. 微茎尖培养脱毒法

微茎尖脱毒培养也称分生组织脱毒培养，利用植物微茎尖不带病毒的原理，对其进行离体培养，从而获得无毒植株的过程。微茎尖培养已是现在脱毒技术中最基本、常用、广泛的手段，比单独采用热疗法更具适用性。通常可以通过茎尖培养和热处理相结合，或单独的茎尖培养而消除病毒。

病毒在植物体内的分布是不均一的，越接近生长点，病毒浓度越稀。因为植物的顶端（分生组织区）生长速度快，维管束和胞间连丝不发达，病毒不能通过维管束和胞间连丝及时扩繁到顶端分生组织，因而茎尖形成无病毒区。这一现象已通过电子显微镜和荧光抗体技术得到了证实。另外也有些分子生物学家认为，在顶端分生区病毒不能繁殖，可能与顶端分生组织活跃的DNA合成和RNA干扰有关。

微茎尖脱毒培养过程分为：脱毒材料的选择和消毒处理；微茎尖的剥离；培养基的制备；接种和培养；诱导生根和移栽（图8-2）。基本操作方法如下：

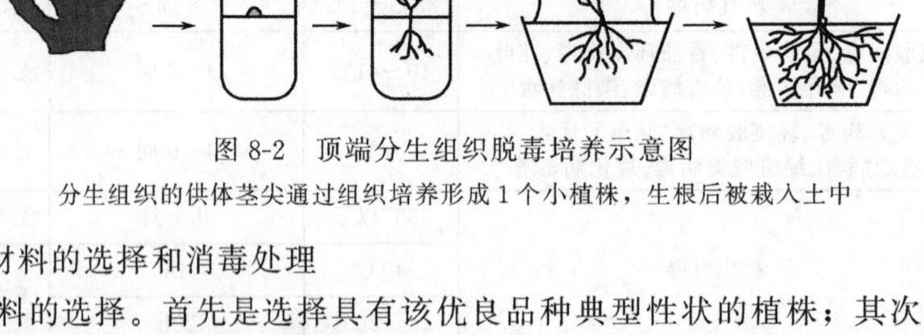

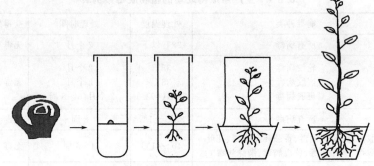

图8-2 顶端分生组织脱毒培养示意图

分生组织的供体茎尖通过组织培养形成1个小植株，生根后被栽入土中

(1) 脱毒材料的选择和消毒处理

① 脱毒材料的选择。首先是选择具有该优良品种典型性状的植株；其次是选择群体中病害相对较轻的植株，这样的材料脱毒容易成功。

② 材料消毒处理。通过消毒获得表面不带病原菌的外植体。一般情况，可以直接取顶芽与侧芽消毒接种；为了提高消毒效果，在有条件的情况下，可先对材料进行消毒预处理，即把供试植株用无菌的盆土在温室栽培一段时间，定期给植株喷施内吸杀菌剂混合液，如多菌灵（0.1%）和抗生素链霉素（0.1%）等。对于某些材料还可以先在实验室进行扦插，将

插条插入 Knop 溶液中使其萌发出新的枝条。经这样处理后的枝条污染要小得多。

接种前的消毒相当关键，和前面讲述过的外植体消毒相似：剪取顶芽或侧芽梢段 3～5cm，用自来水冲洗干净，然后在无菌操作台上进行消毒操作。消毒要根据材料状况灵活掌握时间。一般用 75%酒精浸泡 10～30s 左右，用 0.1% $HgCl_2$ 消毒 2～8min，或用 1%～3%次氯酸钠或 0.7%～2%的漂白粉溶液消毒 10～20min，最后用无菌水冲洗材料 4～6 次。有些被叶片包被严紧的芽，如菊花、八角、姜和兰花等只需在 75%酒精中浸蘸一下就能达到效果，有些茎尖分生组织由于有彼此重叠的叶原基的严密保护，只要仔细解剖，无需表面消毒也能得到无菌的外植体。

(2) 微茎尖的剥离　微茎尖的剥离需要一台带有适当光源的消毒的解剖镜（8～40 倍）、一套解剖针、刀片和一盏酒精灯，在超净工作台进行操作。

在剖取茎尖时，要把茎芽置于解剖镜下一个衬有无菌湿滤纸的培养皿内进行解剖，一手用一把细镊子将其按住，另一手用解剖针将叶片和叶原基剥掉，当形似一个闪亮半圆的顶端分生组织暴露出来之后，用一个锋利的刀片将分生组织切下来，上面可以带 2 个叶原基，也可不带（见图 8-3），然后迅速将其接种到培养基上。注意工具的严格消毒，防止由于超净台的气流和解剖镜上碘钨灯散发的热而使茎尖变干，尽量缩短茎尖暴露的时间。

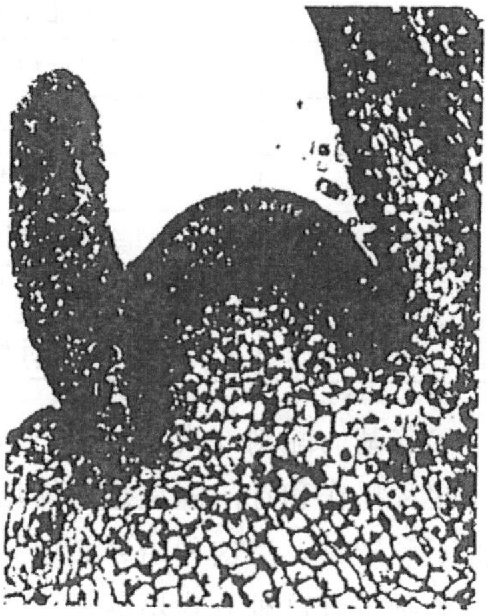

图 8-3　马铃薯茎尖解剖照片，带 2 个叶原基

微茎尖剥离的关键技术是切取茎尖的大小，脱毒成功概率与茎尖大小直接相关。切取的茎尖越小，脱毒率越高，但培养难度越大，成活率越低；切取的茎尖越大，脱毒率越低，但培养成活率越高。如草莓切取茎尖为 0.2～0.3mm 时，脱毒率为 100%；而切取茎尖为 1.0mm 时，脱毒率仅为 50%。因此在茎尖剥取时一定要尽量兼顾成活率、脱毒率及茎尖发育成完整植株的能力。茎尖应以大到足以脱毒、小到足以发育成完整植株为前提，一般切取长度为 0.2～0.5mm、带有 1～2 个叶原基的茎尖作为培养材料较容易成功。

不同植物、不同病毒在植物茎尖的分布情况是不同的，如表 8-2 所示。为了提高茎尖培养的成活率和脱毒效果，微茎尖剥离法往往与热处理方法结合使用。如康乃馨茎尖大于 1.0mm 时很难脱除斑驳病毒，而将康乃馨在 40℃下处理 6～8 周后，切取 1.0mm 的茎尖培养，则可将病毒完全脱除。如果在热处理前先建立无菌系，再进行热处理和脱毒操作，这样将更有效地降低培养难度，大幅度提高茎尖的成活率和脱毒效率。

(3) 培养基的制备　正确选择培养基，可显著提高获得完整植株的成功率。在茎尖培养中，通常用的基本培养基是 MS、White、Morel 等，以 MS 作为茎尖培养基时，离子浓度要适当降低，相反以 White、Morel 为茎尖培养基时，应适当提高钾盐和铵盐的浓度。附加成分中，常用的生长素是 NAA 或 IBA，细胞分裂素是 6-BA、KT。应当避免使用 2,4-D，因为它能诱导外植体愈伤组织形成，容易使植物遗传特性改变；GA 对某些茎尖培养有利。一般生长素浓度为 0.1～1.0mg/L，细胞分裂素浓度为 0.5～2.0mg/L。在被子植物中，茎尖分生区不是生长素的来源，生长素可能是由第 2 对幼叶原基产生的，如果培养不带任何叶原基的分生组织外植体，生长素的浓度要适当提高。

表 8-2　不同植物品种茎尖中病毒分布的部位及脱毒效果

植物种类	病毒	去除病毒茎尖大小/mm	品种数
甘薯	斑纹花叶病毒	1.0～2.0	6
	缩叶花叶病毒	1.0～2.0	1
	羽毛状花叶病毒	0.3～1.0	2
马铃薯	马铃薯卷叶病毒、马铃薯Y病毒	1.0～3.0	4
	马铃薯X病毒	0.2～0.5	7
	马铃薯G病毒	0.2～0.3	1
	马铃薯S病毒	0.2以下	5
大丽菊	花叶病毒	0.6～1.0	1
康乃馨	花叶病毒	0.2～0.8	5
百合	各种花叶病毒	0.2～1.0	3
大蒜	花叶病毒	0.3～1.0	1
矮牵牛	烟草花叶病毒	0.1～0.3	6
菊花	花叶病毒	0.2～1.0	3
草莓	各种花叶病毒	0.2～1.0	4
甘蔗	花叶病毒	0.7～0.8	1
春芥	芜菁花叶病毒	0.5	1

培养基的配制方式有两种，即半固体培养基和液体培养基（去除琼脂）。半固体培养基便于接种操作和芽的固定。液体培养也有优点，透气好、易生根，还可以消除琼脂对茎尖生长的不利影响，但这种培养必须要做滤纸桥，将微茎尖接种于桥面上（图 8-4），有些难生根的植物适宜这种方式培养。

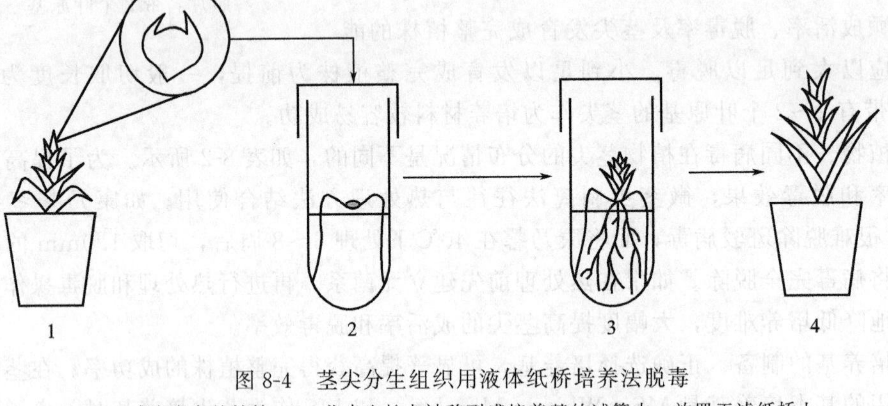

图 8-4　茎尖分生组织用液体纸桥培养法脱毒

1—感染病毒的植株；2—茎尖生长点被移到盛培养基的试管中，放置于滤纸桥上；
3—已生根的小植株；4—移植到土壤中的小苗发育成活力旺盛的无病毒植株

（4）接种和培养　微茎尖剥离后，应迅速接在预先准备好的培养基上，直接用解剖针接种，尽量减少材料的二次感染。接种后置于23～27℃、光照10～16h/d、强度1000～5000lx的条件下培养。

光照对微茎尖的培养来说非常重要，一般随着培养时间的延长，光照强度逐渐增大。黑暗条件下芽容易进入休眠状态。微茎尖的初代培养要经历2～3个月的时间，不同的植物培养时间存在个体差异；同一植物，剥离的茎尖越小，初代培养时间越长。后期的继代培养和茎段继代培养相同。

（5）诱导生根和移栽　诱导生根和无菌芽生根诱导一样，把茎尖培养形成的绿芽接到生根培养基上，易生根植物会在一周左右形成不定根；而另一些植物较难生根，需二次生根诱导后才产生不定根；还有一些植物茎尖离体培养极难生根（如桃、苹果），这类植物的无毒绿芽可通过微体嫁接法获得完整植株。

无病毒小植株移栽方法和试管苗移栽相同，但要注意三点：一是移栽前炼苗；二是基质要用抗病毒药剂消毒，常用药剂有三氮唑核苷、2-硫尿嘧啶、5-二氢尿嘧啶等；三是移栽大棚要有防虫网，防止昆虫传播病毒。

微茎尖脱毒培养的基本程序与常规的组织培养基本相同，脱毒效果受多种因素影响，包括如下几点。

① 外植体大小。微茎尖越小，脱毒效果越好，但培养的成功率越低；相反，茎尖越大，成活率越高，但脱毒效果越差。实践证明：取带 1～2 个叶原基的茎尖，可获得 40%以上的脱毒苗。如果在第一次脱毒成功后，再进行二次茎尖培养脱毒（取的茎尖可以比第一次大），成功率可以达到 100%。

视频：茎尖脱毒培养

② 培养基。培养基是成苗和繁苗的基础，必须通过试验筛选，选择最适合的培养基。

③ 母体植株受病毒的感染程度。受到单一的病毒侵染或感染较轻的植株容易脱毒成功。

④ 培养前或培养期间进行过热处理的母株可提高脱毒成功的概率。

总之，采用茎尖脱毒培养法，尽量将植物种类、剥离茎尖的大小、培养基营养组成及母株的预处理等方面统一起来考虑，这样才会收到理想的脱毒效果。

3. 微体嫁接脱毒法

微体嫁接脱毒法是组织培养与嫁接技术相结合来获得无病毒种苗的一种方法。微体嫁接脱毒是在无菌条件下，将微茎尖嫁接到无菌培养的砧木苗上，愈合发育成完整脱毒植株的技术。微体嫁接方法如下文介绍：

（1）试管砧木的准备　种子一般是不带病毒的，可用种子萌发长成的实生苗作砧木。其方法是将种子去掉种皮后接种于 MS 琼脂培养基中，在 25℃黑暗条件下培养 15d 左右，使其萌发出小植株。

（2）茎尖嫁接　在超净工作台上，将砧木幼苗的上胚轴和子叶去掉，在离上胚轴顶端约 0.5cm 处向下斜切一个深达 2～3mm 的斜切口，在斜切口末端横切一刀，挑去切下部分。在体视显微镜下，从待脱毒样品上取约 0.2mm 茎尖，小心放于切口的水平面上，切面向下并与其维管组织密接，然后转移到培养基中。

（3）嫁接苗培养　嫁接后将其置于光照强度 1000～5000lx、光照时间 16h/d 和温度 27℃的条件下培养。嫁接 1 周后接穗和砧木均产生愈伤组织，2～3 周后完全愈合，5～6 周后接穗发育成具有 4～6 片叶的新梢。

影响微体嫁接成活的因素主要有：

① 接穗的大小。试管嫁接成活率与接穗的大小呈正相关，而无病毒植株的获得与接穗茎尖的大小呈负相关。为了获得无病毒植株，最好用带 2 个叶原基的茎尖作接穗。

② 嫁接时微茎尖和砧木密合度要高。

③ 注意取样的时间。一般来说，春梢的茎尖成活率要显著高于其他季节的枝条。当用离体培养的新梢茎尖作接穗时，嫁接成活率与季节无关。

微体嫁接技术主要用于生根难度大的植物。目前已成为柑橘脱毒良种培育的常规方法，并逐渐应用于多种植物的脱毒。

4. 超低温脱毒法

超低温脱毒法也叫超低温疗法，是在超低温保存技术上延伸出来的一种高效的脱毒技术。中国学者王乔春提出了超低温疗法的概念，并用了大量研究来证明。超低温疗法是指将感染病原体（病毒、植原体、细菌）的材料经液氮超低温（≤－80℃）短暂处理，解冻后，接种到培养基上培养，得到脱除病原体的再生植株。

和传统脱毒技术相比，超低温脱毒具有以下优势：

① 脱毒率不受茎尖大小限制。超低温脱毒技术的脱毒效率与分生组织大小无关，因此避免了剥取过小的分生组织造成褐变或死亡的问题。

② 对植物无毒害。超低温脱毒技术只使用液氮作为处理手段，不添加抗病毒的化学药剂，避免了对植物的毒害问题。

③ 脱毒率高，研究人员比较了超低温疗法和茎尖培养对多种植物病毒的脱毒率，结果证明超低温疗法优于茎尖分离培养法（见表 8-3）。

表 8-3 超低温疗法与茎尖分离培养法的脱毒效果比较

植物种类	病原体种类	脱毒率/%	
		茎尖分离培养	超低温疗法
山药	山药花叶病毒	40	90
树莓	树莓丛状矮化病毒	0	35
朝鲜蓟	朝鲜蓟潜隐病毒	0	100
菊花	菊花 B 病毒	0	21.9～30.8
枣	枣疯病病原	0～7	100
红芽芋	芋花叶病毒	75	100
大蒜	洋葱黄矮病毒	26.1	87.5
	韭菜黄带病毒	34.7	93.8
	大蒜潜伏病毒	13	62.5
柑	柑橘黄龙病病原	25	98
	柑橘裂皮病类病毒	0	88.2～95.2
苹果	苹果茎痘病毒	0	10
	苹果褪绿叶斑病毒	0	100
	苹果茎沟病毒	0～10	80～85

④ 再生植株遗传稳定性高，液氮保存作为一种常规的种质资源保存手段已被证实再生植株是遗传稳定的。

超低温脱毒法的原理是利用超低温（－70～－80℃）对植物细胞进行选择性破坏，在超低温环境下，含病毒的正常细胞因为液泡大，含有大量液体，在超低温保存过程中被细胞内形成的冰晶破坏致死；而顶端分生组织的细胞因为含小液泡而存活，在解除超低温时能保持分裂和生长，成为无毒植株。

超低温脱毒的原理与微茎尖脱毒类似，都是利用没有感染病毒的茎尖细胞得到再生植株，因此也有较好的效果但无需茎尖脱毒的复杂精细操作。但是超低温脱毒法也有其局限性，对于有些存在于茎尖的病毒，例如苹果茎痘病毒（ASPV），其脱毒效果甚微（脱毒10%）。因为在苹果茎的所有区域，包括顶端分生组织和最幼嫩的第1～2片叶原基均能检测到这种病毒，用茎尖分离法完全不能脱毒。

5. 其他脱毒方法

除上述脱毒方法外，还有茎尖培养和热处理结合脱毒法、愈伤组织培养脱毒法、珠心胚培养脱毒法、花药培养脱毒法、抗病毒药剂处理脱毒法（或称化学疗法）等（表8-4）。

表8-4　其他脱毒方法简介

脱毒法名称	原理	说明
茎尖培养和热处理结合脱毒法	见茎尖脱毒法和热处理脱毒法	两种方法同时应用，效果最佳
愈伤组织培养脱毒法	愈伤组织增殖速度比病毒快，还有可能获得抗病毒变异株	变异率高，生产上运用少
珠心胚培养脱毒法	珠心组织与维管束无直接联系，珠心胚可以作为外植体形成无毒苗，遗传性状稳定	多用于多胚性植物，如柑橘、芒果
花药培养脱毒法	花药通过愈伤途径产生不带病毒植株	繁殖速度快，遗传性状不稳定
化学疗法	抗病毒药剂进入病毒植株后，会阻止RNA帽子的形成而达到除去病毒的目的，结合茎尖培养会取得理想效果	常用抗病毒剂有：抗病毒醚、三氮唑核苷、2-硫尿嘧啶、5-二氢尿嘧啶。不能完全杀灭病毒，只能有效控制病毒

二、无病毒植物的鉴定

经过脱毒培养形成的植株，必须经过严格的鉴定，证明株系无病毒存在、农艺性状优良才能在生产上推广应用。

很多病毒具有一个延迟的复苏期，因此在头18个月必须对植株进行若干次检测，采用物理、化学或生物学的方法确定植物是否带毒以及带何种病毒。

脱毒苗检测常用的方法：直接观察鉴定法、指示植物鉴定法（生物学鉴定法）、抗血清鉴定法、免疫电镜吸附鉴定法、酶联免疫吸附鉴定法等。指示植物鉴定法和抗血清鉴定法是目前应用最为广泛的鉴定法。

1. 直接观察鉴定法

直接观察待测植株生长状态是否异常，茎叶上有无特定病毒引起的可见症状，从而可判断病毒是否存在。这种方法简便、直观、准确，但无法鉴定潜隐性病毒。

2. 指示植物鉴定法

指示植物是对某种或某几种病毒及类似病原物及株系具敏感反应，并表现明显症状的植物。用指示植物来检验待测植物病毒是否存在的方法称指示植物鉴定法。这种方法具有灵敏、准确、可靠、操作简便等优点。指示植物包括草本和木本两类。一些常用的指示植物见表8-5。

（1）草本指示植物鉴定

① 病毒汁液感染法。病毒汁液感染法是所有病毒检验方法中最为敏感的一种。检测方法是：取受检植株叶片、花瓣或枝皮，置于等容积的缓冲液（0.1mol/L磷酸钠）中，用研钵和研棒将叶片研碎。在指示植物的叶片上撒上少许600号金刚砂，将受检植物的汁液轻轻涂于其上，适当用力摩擦以使指示植物叶表面细胞受到侵染，但不能过于损伤叶片。大约

5min 后，用蒸馏水轻轻洗去叶片上的残余汁液。把接种过的指示植物放在一间温室或防蚜罩内，保持温度在 20～25℃，定期观察指示植物的症状表现，以确定被检植物是否脱毒（表 8-6）。

表 8-5 一些常用的指示植物及检测的病毒

植物病毒种类	主要指示植物
草莓斑驳病毒(SMoV)	林丛草莓品种 UC-5、EMC
草莓镶脉病毒(SVBV)	林丛草莓品种 UC-5、UC-6
草莓皱缩病毒(SCrV)	林丛草莓品种 UC-4、UC-5、UC-6
草莓轻型黄边病毒(SMYEV)	林丛草莓品种 UC-4、EMC、UC-5、Alp，深红草莓品种 UC-10
苹果茎沟槽病毒(ASGV)	弗吉尼亚小苹果
苹果茎痘病毒(ASPV)	杂种榅桲，苹果品种 Spy227，光辉
苹果褪绿叶斑病毒(ACLSV)	俄国大苹果，大果海棠，杂种榅桲
葡萄扇叶病毒(GFLV)	圣乔治(St.George)，蜜笋
葡萄卷叶病毒(GLRV)	蜜笋，爱彼乐，品丽珠等
铬黄花叶病毒(GCMV)	圣乔治(St.George)，佳丽酿，爱彼乐
黄色花叶病毒(GYMV)	圣乔治(St.George)，蜜笋，佳丽酿
葡萄茎痘病毒(GRSPV)	圣乔治(St.George)，LN-33

表 8-6 几种马铃薯病毒的指示植物及其症状

病毒种类	指示植物	症状
马铃薯 X 病毒(PVX)	千日红、曼陀罗、心叶烟	脉间花叶
马铃薯 S 病毒(PVS)	苋色藜、千日红、昆诺阿藜	叶脉深陷、粗缩
马特薯 Y 病毒(PVY)	野生马铃薯、洋酸菜	轻微花叶，粗缩或坏死
马转薯卷叶病毒(PLRV)	洋酸菜	叶淡黄白色或紫色、红色

② 小叶嫁接法。有些植物的病毒，如草莓黄化病毒和丛枝病毒等，不是通过汁液传染的，而是通过某种蚜虫传播的，这种情况可以通过小叶嫁接，根据指示植物的症状表现，来判断是否脱毒成功（图 8-5）。

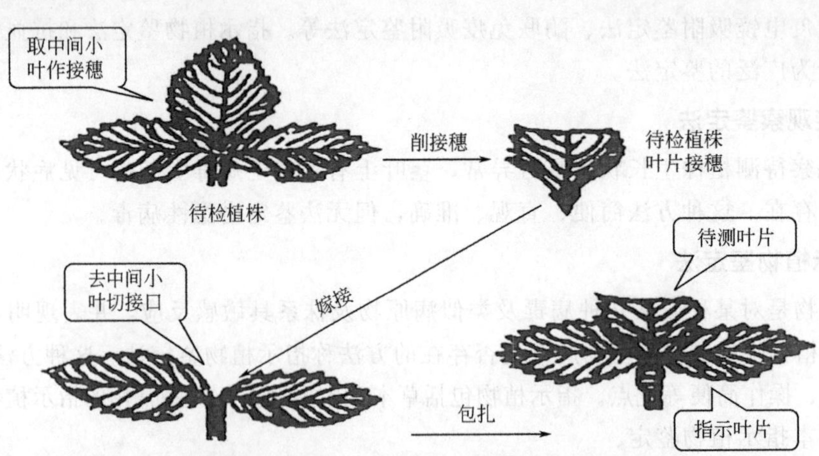

图 8-5 指示植物小叶嫁接法示意图

（2）木本指示植物鉴定 用木本指示植物检测植物病毒通常采用嫁接传染法。常用的嫁接方法有 3 种：双重芽接法、双重切接法和指示植物嫁接法。

① 双重芽接法。将指示植物的芽嫁接到实生苗砧木上，接口离地面10cm，然后将待检芽嫁接在指示植物芽下方2～3cm处。成活后，将高出指示植物接芽口1cm的砧干剪除，除去砧木的芽枝，加强管理，并控制待检芽的生长和促进指示植物芽的生长，第二年可以观察结果（图8-6）。

② 双重切接法。双重切接是将休眠期剪取的待检植物及指示植物接穗，依次接在实生砧木上。指示植物接穗嫁接在待检植物的接穗上部，指示植物带2个芽（图8-7）。

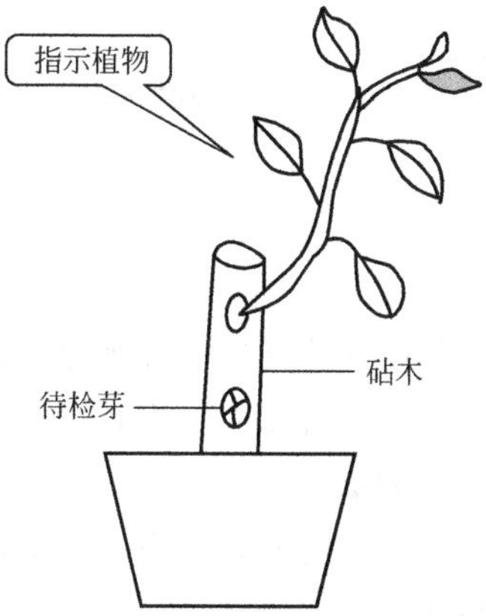

图8-6 病毒检测双重芽接法

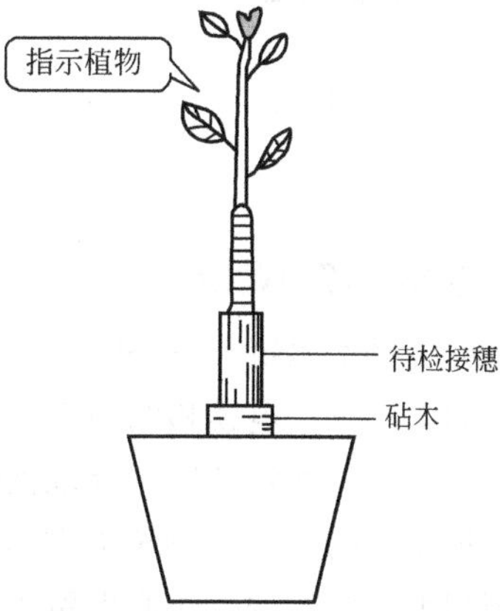

图8-7 病毒检测双重切接法

③ 指示植物嫁接法。指示植物嫁接法是把指示植物嫁接在实生砧木上，成苗后再在指示植物基部嫁接1个待检芽，接芽成活后，指示植物只留2～3个饱满芽，使其重新发出旺盛的枝叶。此方法需要几年之后才能观察结果。指示植物发病情况调查一般从嫁接后第二年5月中旬开始，定期观察指示植物的症状反应，以确定待检树是否带有某种病毒，以防漏检。第一次鉴定未表现症状的待检树，需重复鉴定1～2次。

3. 抗血清鉴定法

（1）基本原理　植物病毒的核酸和蛋白质组成核蛋白，可作为抗原。当用抗原注射动物后，动物体内便产生一种免疫球蛋白，称为抗体。抗体主要存在于血清中，故称含有抗体的血清为抗血清。不同的病毒刺激动物所产生的抗体均有各自的特异性，因此，可以根据未知的抗原与已知的抗体结合形成的抗原-抗体复合物（血清反应）来判断病毒的有无。这种方法称为抗血清鉴定法。血清学鉴定法专一性强、快速简便，一般几小时甚至几分钟就可完成，是植物病毒检测中最为常用和有效的手段之一。

（2）基本过程　抗血清鉴定基本过程包括抗原制备（病叶研磨、过滤、澄清）、纯化抗血清制备（包括病毒接种繁殖、注射至动物体内、抗血清采集、抗血清分离保存）、免疫反应试验（抗血清稀释液＋待测植物汁液）等（图8-8）。操作中注意用磷酸缓冲液提取汁液，避免叶绿体发生凝聚，再用氯仿处理除去叶绿体，pH在6.5～8.5之间，调节好抗原和抗体的比例。

（3）抗血清鉴定法的局限性

① 不是所有病毒都能制成抗血清，一般“黄化型”病毒，或严格由专化性昆虫传播的病毒不能获得“抗血清”。

② 病毒在寄主体内含量太少，病毒质粒会丧失必备的抗原结构。

③ 植物体内具有鞣质物质，鞣质与病毒结合，使病毒丧失了抗原性质。

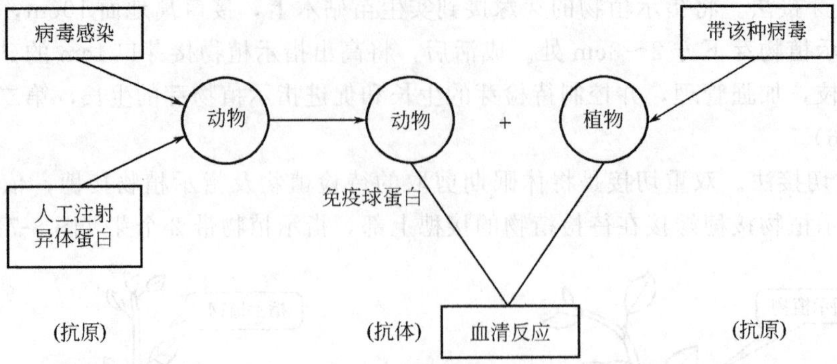

图 8-8　血清鉴定法示意图

4. 免疫电镜吸附鉴定法

免疫电镜吸附鉴定法（ISEM）是抗原与抗体的专化性免疫反应与电镜观察相结合的一种病毒检测方法，是电镜检测与血清学方法的有机结合，具有操作简便、判断结果直观、灵敏度高等特点，能测定植物粗提取液中的病毒。具体操作步骤如下。

（1）抗原吸附　在铜网覆有薄膜的一面滴一滴待检样品粗提液，静置 5min 后，用 20 滴左右蒸馏水轻轻冲洗，小心保留吸附到铜网上的病毒粒子。

（2）免疫修饰　在吸附有病毒粒子的铜网处，滴一滴待检病毒抗体稀释溶液，保持约 30min 使抗体与病毒抗原相结合，然后用约 20 滴蒸馏水轻轻冲洗未结合的抗体。

（3）染色　用 2%醋酸铀（pH 4.2）或 2%磷钨酸钠（pH 7.0）与染色剂染色 1～2min 后，用滤纸吸尽残留液。

（4）镜检　在透射电镜下观察，待检病毒粒子外有一明显的抗体修饰层。

5. 酶联免疫吸附鉴定法

酶联免疫吸附分析技术（ELISA），是把抗原与抗体的特异免疫反应和酶的高效催化作用有机地结合起来的一种病毒检测技术。它通过化学方法将酶与抗体或抗原结合起来形成具有酶标记物的复合物，最后用特殊分光光度计测定，读出待检样品与阴性对照在一定波长下的吸光值（OD），并作出判断。ELISA 具有灵敏度高、特异性强、安全、快速和容易观察结果等优点。

6. 脱毒苗农艺性状的鉴定

通过脱毒处理，尤其是通过热处理和愈伤组织诱导获得的脱毒材料有可能产生遗传变异。为确保脱毒苗的经济性状与原亲本的性状一致，在获得脱毒材料后，必须在隔离的条件下对其农艺性状进行鉴定。鉴定方法是把脱毒苗和原亲本（为对照）种植在同一田间，通过比较、选择，存优去劣，最终获得无病毒原种。

三、无病毒苗的保存和利用

无病毒原种是指经过脱毒处理和农艺鉴定的原始植株（原种）在隔离条件下繁殖出来的用于生产制种的材料。经过脱毒的无病毒植株并不抗病毒病，当病毒侵染时会被重新感染。无病毒原种的获得极不容易，因此必须安全保存。常用的保存方法主要有离体培养保存、隔离种植保存。

1. 无病毒原种的保存

（1）离体培养保存 选择无病毒原种的优良株系，在离体条件下将茎尖或小植株接种到培养基上，置低温（1～9℃）、低光照下保存。低温下材料生长极缓慢，只需半年或一年更换培养基一次，此法又叫最小生长法。

（2）隔离种植保存 隔离种植保存是保存无病毒原种最常用的方法。首先应建立隔离带，再用300目纱网，建立防虫网室。种植前土壤必须进行严格消毒，接触无病毒原种苗的工具也均应消毒并单独保管专用，避免昆虫、线虫以及人为因素传播病毒，确保无毒原种在严格隔离、远离病毒的条件下种植。

2. 无病毒原种扩大繁殖及生产应用

（1）无病毒苗的繁殖 无病毒苗一般可用以下方法进行扩大繁殖，其中，组织培养繁殖是最高效的方法。

① 嫁接繁殖。从通过鉴定的无病毒母本植株上采集穗条，嫁接到实生砧木上。如柑橘、苹果、桃等木本植物多采用这种方法。

② 扦插繁殖。于冬季从无病毒母本株上剪取芽体饱满的成熟休眠枝，经沙藏后于次年春季剪切扦插。绿枝扦插在生长季节（4～6月份）进行，从无病毒母株上剪取半木质化新梢扦插。扦插前注意土壤消毒和防止昆虫传播病毒，扦插后要注意遮阳保湿。

③ 微型块茎（根）繁殖。从无病毒的单茎苗上剪下带叶的叶柄，扦插到育苗箱中的沙土中，保持湿度，1～2月后叶柄下长出微型薯块，即可用作种薯。

④ 组织培养繁殖。这是目前应用最普遍、效率最高的一种方法。

（2）建立脱毒苗繁育生产体系 为确保无病毒苗的质量，推进作物无病毒化栽培的顺利实施，建立科学的脱毒苗繁育生产体系十分重要。2006年，由农业部柑橘及苗木质量监督检测中心和中国农科院柑橘研究所负责起草的《柑橘无病毒苗木繁育规程》作为农业行业推荐标准（NY/T 973—2006）实行。我国农作物脱毒苗繁育生产体系主要模式如下。

国家级（或省级）脱毒中心-无病毒苗繁育基地-无病毒苗栽培示范基地-作物无病毒化生产。脱毒中心负责作物脱毒、鉴定与保存、提供无病毒母株或穗条；脱毒苗繁殖基地负责繁殖用的无病毒种苗；示范基地负责脱毒苗栽培的试验和示范，在基地带动下实现作物无病毒化生产。

我国作物脱毒苗的培育已在多种果树、花卉、蔬菜、粮食与其他经济作物上取得成效。苹果、柑橘、草莓、香蕉、葡萄、枣、马铃薯、甘薯、蒜、百合、兰花、菊花、水仙等一大批脱毒苗在生产上已推广应用，但药用植物组培苗由于生产应用相对落后，药用植物脱毒苗的培养多在研究阶段，生产应用较少。随着脱病毒技术研究的深化及管理的加强和规范，脱毒苗在药用植物种苗生产上的应用和推广将得到迅速发展，在中药种植经济发展中的战略地位将越来越高。

【工作任务】

任务8 药用植物微茎尖脱毒培养技术

一、任务目标

（1）掌握微茎尖脱毒的基本原理。

（2）熟悉微茎尖脱毒的操作方法。

二、任务准备

（1）检查仪器和设备状态　体视显微镜、超净工作台。

（2）准备用具　解剖针、解剖刀、剪刀、镊子、已灭菌的三角瓶、无菌滤纸片、无菌接种盘、无菌载玻片、酒精灯。

（3）准备试剂和培养基　75%酒精、0.1%的 $HgCl_2$ 或 2%的 NaClO 溶液、灭菌的芽诱导培养基等。

（4）准备植物材料　菊花、枸杞、广藿香、大驳骨等，木本药用植物当年生枝条长势较好的茎段。

三、任务实施

1. 材料预处理

取木本药用植物当年生的枝条，在茎顶部以下 3cm 处剪取一小段，去除较大的叶片，用洗洁精水浸泡 20min 左右，其间放到摇床上慢慢摇动，之后用自来水冲洗干净，将材料移入超净工作台备用。

2. 茎尖剥离

将初步消毒的材料放入无菌三角瓶，用 75%的乙醇浸泡 30s，然后用 0.1%的 $HgCl_2$ 溶液灭菌 5min，再用无菌水冲洗 5 遍，放入接种盘中用无菌滤纸吸干过多水分，将茎尖 1.5cm 以下部分切除，将茎尖放置在灭菌载玻片上，转移至超净工作台上的解剖镜下，通过解剖镜观察，剥离茎尖 0.2～0.3mm，不带叶原基，接种到茎尖诱导培养基上（配方可用 MS＋6-BA 1mg/L＋NAA 0.5mg/L）。

3. 茎尖脱毒培养

将切下的微茎尖放置在温度 25℃、光照 16h、光照强度 2000lx 的条件下培养。

4. 脱毒苗的检测

观察脱毒培养的茎尖萌发生长的植株形态情况，必要时采用血清鉴定或酶联免疫吸附检测法检测病毒。

四、任务结果

（1）培养一周后，观察培养的微茎尖的生长情况，记录污染、生长状况；如没有污染，继续培养两周，观察记录愈伤组织生长及芽分化的情况。

（2）将工作任务和结果写成实训报告。

五、考核及评价

掌握无菌操作的基本方法、微茎尖剥离的操作方法和微茎尖脱毒培养方法，参照下表考核点进行评分（总分：100 分）。

微茎尖脱毒培养考核点	分值	评分
微茎尖脱毒培养的原理是什么（口答）	10 分	
微茎尖切割的大小应为多少（口答）	10 分	
外植体材料剪去叶片，保留茎尖以下小于 3cm 的一段	10 分	
剪取的材料用洗涤液清洗后用水清洗干净	10 分	

续表

微茎尖脱毒培养考核点	分值	评分
外植体消毒：用75%的乙醇浸泡30s，然后用0.1%的$HgCl_2$溶液灭菌5min，再用无菌水冲洗5遍，无菌滤纸吸干过多水分	10分	
将茎尖1.5cm以下部分切除，将茎尖放置在灭菌载玻片上	10分	
茎尖剥离：在超净工作台上的解剖镜下剥离茎尖，大小在0.2～0.3mm，不带叶原基	10分	
用解剖针将茎尖接种到茎尖诱导培养基上，盖好瓶盖	10分	
清理超净工作台面，将茎尖拿到培养室培养	10分	
在超净工作台上严格按无菌操作规程操作	10分	
总分	100分	

案例8 怀山药茎尖脱毒技术

怀山药（*Dioscorea opposita* Thunb.）为薯蓣科多年生草本植物，在全国大部分地方均有种植，其肉质根状茎可菜、药兼用，由于其药用价值高、品质好，故其产品畅销到东南亚和日本等地，具有重要的经济价值。在生产中，怀山药由于长期采用营养繁殖，病毒感染严重，产量下降、品质退化；另外，目前怀山药繁种主要用山药的食用部分，繁种速度慢、成本高。因此，开展健康种苗研究，采用生物技术的方法脱除病毒、提高产量、改善品质已成为山药生产中亟待解决的问题。受病毒侵染的山药终身带毒，目前尚无有效药物可以治愈，而对感病山药进行离体脱毒，培养脱毒苗，是从根本上解决山药病毒病的方法之一。

（1）茎尖诱导　取长势较好的茎段，剪取茎顶部3cm芽段，去除较大的叶片，用洗洁精水浸泡20min左右，其间放到摇床上慢慢摇动，之后用自来水冲洗干净，将材料移入超净工作台，放入无菌三角瓶中，用75%的乙醇浸泡30s，然后用0.1%的$HgCl_2$溶液灭菌5min，再用无菌水冲洗5遍，在超净工作台上利用解剖镜剥离茎尖，所剥茎尖约0.1mm，不带叶原基，接种到茎尖诱导培养基MS+6-BA 1mg/L+NAA 0.5mg/L上。在温度25℃、光照16h、光照强度2000lx的条件下培养。

（2）增殖培养　将培养的茎尖接种到增殖培养基MS+6-BA 1mg/L+NAA 0.5mg/L上，添加0.01%聚乙烯吡咯烷酮（PVP），在温度25℃、光照16h、光照强度2000lx的条件下培养。

（3）生根培养　将增殖培养获得的无菌苗转入1/2 MS培养基中，附加0.5mg/L的NAA，在温度25℃、光照16h、光照强度2000lx的条件下培养，待生根后，即可进行驯化移栽。

【项目自测】

一、名词解释

植物脱毒技术、微体嫁接、指示植物

二、简答题

1. 热处理脱毒的原理是什么？常用的处理方法有哪几种？

2. 为什么微茎尖脱毒培养能去除病毒？哪些因素会对脱毒效果有影响？
3. 脱毒苗的鉴定有哪几种基本方法？
4. 指示植物鉴定法有几种？其技术要点和脱毒对象有何区别？
5. 抗血清鉴定的基本过程是怎样的？

项目九 无糖培养及非试管快繁技术

【学习目标】

知识目标

- ◆ 了解无糖培养的概念和意义、应用范围及条件；
- ◆ 掌握无糖培养技术的原理及技术特点；
- ◆ 了解非试管快繁技术的概念和意义。

技能目标

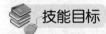

- ◆ 掌握非试管快繁技术的特点，熟悉非试管快繁技术的操作过程。

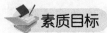

素质目标

- ◆ 培养勇于探索、科学创新的精神。

【必备知识】

植物组培快繁技术比传统农业常规繁殖技术有更多的优越性，现今在农作物、园林花卉的育苗生产上已广泛应用，近年来药用植物组培快繁育苗也越来越多。从理论上计算，组培快繁技术繁殖率非常高，扩繁速度可以比常规方法快数万倍至数百万倍。但如果把实际操作过程中的污染损失、材料变异、生长不良、生根率低、驯化炼苗的死亡率等每一步的损失都计算入内，影响也很大。因此，植物组培快繁实际的产出率远远低于理论值，这是组培快繁成本高的主要原因，也是组培快繁技术商业化应用中的重要限制因素。

无糖培养技术通过改变植物组培快繁中的碳源种类，降低了培养过程中的污染率，并且提高了幼苗质量，缩短了生产周期，成为植物组培快繁领域的一项有生命力的新技术。

一、植物无糖培养技术

1. 无糖培养技术的原理及技术特点

在植物组织培养中，瓶内植株的生长方式有三种：①植物体靠光合作用进行自然生长（自养）；②植物靠培养基中的糖分进行生长（异养）；③植物既靠培养基中的糖又靠人工光照，同时进行异养和自养生长（兼养）。现在常规的植物组培快繁技术大多数是以第三种方式进行，在异养和兼养的情况下，瓶内植株主要以培养基中的糖类作为碳源，极易引起微生物的污染。为了减少微生物的污染，必须使用封闭的、较小的培养容器。在小培养容器中，环境控制系统的开发是困难的；由于培养基中的糖存在，导致叶片表面结构发育差、气孔开闭功能不强，叶片小、叶绿素含量低，最终抑制和降低了瓶内植株的光合作用能力；与植株自然生长差异悬殊的容器内环境，还易导致植株生理上的紊乱，难以适应的种类会生长发育延缓或死亡；有的种类会出现植株生长细弱、叶片舒展度差、生根不良，导致驯化炼苗阶段植株死亡率较高。为了解决这些问题，必须使用植物生长调节剂，但植物生长调节剂的使用往往会造成变异和畸形。

现代的研究已经证明，培养容器中的小植株都有相对强的光合作用能力，在光独立培养基无糖条件下，可比在异养和兼养条件下生长得快。原有的技术成本高的原因之一，是培养基中糖的存在，糖的成本占培养基成本的12%～15%（按每升培养基加30g糖计）。同时由于常规植物组培快繁培养基中糖的存在，易引起生产过程中的高污染。在此论点下，日本千叶大学教授、日本设施园艺与环境控制专家古在丰树提出了植物无糖快繁技术的概念，并通过技术实施，证明了无糖组培快繁技术是一项有生命力的技术。

植物无糖组培快繁技术，又称为光自养微繁殖技术，是指在植物组织培养中改变碳源的种类，以CO_2代替糖作为植物体的碳源，通过输入可控制量的CO_2气体，并控制影响试管苗发育的环境因子，提供适宜植株生长的温度、湿度、光照、气体、营养等条件，促进植株光合作用，使试管苗由兼养型转变为自养型，进而生产优质种苗的一种新的植物微繁殖技术。植物无糖组培快繁技术与常规的植物组培快繁技术不同之处在于碳源的供给方式不同，从而引起植株生理、形态、生长、发育方面的诸多不同。在无糖组培快繁中，培养基中不再含有糖，从而降低了污染率；组培苗由原来的玻璃瓶内培养改为箱式大容器培养，生物量较有糖培养显著增加。

植物无糖培养技术的原理是：利用CO_2作为植物生长的碳源，启动植物的光自养活动系统，促进植物的光合作用，进行自养生长。无糖组织培养技术是建立在对培养容器内环境控制的基础上，根据容器中植株生长所需的最佳环境条件（如光照强度、CO_2浓度、环境温度、湿度、培养基质等）来对植物生长的微环境进行控制，最大限度地提高小植株的光合速率，促进植株的生长。

植物无糖组培快繁技术与原有技术相比，其技术特点主要有：

（1）以CO_2作为碳源　在一般的有糖培养微繁殖中，小植物是以糖（包括蔗糖、果糖等）作为主要碳源进行异养或兼养生长；而无糖培养微繁殖是以CO_2作为小植株的唯一碳源，通过自然或强制性换气系统供给小植株生长所需的CO_2，促进植物的光合作用进行自养生长。同时，由于培养基中不含糖，大幅度地减少了植物组培快繁生产过程中的微生物污染。

（2）环境控制促进植物光合效率　在传统的植物组织培养中，很少对小植株的生长环境进行研究，而是在培养基的配方、激素的用量及有机物质的添加方面进行研究；而无糖组培快繁技术通过人工控制，可动态调控优化植物生长环境，为小植物的生长提供最佳的环境条件，包括光照强度、CO_2浓度、温度、湿度等，促进小植株的光合效率，从而促进了植株的生长。

（3）使用多功能大型培养容器　在传统的植物组织培养中，由于培养基中含有糖，为了降低微生物污染，通常都使用小容器进行培养。在这样的培养中，容器中的植株生长在高的相对湿度、低的光照强度、稀薄的CO_2浓度条件下，培养基中高浓度的糖和盐，植物生长调节剂、有毒物质的积累，微生物的缺乏等条件常常降低植株的蒸发率、光合作用能力、水和营养的吸收等，而小植株的暗呼吸却很高，结果导致小植株的生长细弱、瘦小。

而无糖组培快繁技术中由于不使用糖及各类有机物质，极大地避免了污染的发生，所使用的培养容器的选择性也提高了，可以用试管，也可以用大型的培养容器。无糖培养的培养容器在设计时要考虑透光性、空气湿度、气体的流动、容器的散热等因素。昆明市环境科学研究所设计开发了一种大型的培养容器，用有机玻璃制作，尺寸根据日光灯管的长度和培养架的高度确定，体积130L，培养面积5610cm^2，可放在培养架上多层立体式培养。这种培养容器透光率好，能有效地利用光源和培养室面积，降低能耗和运行成本，并且便于气体交换，容器内气体分布均匀，利于植株对CO_2的吸收，促进植株生长发育。

（4）使用多孔无机材料作为基质　在传统的植物组织培养中，培养基质多使用琼脂；而无糖培养多采用多孔的无机物质，如珍珠岩、蛭石、纤维等作为培养基质，可以提高小植株的生根率和生根质量，从而提高成活率。同时，在这样的基质中培育的植株减少了移栽的操作环节，降低了成本。

（5）采用闭锁型培养室　传统的植物组培快繁培养室是半开放型的，有门窗，目的是使自然光能透过门窗进入培养室加以利用。但带来阳光的同时，也带来了热量和微生物，增大了污染概率和空调耗电量。并且受季节、天气变化的影响，从门窗进来的光是不稳定、不均匀的。

无糖培养采用的培养室是闭锁型的，窗口全封闭，门也尽可能密封，墙内加入保温材料，墙面光滑，防潮反光性好；便于清洁灭菌，进行全方位的人工控制，不受天气和季节的影响，并且有效地防止了微生物的进入，能周年进行稳定的生产。

2. 无糖培养技术的设施设备

（1）智能化人工气候室　智能人工气候室也称为人工智能气候室，简称人工气候室。它采用智能微电脑控制室内的环境条件，如温度、湿度、光照强度及光照时间等。小规模的无糖培养试验可以在人工气候室进行。人工气候室一般由仪器温度系统、湿度系统、室内空气循环系统和植物培养系统几个部分构成。

① 仪器温度系统。温度系统由加热器、压缩机组、冷风机、风道、温度传感器和控制系统等组成。压缩机组一般用支架安装在培养室外，并有机罩罩住，功能是将空气压缩；冷风机输送冷风，进口处与风道相连接，加热器安装在风道内，如图9-1所示。温度传感器内置高精度热敏电阻，能对环境温度变化做出精确反应。

② 仪器湿度系统。湿度系统由加湿器、除湿器、湿度传感器和控制系统等组成。加湿器具有自动加水、自动软化水及产生水汽的功能，其输气管通至冷风机出口处，然后均匀地吹向全室。湿度变送器内置高精度湿度传感器。除湿机可由温度系统中的压缩机组-冷风机-加热器兼任。培养室内的循环风通过冷风机时可将空气中的湿气除去，且降低了温度，经加热器加热，空气温度得以回升。控制得当，可在除湿的同时保持温度恒定。

③ 仪器室内空气循环系统。室内空气循环系统由风道和冷风机组成。风道安装在冷风机下方，由于冷风机进风口与风道相连，而风道上部为全密封，只在其底部的两侧开有进风口，它与冷风机的出风口有一定距离并呈90°夹角，故风机的出风不会直接回流，而是向前直吹，然后通过各处均匀地返回风道的进风口。因此生长室内各处的空气流动较为均匀，从而使生长室内的温度、湿度和风速都很均匀。

④ 植物培养系统。培养系统由数只培养架组成，培养架尺寸一般为：（长×宽×高）1200mm×600mm×1800mm，分4～5层，每层装有一定数量的日光灯管，灯下方30cm处的光照度一般在2000～3000lx。为适宜植物生长的需要，可以安装不同波长的植物生长灯。

（2）无糖培养室　无糖培养室的设计原则是既能节约能源，又能使环境控制的效果更

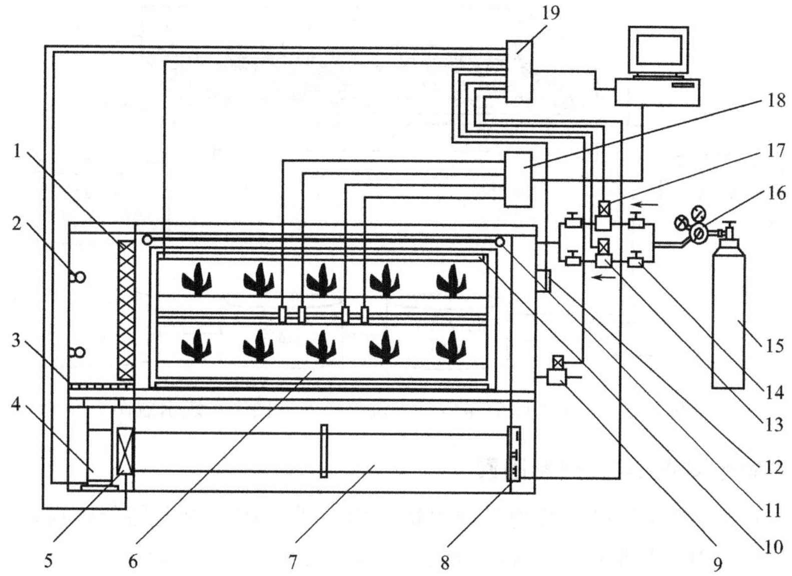

图 9-1　植物无糖组培仪器温度系统结构示意图

1—高效空气过滤器；2—紫外灯；3—中效空气过滤器；4—风机；5—加热器；6—栽培槽；7—通风管道；8—制冷器；9—营养液电磁阀；10—荧光灯；11—CO_2 施放器；12—排风口；13—粗控 CO_2 电磁阀；14—CO_2 截流阀；15—CO_2 气瓶；16—CO_2 调压阀；17—精控 CO_2 电磁阀；18—A/D 数据采集板；19—开关量输出板

好。常规的组培技术往往忽视对光利用率的研究。通常使用的培养室非常明亮，很多光不是照射到植株上，而是照射到培养室的墙壁和小植株的根部，一部分光源被白白浪费，增加了用电成本。无糖培养室内一般采用透光率好的材料制造的大型培养容器，并且可以多层叠加放置；培养室内一般采用反光设施，如反光铁片等，可最大限度地把光能集中到小植株上，显著提高光能利用率。据测定，2 支日光灯，不设置反光设施，光照强度为 2200lx，增加反光设施后为 3400lx；4 支日光灯，不设置反光设施，光照强度为 4300lx，增加反光设施后为 6500lx，提高了 50%的光能利用率。

CO_2 的供给和浓度调控是植物无糖培养的关键技术之一。在植物组织培养中，如果用 CO_2 作为植物生长的碳源，仅靠培养容器内的 CO_2 浓度远远不能满足植物生长的需求。如果在补光期内提高容器中的 CO_2 浓度，将极大地增加纯光合速率，促进植物的生长发育。但人为地输入 CO_2 会引起培养容器内各种气体浓度和湿度改变以及气体扩散等一系列变化，从而影响到植株的生长发育。因此，如何满足植株最适需求的高浓度 CO_2 供给，是这一技术的关键。一般而言，输入的方式有两种：自然换气和强制性换气。自然换气是培养室的空气通过培养容器的微小缝隙或透气孔进行培养容器内外的气体交换；强制性换气是利用机械力的作用进行培养容器内外气体的交换，在强制性换气条件下生长的植株，一般都比自然换气条件下生长得好。

一般的强制性管道供气系统由 CO_2 浓度的控制装置、混合配气装置、消毒装置、干燥装置、强制性供气装置、供气管道等构成。其运行结果可用于工厂化生产，CO_2 浓度、混合气体的构成、气体的流速、气体的灭菌都容易控制。但通入 CO_2 混合气体的次数、流速及浓度等，要根据培养的植物种类及其生长状况、培养周期反复试验后确定。这套系统的示意图如图 9-2 所示。

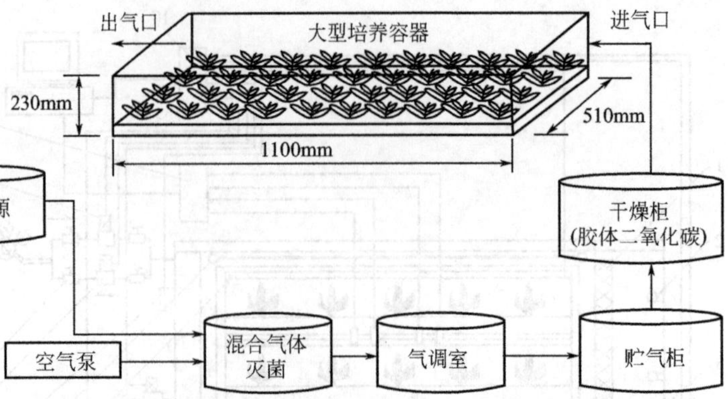

图 9-2 箱式无糖培养容器和强制性管道供气系统示意图

3. 无糖培养技术的优势和限制因素

(1) 无糖培养技术的优势　植物无糖组培快繁技术适用于绝大部分植物，只要植物具备光合能力，即有一定的叶面积、含有一定的叶绿素时就能进行无糖培养。在无糖培养中，由于小植株不需要进行异养到自养的生理转化，加上无糖培养使得小植株的品质提高，移栽过渡阶段变得简单，甚至有的植物可以不经过这一阶段而可直接移栽到大田。无糖培养技术已在 60 多种植物上取得了成功，包括石斛、薯蓣、丹参、半夏等药用植物，多种植物的无糖培养试验表明，无糖组培苗的移栽成活率可以提高 10%以上，生产成本降低 35%以上。与传统植物组培相比，其技术优势主要体现在：

① 通过人工控制系统，动态优化生长环境。无糖组培快繁是植物组织培养技术与微环境控制技术的有机结合，采用人工控制系统，可动态调控优化植物生长环境，为小植物的生长提供最佳的环境条件，包括光照强度、CO_2 浓度、温度、湿度等，促进小植株的光合效率，从而促进了植株的生长发育和快速繁殖。

② 继代与生根合二为一，缩短周期。植物无糖培养过程中，由于采用了大容量的培养容器，容器内的气体分布均匀，并且采用的是无机材料作为培养基质，小植株处于最佳环境条件下，其生长条件与大田栽培的自养型植株相似，植物生长的过程与生根过程同步，减少了传统组培继代培养和生根培养分步进行的环节，缩短了生产周期。

③ 大幅度减少污染。植物无糖培养由于培养基中没有糖，使得微生物缺乏生长和繁殖的最佳营养条件，因此，污染概率大大降低。在无糖培养中，可以允许一些有益微生物的存在，只要不是病原微生物，不会影响培养容器内的植物生长。

④ 幼苗质量提高。无糖培养采用微环境控制技术，在培养过程中可以不用或者少用植物生长调节剂，因此，对植物的正常生理没有影响，植株形态发育正常，避免了玻璃化苗等畸形苗的出现；并且由于培养容器内的环境条件一致，小植株的生理生长状态也一致，幼苗发育整齐，质量明显提高。

⑤ 培养不受容器限制。无糖培养所使用的容器不受大小的限制，可以用试管、玻璃瓶，也可以用大型的培养容器，如培养箱等，提高了光源利用率和空间利用率。

⑥ 节省投资，降低生产成本。与传统的微繁殖技术相比，无糖培养种苗生产综合成本平均降低 30%，并且生产工艺简单化，流程缩短，技术和设备的集成度提高，降低了操作技术难度和劳动作业强度，更易于在规模化生产上推广应用。

(2) 无糖培养技术的限制因素　无糖培养技术与传统组织培养技术相比有诸多优越性，

但其推广应用还受到一定因素的限制。

① 需要相对复杂微环境（容器内环境）控制的知识和技术。无糖培养的技术关键是微环境控制技术。对容器内的小植株的生理特性的了解程度，对容器内环境、容器外环境、容器的物理特性和结构特性之间的关系的掌握度，都是能否成功应用无糖培养系统，能否使用最少的能源和原料生产高品质植株的重要前提。无糖培养控制系统的复杂性会导致设施设计的失败，必须在充分认识和理解无糖培养的原理之后，才有可能取得成功。

② 培养的植物材料受到一定限制。理论上说，无糖培养适用于大多数植物，但与一般的微繁殖相比，无糖培养需要较高质量的茎和芽，小植株需要一定的叶面积，带绿色子叶的体细胞胚也可以进行光自养生长。总的来说，外植体的质量越好，培养的效果越佳。

二、植物非试管快繁技术

植物非试管快繁技术（TERNPC），也叫植物非试管克隆技术，是将计算机控制技术与生物技术有机结合的一种全新的育苗技术。它是植物的离体材料在计算机模拟环境条件下，实现全息性、全能性表达快速成苗的技术，是依赖于计算机技术实现种苗周年生产、工厂化培育的一项技术，也是当前育苗效率较高、成本较低、实用性较强的农业生产新技术。

1. 非试管快繁技术的原理

（1）非试管快繁技术的环境因子及微域控制　植物细胞具有全能性，即在理想的环境条件下，任何一个植物细胞都有发育成一个整体的可能性。适合的环境是生物生存与发展的基础。如植物的光合作用，需要适宜的温度、湿度、光照、水分等环境，离开了这些环境因子，生存与生长就不可能成立。

植物种苗繁育的过程就是种子的胚或者无性的离体材料，在人工或自然环境下实现自身发育而成为完整个体的过程。育苗技术的效果与成活率基本上受限于环境条件与气候因子，而这种发育所需的环境条件与营养激素条件完全可以被精确化、科学化地人为调节控制，这样就使胚或离体材料的发育速度大大加快，生理潜能大大激发。植物非试管快繁技术就是通过控制技术优化（环境）来实现种苗繁育的。

环境的微域控制是植物快繁系统调控各项环境因子的理论基础。由于快繁是在露天或简易的大棚内进行，外界的温湿度随时进行变化，要控制在适宜的范围内好像是不可能的，即使可能也要消耗大量的能源。

非试管快繁运用的是微域环境（即叶片周围）最优化控制技术，也就是说将植物离体材料的微小环境控制在最适范围即可，无需控制苗床或大棚的整个空间的温湿度环境，因外界的温湿度不管如何变化，真正对植物离体材料发育有影响的只是叶片表面的温度及离叶片表面 0.5cm 内的空气湿度。据实验研究表明，微域环境的温湿度与苗床空间或空气的温湿度相差很大，在高温季节，当 0.5cm 内的空气湿度达 90%以上时，距离叶片表面 1.6cm 的空气湿度只有 40%，而要使 0.5cm 内的空气湿度保持在 90%以上就极易实现，只需稍一弥雾就可达到，无需消耗大量的电与水。

微喷降温的道理也相似，在夏季气温高达 35℃以上，采用微域环境控制技术，开启降温不久即可使叶片表面的温度降低至 32℃以下，基本上接近弥雾用水的温度，所以在夏季以地下水为好，降温更快，降温的幅度可达 7～10℃。

（2）环境参数的监测及调控　非试管快繁的环境参数可以通过模拟叶片来获得。模拟叶片是模拟植物的气孔结构及在离体情况下对水分代谢、光合作用、温度条件等的要求，采用高度密集电路、特殊材料及传感技术开发而成的人造叶片，它能感知植物叶片微域环境的各项因子：温度、水分蒸发系数、叶片的水膜分布、基质水分、空气湿度、基质湿度、矿质营养的离子浓度、环境光照等环境参数。主机通过模拟叶片反馈的感应参数并结合快繁系统进行参数运算，再发出指令自动控制执行机构进行外围设备的启停，以调控外部环境。

① 温度调控。温度影响植物离体材料的细胞分裂、光合、呼吸、蒸腾和其他生理活动，从而影响着离体材料的再生进程。不同的植物离体材料，生根的适宜温度不同，在最适温度范围内，离体材料易生根，而超过离体材料所能忍受的最低点或最高点的临界温度，不仅不能发根，反而易死亡。

非试管快繁技术在智能控制条件下，用微喷降温方法来调控温度与湿度，非常有效。当气温上升时，微喷装置便随着温度的升高而自动增加喷雾次数，温度越高喷雾次数越多，一般能降低 4～8℃；当气温降低时，喷雾装置会自动随着温度的变化减少喷雾次数。采用微喷降温方法，一般使苗床基质温度能保持在 25℃左右，这正是植物离体材料生根最为理想的温度。如果气温低到不利于生根时，可采取保温措施增设保温设备，如塑料大棚等，或是增设加温装置，以便增高温度和保持湿度，为离体材料生根创造适宜条件。有了温度控制系统就能实现低温或高温季节的育苗，也就是可进行周年生产。

② 光照调控。光是植物光合作用的能源，没有阳光，光合作用就不能进行，不定根的形成和发育就会受到严重影响。一般来说，光照充足，光合作用旺盛，形成碳水化合物多，离体材料体内的物质积累就多。根系的产生和发育就健壮，所以光照又是离体材料生根的物质来源。

带叶快繁，光合产物对于根的孕育和根的生长是至关重要的，必须有足够的光照强度和时间，以便于碳水化合物在呼吸消耗之余有所积累，将会有更多的营养物质供应离体材料生根，提高生根率，并使苗木生长健壮。这是带叶离体材料在全日照条件下有利于生根的原因之一。但是，长时间的强光照射，易使植株因蒸腾失水而枯萎，采用智能弥雾方法可维持其水分代谢的平衡，保持离体材料的生命力，以便达到促进生根的目的。充足的光照，能使叶子进行光合作用，不仅能合成碳水化合物供给养分，更重要的是能合成生长素和生根的生物素、维生素等辅助物质，并及时转移到离体材料基部刺激生根，大大缩短生根时间，提高生根率。

模拟叶片的光敏元件能自动感应外界的光线强度。当系统检测到外界光线不足时，即启动补光灯进行光线补偿。并且系统可以记录每天的光照时间，通过与计算机系统设置的日照时间比较后进行调节。

③ 水分调控。在炎热的夏季进行露地快繁育苗时，为了消除强日照和高温带来的伤害，必须采用过量的喷雾来缓解。采用智能喷雾技术，能使离体材料在生根前总处于高湿度环境，而且都是新鲜而洁净的水，可将离体材料枝叶和沙床基质冲洗得干干净净，同时高湿度为离体材料叶面吸收提供了充足的水分，使叶水势和膨压势处于正常的生理状态，使离体材料内的细胞分裂、气孔运动、酶促反应以及光合作用等生命活动能够正常运行。另外，高湿度能使离体材料吸收的水与蒸腾达到平衡，不会因失水而引起枯萎。所以在采条后，要尽快对枝条加工，制成离体材料，并及时进行药物处理和快繁，使离体材料在智能喷雾条件下，快速恢复正常的生理活动。

植物离体材料离开母体后，水分蒸发继续进行，而在根系还没形成前，极易失水干枯，水分代谢失去平衡，从而大大影响光合作用，所以空气湿度的控制就显得极为重要。试验表明，当基质的湿度过低时，离体材料的愈伤组织容易老化，细胞坏死；当基质湿度过高时，愈伤组织容易腐烂。通过模拟叶片感应空气的相对湿度，可以为快繁创造一个适宜的湿度环境。当模拟叶片把当前基质湿度传感信号给系统主机后，系统在结合当前的环境参数后即进行智能调控，对叶片的微域环境湿度进行精确的智能控制。

④ 矿质营养调控。植物的生长、发育等生理过程离不开营养物质，营养物质的及时补充是植物正常健壮生长的保障。由于通常配制营养液用的水溶性无机盐是强电解质，其水溶液具有导电作用，导电能力的强弱可用电导率（也就是EC值）表示。在一定浓度范围内，溶液的含盐量即浓度与电导率呈密切的正比关系，含盐量愈高，溶液的电导率愈大。因此营养液的电导率能反映溶液中盐分含量的高低，模拟叶片测出基质中值浓度偏低时，系统将开启营养液电磁阀，适时进行营养液的补充。

总之，植物非试管快繁技术是通过计算机对环境的精确模拟，为植物离体材料的发育创造了最佳的温、光、气、营养、激素环境，从而使植物细胞的全能性尽快地表达，实现种苗的快速成苗与几何倍数增长。

2. 植物非试管快繁设备、设施

（1）植物生长智能控制器　植物生长控制器是结合各类植物快繁的实际需求，并与计算机环境控制技术和农业系统软件有机相结合而开发的计算机控制系统。

通过计算机人工再现植物生长环境因子，采用“智能植物”代替传统传感器，自动感应各种环境因子，结合快繁系统对植物离体材料的细胞活化期、愈伤组织形成期、生根炼苗期的环境进行智能调节控制。为植物离体材料提供适宜的温、光、气、热、养分等环境因子，促进根系形成并快速成苗。它是植物快繁外在环境调控的保证，是植物非试管快繁技术体系的重要组成部分。

一般对以上环境因子进行智能调控后，已能满足绝大部分植物的生长环境。对于特殊的环境，比如微材料的快繁或气雾繁等环境，对根际环境有非常严格的要求，应增加有机质等的调控。系统可扩展，但需增加相应的传感器。

（2）模拟叶片　模拟叶片是各种传感器的集成。用于植物水生诱导过程中的传感器包括温度、湿度、光照、营养、溶氧传感器等，是环境因子变化的感应器官，是各项参量的采集系统，它在计算机控制中具有重要的地位，它的准确性将影响系统运行的稳定性与环境模拟的效果。

模拟叶片控制的空间与对象更为直接与有效，这种控制也叫微环境控制技术。如微喷降温时，只需检测到最贴近植物叶片表面的部位温度下降就可以了，不需对植物生长无关的整个大棚降温，这样既快速又节能。所以，按照传感器检测对象与摆放部位及控制对象的不同，把植物水生诱导相关的传感器进行集成与分类。模拟叶片其实就是多种传感器的集成，它把与植物离体材料或无根植物生根过程所相关的各种环境传感器都进行了合理的集成，具有灵活布点、采集使用方便的特点。

为了便于操作布点，把传感器制成类似于插穗的带叶枝段，可以随时插入基质中，移动取点固定极为方便，只需将传感器移插至贴近植物的基质中即可。感应点的设计也极为科学，在镀有白金的叶片表面上有密集的毛发丝状叶脉似分布的电路，它能感应叶片表面各处水分的分布情况及叶片表面水膜的厚与薄，主要用于快繁时不同植物叶片蒸发系数的调整。

模拟叶片茎段的顶端部位是空气温度传感器，能实时感应苗床微环境空气温度的变化；

而插入基质中的模拟叶片茎段类似于植物的根系，上面布有基质湿度传感器、基质营养液的EC值传感器、基质温度传感器。

模拟叶片上的各类传感器信号经电路集成后全部通过屏蔽信号线接入计算机相应接口，以实现外界环境信号的采集转换与运算，为计算机输入了外界最为准确的变化参量，从而创造出相对稳定的优化环境。

(3) 计算机硬件系统　通过计算机硬件系统对生产过程中各项环境因子进行自动检测、信息处理和实时控制；对系统运行的重要参数进行直观的显示和其他处理；操作人员可随时对生产过程进行干预，实现生产过程的在线操作。

3. 非试管快繁技术的操作方法

植物非试管快繁系统主要用于植物的苗木快繁及试管快繁苗的炼苗。非试管快繁系统对外界环境的要求较低。可以在全露天全光照的环境下进行，也可以在一般简易塑料大棚的基础上进行改建。

(1) 植物非试管快繁室外苗床类型和制作方法

① 全基质苗床。全基质苗床又称无土苗床，底层用水泥制作或用塑料薄膜与土壤隔开，然后先铺厚度10～15cm的碎石，再铺一层10～15cm后的粗沙（或珍珠岩与粗沙各半，或珍珠岩、粗沙、草泥炭各1/3）。为便于操作，苗床宽度一般为100～130cm，长度根据具体地块而定。

视频：非试管快繁技术

这种方法的优点是：a. 由于与土壤隔离，土壤中的微生物不会侵染、危害植物插穗；b. 透水、透气很好，不会因水分过多而影响植物呼吸；c. 因为以无机物为主，微生物不易繁衍，易消毒彻底；d. 苗床可以反复利用，每年能在同一苗床上育苗5～8批。

② 免移栽薄基质苗床。直接在土壤上面铺厚4cm左右的粗沙，插穗插入粗沙之中，在粗沙透气的环境中生根后，向下面的土层中深扎。

这种方法的优点是：a. 节省材料；b. 插穗生根后可以不用急着移栽，直至休眠期安全地移栽出圃。缺点：由于与土壤接触，微生物较多，要注意经常消毒。

③ 容器式育苗床。采用穴盘或育苗杯，在其中放入基质（一般珍珠岩、蛭石、泥炭各1/3），插穗直接插入基质，待生根后进行无土栽培，成苗后连容器销售。

这种方法的优点是：a. 基质一次性使用，不会有病菌积累；b. 容器育苗是国际标准化栽培的趋势；c. 容器苗打破了苗木销售、移栽的季节，方便远距离运输。

(2) 育苗材料及其准备　非试管快繁一般取植物1～4cm长的茎段，带一个腋芽和一个叶片。取材原则：对大多数植物，尽量选择1～2年生的幼树作取材母本，幼龄母树上的幼嫩枝条皮层分生组织的生命活力最强，容易被诱导出根系，扦插成活率高；无法找到幼树的情况下，要对老树进行幼化处理，对于某些难以生根的植物，需要提前对母树进行黄化、刻伤等处理。材料圃离苗床的距离不宜太远，越是新鲜的育苗材料越容易生根。

① 黄化处理。黄化处理就是用黑布、黑纸等将枝梢的基部裹罩，遮住光线一定时间后剪下扦插。枝条经黄化处理后叶绿素消失、组织黄化、皮层增厚、薄壁细胞增多，有利于根原体的分化和生根。具体做法：在发芽时期将一年生的枝条先端芽剪去，留基部2～3个芽，用大一些的黑色纸袋套住枝条基部，让芽在纸袋内生长，长度达到15cm左右时，可取下纸袋，随即用黑胶布裹缠每个新梢的基部（宽5cm），其余部分裸露，待枝叶变绿后剪下新梢作快繁材料。

② 环剥处理。环剥就是将茎皮部做环状横切，环剥处理能使枝条上部输送来的糖类和其他物质储存在环剥口的上部，使生根所需要的有效物质更充足。方法：在新枝条的基部环状剥皮 0.5～1.5cm，待 15～20d 后剪下扦插。

③ 缚缢处理。用不易腐蚀的铜丝或镀锌铅丝在枝条下部紧缚，勒紧树皮，经过 20d 左右，剪下枝条扦插。

④ 促进枝条萌发。为增加采穗数量，可采取的方法有：a. 培育幼龄枝条。对母树采用强剪截干、重剪回缩等方法，抑制向高处生长，促使更多的幼龄花枝条生长。b. 打顶、培育萌蘖枝条。打顶促进侧枝的产生，对于某些阔叶木本植物，每年将母树重剪平茬，保留基部隐芽，让其从基部长处许多萌蘖条。c. 去掉花芽。对开花的品种应事先将枝条上的潜伏花芽及时去掉。d. 以苗繁苗。从原始亲本上采集的插穗，一般生根能力不够强，需用植物生长调节剂进行综合处理，同时还需要良好的插床和管理条件。采用扦插苗为母树，将其枝条作为插穗再插，经多次、反复扦插，枝条生根会越来越容易。

⑤ 建立幼龄采穗圃。尽量从已经培育出的无性世代的后代上取材。如非试管快繁技术培育的材料，许多品种开始很难繁殖，但随着无性世代的延续，成功率越来越高。如果没有，则应用 1～2 年生的实生苗建立采穗圃。

剪取的材料要注意保湿，尽量放置在封闭的塑料袋或桶中，并避免强光照射。如果需要远距离运输，要有降温和保湿措施，防止材料发热或风干失水。取材的时间尽量在早上，此时叶片水分充足，并且早上光照弱，空气湿度大，叶片不容易失水。

（3）育苗材料的处理

① 杀菌。对育苗材料（插穗）需要做表面杀菌，一般用 700～800 倍的多菌灵浸泡处理；或用 0.1%～0.3%的高锰酸钾浸泡。有其他特殊病害的插穗要使用相应的有效药剂。如霜霉病的可以喷洒三乙膦酸铝等。不同种类的植物往往有自己易感染的病害，一定要重视。常用的方法：在 20kg 水中溶解 1g 灭菌灭藻剂 JH-1（5-氯-2-甲基-4-异噻唑啉-3-酮和 2-甲基-4-异噻唑啉-3-酮的混合物）和 25g 多菌灵（应逐级稀释）。将准备好的插穗倒入上述溶液中，浸泡 30～60min（一般常绿植物 60min，落叶植物 30min）。

② 难生根材料的处理。对于难以生根的植物，可以在药剂浸泡前进行刻伤处理，以提高生根率。具体做法是：用锋利的刀尖在插穗基部刻划几条深达木质部的纵伤口。有些植物组织内部含有鞣质、树胶、松节油、树脂、香脂、氧化酶等物质，也可能导致生根困难，可以对材料进行特殊处理，清除生根阻碍物质。例如：樟树、冬青、卫矛、大戟用清水浸泡即可，也可以在多菌灵消毒时延长浸泡时间至 2h 以上。

③ 扦插。将插穗插入沙床。根据处理叶片的大小，一般每平方米可插入 1000～1500 株插穗，以叶片不互相重叠为宜。插入只是起到固定作用，不必插入太深，许多植物即使不插入也能生根。

（4）育苗材料的培育管理

① 水分管理。水分管理是快繁技术的核心。通过育苗仪间隔喷雾的控制功能，使材料叶片保持水分的平衡，不至于干枯萎蔫。喷雾的最终目的不是提高苗床基质的湿度，而是提高叶面的湿度。叶片能保持湿度，苗床基质就不会干燥。

初次育苗，间隔时间的长短最好通过多观察而获得相关知识和经验。未生根材料的喷雾标准是：当上一次喷雾后叶片水分逐步挥发，到 2/3 叶片刚干，1/3 叶片仍然有水分的时候，开始下一次的喷雾。材料生根后，喷雾间隔的时间相对逐步延长。以此标准来设置育苗仪的间隔时间。严格地说，每种植物叶片结构不同，水分挥发的速度也不同，因此，开始育苗时多观察是十分必要的。每次喷雾的时间与喷头种类有关，标准是把叶片正好均匀喷湿。一般的喷头只需要喷 5～10min 即可。

② 消毒杀菌管理

a. 苗床基质消毒。在没有植物的基质上消毒，可以使用高浓度消毒剂，如 1%高锰酸钾等常规消毒剂。每批苗出圃后都要进行一次比较细致的消毒，尽可能减少上一批育苗时残留的有害微生物。

b. 杀菌剂的使用。育苗过程中，每隔 5d 喷一次多菌灵（或甲基托布津、百菌清、噁霉灵等广谱杀菌剂）。对于易发生特殊病害的植物则应同时使用特效专用药剂，如白粉病和黑粉病需要用三唑酮，霜霉病药用甲霜灵、三乙膦酸铝。

③ 光照管理。棚内育苗可以适当遮阴，一般植物使用遮阴率 30%左右的遮阴网即可。不要过分遮阴。全光照育苗则无需遮阴，但育苗仪的间隔时间要更短以防止日晒灼伤烧苗。

④ 温度管理。自然温度育苗，只需要注意在夏季打开大棚的四周，通风降温。加上喷雾本身的降温作用，一般能够获得较好的育苗效果。大棚育苗在秋季 11 月份温度下降时应逐步封闭大棚，以达到增温催根促长的目的。

控温育苗：冬季设置育苗仪温度为 25℃左右。当外界温度低于设置温度时，育苗仪会自动打开加温设备（如地热线等）。夏季将温度设置在 30℃左右，当外界温度高于 30℃时，育苗仪自动打开水帘风机将温度降到设置温度。

⑤ 营养管理。每隔 5d 喷一次低浓度营养液，生根前喷 0.2%的磷酸二氢钾（同时，每 20kg 水中加入 1g JH-3 强力生根剂）；生根后，每隔 3～5 天喷一次 0.2%的营养液（尿素 50%、磷酸二氢钾 40%、复合微量元素 10%）。

4. 非试管快繁技术的评价与应用

（1）非试管快繁技术的优势

① 技术简单，易操作与掌握。

② 建立基地要求低，只要是有电、有水、有光照的地方就可建立快繁基地，对土壤气候无特定要求。

③ 投资省。一般品种培育成本不会超过 1 分钱，是传统扦插育苗的 1/20～1/10，是组培育苗的 1/50～1/30，是生产低成本种苗获取市场竞争力最为有效的育苗方法。

④ 适用于绝大多数植物的快繁。适用于蔬菜、水果、林木、药材等多种作物种苗的快繁，是当前适普性最强的育苗技术。

⑤ 采用计算机控制系统，实现种苗生产过程的自动化智能化，是劳动力成本投入最低的一项育苗技术，也是摆脱传统育苗走向工厂化科学育苗的一种新技术，生产的种苗整齐度好，商品率高。

⑥ 对离体材料要求不严格，小至一叶一芽，大至一个树干的切段都可进行快繁，灵活性大、适用范围广。

⑦ 在隔离快繁情况下可以以脱毒苗为母本，进行多代循环，大量生产低成本的脱毒种苗。

⑧ 用于快繁的计算机控制系统，可用于温室大棚的环境控制，也可用于智能灌溉，还可用于水培生产及芽苗菜智能化栽培，具有软件升级方便，硬件易于更换的特点，是农业生

产上难得的一机多用产品。

(2) 非试管快繁技术的投资与产能　植物非试管快繁技术是宁夏科隆生物开发研究所所长李长潇于20世纪80年代末发明的，该技术的发明专利于1995年公开，其显著特点是：可以利用微小的植物外植体进行繁殖，节约材料，用长0.3～1.0cm的微小外植体作单位材料即可进行繁殖。目前该技术已经在数百种植物的快繁中取得了成功。该技术由于操作简单、对基地要求较低，并且投资灵活，运作成本极低，因此在种苗生产行业上推广应用广泛，目前推广的基地建设面积已超过250万亩[1]。据有关报道，该技术的投产与产能估算为：按每半年一个周期，投资150万～200万元，生产供应1000万株种苗计算，年利润总额可达800多万元；如果按每个周期投资750万～1000万元，生产供应种苗5000万株，企业年利润总额可以达到8000多万元；按每个周期投资1500万～2000万元，生产供应种苗10000万株计算，企业全年利润可达16000万元。

【工作任务】

任务9 草珊瑚、牛大力的非试管快繁技术

一、任务目标

(1) 熟悉非试管快繁技术的操作过程。

(2) 了解非试管快繁技术的设施设备对繁殖环境的控制。

二、任务准备

非试管快繁智能控制系统、快繁苗床、扦插工具、植物材料（草珊瑚或牛大力）。

三、任务实施

(1) 苗床消毒　扦插前一天，用0.5%的高锰酸钾溶液喷洒基质，对苗床消毒。

(2) 插穗准备　剪取当年生的草珊瑚或牛大力枝条，将枝条的叶片剪去一半，保留叶柄和一半叶片，浸泡于消毒液（2%次氯酸钠，0.1% Tween-20）中20min，然后用自来水冲洗5遍；将枝条截成短茎段，于75%乙醇中浸泡1min，再在消毒液中浸泡10min，用无菌水冲洗5次；将消毒后的茎段，用灭菌后的剪刀剪成小段，每段上带一个节（含叶柄、腋芽）。

(3) 将剪好的插穗的形态学下端插入无菌水配制的1mg/L的IBA溶液中1～2h，取出后，以插穗的形态学下端插入基质中。插穗间距8cm×8cm。

(4) 插后管理　保持光照强度在2000～3000lx，温度25～30℃，相对湿度70%～80%。

四、任务结果

插后每周观察、记录插穗生长情况；两周后统计出芽、生根的数量，计算生根率和出芽率。

五、考核及评价

掌握非试管快繁技术的基本理论，掌握药用植物草珊瑚或牛大力的快速微繁殖操作方法，参照下表考核点进行评分（总分：100分）。

---

[1] 1亩≈666.7m^2。

非试管快繁技术考核点	分值	评分
非试管快繁技术的基本理论是什么(口答)	10分	
使用正确浓度的消毒液提前对苗床消毒	10分	
插穗修剪正确:剪去叶片的一半	10分	
修剪后的枝条进行消毒液浸泡、清水冲洗、酒精消毒、无菌水冲洗等处理	10分	
将消毒后的枝条用灭菌后的剪刀剪成小段,每段上带一个节	10分	
正确配制无菌的IBA溶液	10分	
修剪好的插穗段在无菌IBA溶液中浸泡2h	10分	
插穗形态学下端插入基质,间距8cm×8cm	10分	
插后管理好,一周后有根或新叶萌发	20分	
总分	100分	

案例 9-1 桉树无糖培养技术

切取桉树（*Eucalyptus robustu*）的无菌苗腋芽（丛生苗上的顶芽），长度为（2.2±0.2)cm，在无糖培养基中插苗，插苗深度为（0.8±0.2)cm，培养基质为蛭石，浸透1/4MS营养液。培养箱中通过 CO_2 浓度为（1200±100)mg/L，光照强度为（630±30)lx。

与传统组培方法（20g 蔗糖、琼脂基质、MS 无机盐和维生素）相比，无糖培养的小植株的净光合率、鲜重、干重及叶片表皮的蜡质层含量均高于对照。在过渡培养中，小植株的蒸腾率及叶片水分的丢失率低于对照，其过渡培养容易，在不需要特殊管理的前提下，成活率达 90%以上。

案例 9-2 补血草/情人草无糖培养技术

取补血草（*Limonium sinense*）丛生芽，长度（1.5±0.2)cm，在无糖条件下进行生根培养。培养基质为珍珠岩，浸透 MS 营养液后进行灭菌。在转苗前，首先对培养容器和培养室进行严格的消毒处理，然后将灭菌后的培养基质装入苗盘内进行转苗。每一个大型的培养容器，装 3 个苗盘，每个苗盘插入情人草苗 500 株。

无糖培养 7d，光照强度 2700lx，光照时间 12h/d；7d 后光照强度最佳为 8000lx，光照 14h/d，补充 CO_2 浓度 1500mg/L，补充 CO_2 的时间和光照时间同步进行。在整个培育期间，培养室的温度是（24±1)℃。

培养 20d 后出苗，直接将苗移栽到培养土上，进行过渡炼苗，20d 后调查，成活率达到 95%。其长势为株高 8.4cm、叶片数 12.8±1.7、叶面积 2145mm²、鲜重 750mg、干重 68mg。

案例 9-3 小油桐非试管快繁技术

小油桐（*Jatropha curcas* L.），为大戟科落叶灌木或小乔木，具有很高的经济价值，是药用植物和能源植物。以小油桐微茎段作外植体的非试管快繁技术，操作简单，在较短时间内即可获得大量小油桐完整再生植株，适用于工厂化育苗。

以小油桐当年生新枝为材料。将采来的枝条去叶，浸泡于消毒液（2%次氯酸钠，0.1%Tween-20）中 20min，然后用自来水冲洗 5 遍；将枝条截成 15～20cm 的较短茎段，于 75%乙醇中浸泡 10min，继而于消毒液中浸泡 15min，用无菌水冲洗 5 次；将消毒后的茎段于无菌条件下切成 2～3cm 长的微茎段，每个微茎段上带一个腋芽，在无菌超净台上晾干；将微茎段的形态学上端切口浸蘸熔化的固体石蜡，迅速取出冷却凝固；将微茎段的形态学下端切口浸泡于 1mg/L 的 IBA 溶液中 1h，然后扦插于沙盘中继续生长。

培养条件：保持光照强度 2000～3000lx，光照周期 12h 光照/12h 黑暗，温度 25℃，相对湿度 70%～80%。

待微茎段新根长至 0.5～1.0cm，生出 1～2 片新叶后，将沙盘置于室外阴凉通风处炼苗 2d，然后将再生小苗移栽入覆盖有营养土、透水性良好的苗床中，待株高 50～100cm 时可定植大田。

第 28 天统计结果，其生根率高达 96.7%，生根时间为（18.2±2.0）d，新生根的数量为（6.3±1.8）条，平均总根长达（6.8±3.5）cm。新生根总长度为一个微茎段上所有新生根长度的累加之和。

【项目自测】

1. 简述植物无糖培养的概念、技术特点和优势。
2. 简述非试管快繁系统的构成及其技术优势。
3. 简述非试管快繁对插穗的要求。

项目十 药用植物细胞工程

【学习目标】

知识目标

- 了解细胞工程技术在药用植物利用中的作用；
- 熟悉并掌握药用植物愈伤组织及悬浮细胞培养的一般方法；
- 熟悉药用植物单细胞培养和器官培养。

技能目标

- 学会进行药用植物愈伤组织培养和细胞悬浮培养；

◆ 能分析愈伤组织培养过程中出现异常现象的原因；

◆ 学会通过计算衡量细胞悬浮培养的生长率。

素质目标

◆ 认识药用植物对于人类健康的巨大价值，体会科技创新对传统药物利用的促进作用。

【必备知识】

一、植物细胞工程

细胞工程是生物技术领域里的一个重要分支。药用植物细胞工程包括通过植物幼胚、原生质体、细胞、组织和器官的培养，生产重要次生代谢产物、新的植物个体（种苗的快速繁殖），以及进行植物细胞生理生化和遗传学研究。

药用植物细胞工程可使优良母本快速繁殖，种质资源得到保存和发展，快速获得新的无性变异系，不受地理、季节和气候条件的限制，节省土地，降低成本，生产周期短，大大提高经济效益；可代替整体植株在工厂内连续生产所需产物，可通过添加抑制剂等使生物合成按照人的意志进行；可通过诱变筛选获得高产细胞株，并且可以进行特定的生物转化获得新的有用物质；可加快育种和繁殖过程，减少劳动，节省空间。

总之，植物细胞工程可以在人工控制的环境下生产有用物质（如药用或食用成分），并且可加快育种和繁殖过程，减少劳动力，节省空间。

二、药用植物愈伤组织培养

植物体是一个多细胞系统。植物体中的不同组织及组成组织的不同细胞，均是以高度协调的方式在发挥作用。一个有结构的器官或组织如根、茎或叶等，当将它与母体分离，培养在含有适当植物生长调剂物质的培养基上时，就能转变为一种能迅速增殖的细胞团（即愈伤组织）。目前已有数百种植物在离体培养中成功地诱导出了愈伤组织。

1. 愈伤组织的诱导

愈伤组织诱导培养与多种因素有关，但关键不在于植物材料的来源，而在于培养条件。其中，激素是极为重要的因素。在通常情况下，生长素和细胞分裂素对保持愈伤组织的高速生长是必要的。特别是当细胞分裂素与生长素联合使用时，能更强烈地刺激愈伤组织的形成。有些激素如赤霉素对茎段形成层活动及游离细胞悬浮培养中的细胞分裂有刺激作用，但抑制单子叶植物组织的活动。

最常用的生长素是吲哚乙酸（IAA）、萘乙酸（NAA）、2,4-D（2,4-二氯苯氧乙酸），所需浓度依生长素类型和愈伤组织的来源而不同。其使用的浓度范围在0.01～10mg/L内。最常用的细胞分裂素是激动素（KT）和6-苄基氨基嘌呤（6-BA），使用的浓度范围为0.1～10mg/L。在多数情况下仅用2,4-D就可以成功地诱导愈伤组织。2,4-D浓度对愈伤组织的影响试验结果表明，浓度低于10^{-9} mol/L时，愈伤组织生长缓慢，浓度高于10^{-3} mol/L时，生长完全受抑制。所以，在诱导愈伤组织生长时，不但要注意到因植物种类不同而采用不同的激素，还要注意选择激素的浓度。

2. 愈伤组织的形成机制

愈伤组织的形成大致经三个时期，即起动期、分裂期和形成期。

① 起动期。指细胞准备进行分裂的时期。外植体上已分化的活细胞在外源激素的作用下，将通过脱分化起动而进行分裂，形成愈伤组织。而起动就是愈伤组织形成的起点。细胞大小虽无明显变化但细胞内的合成活动却极为活跃，RNA 的含量很快增加，细胞核也变大。诱导植物细胞分裂实际上也受很多环境因子的影响。损伤就是诱导细胞分裂的一个重要因素。受伤时，由受伤细胞释放出来的物质（损伤激素）对诱导细胞分裂具有很大影响。

用菊芋做的试验表明，把菊芋块茎组织的自溶产物取出来加在培养组织上，可以增加第一次细胞分裂的百分率，但未能形成愈伤组织。只有在加入 2,4-D 后才形成愈伤组织。可见，愈伤组织的形成是外植体自溶产物和 2,4-D 相互作用的结果。

其他因素，如光线和氧气供应，对外植体最初的细胞分裂有明显的影响。如在低强度的绿光下切取菊芋的外植体放在黑暗中培养可以使周缘细胞比在一般光照下切取的外植体有更高的第一次细胞分裂频率。而对氧的供应来说，一般认为增加可利用的氧，迅速除去释放出来的二氧化碳，有利于外植体外层细胞的分裂。

起动期的长短由一系列内部和外部因素来决定，不同植物之间会有差别，如菊芋的起动期有时还不到一天，而胡萝卜则要好几天。

② 分裂期。其特征为外层细胞出现分裂。这一结果，使得外层细胞变小并逐渐回复到分生组织的状态。在这个过程中有一个明显而比较一致的转折点，即细胞最小、细胞核和核仁最大、RNA 含量最高，这也标志着细胞分裂进入最旺盛的时期。处于分裂期的细胞，既小又没有大的液泡，很像处于分生组织状态的根尖或茎尖细胞，这也表明它们正由原来已分化的细胞回复变化为具分生状态的脱分化时期的细胞。随着培养组织的不断生长和细胞分裂，不久即形成愈伤组织并开始转入分化新的结构。

③ 形成期。紧跟着分裂末期，从细胞形态和 RNA 含量变动来看，它反映逐步转入细胞分裂而形成愈伤组织并进入再分化的过程。这时的特征是细胞大小趋于稳定，细胞分裂已从分裂期的以组织的周缘细胞分裂为主而转向较内部的组织分裂。同时，分裂期出现于组织边缘的细胞分裂多是平周分裂，从而也使创伤形成层的细胞呈辐射状排列。随着愈伤组织表层细胞分裂的减缓和停止，内部深处的细胞开始分裂并形成像微管束或类似分生组织的瘤状结构（类分生组织）。这类组织可能成为将来细胞增殖的中心，也可能不再进一步分化，而只从其周缘向四边产生扩展的薄壁细胞，使愈伤组织变成为“泡状”的增殖状态。

经过起动、分裂和分化等一系列过程而形成的愈伤组织，尽管在形态学上可以划分出不同时期，但实际这些时期的界线并不是十分严格的，特别是在分裂期和形成期，它们往往可以在同一组织块上出现。所以，时期的划分只是为了便于根据组织的代谢状况、结构及细胞大小水平来了解愈伤组织生长时的相对状况。

3. 愈伤组织的形态结构特点

不同植物来源的愈伤组织，在质地和颜色上均有明显的差异。它们可以是淡黄色或白色，亦可因含有叶绿素而为绿色，因含有花青素而为红色。

例如，中华猕猴桃的茎段在离体培养下所产生的愈伤组织通常为淡绿色或绿色，致密而呈瘤状，生长缓慢。但在添加了 2,4-D 的培养基上，愈伤组织则为黄白色，发脆且易于分散。在仙人掌科植物金牛掌的组织培养中，在同一茎段上还可以同时产生两种类型的愈伤组织：绿色致密的和白色雪花状疏松的。一般说来，来源于相同植物组织的愈伤组织其色素大多相同，但也可能通过反复继代培养而失去色素。具绿色色素的愈伤组织在光下比暗中生长得更好。色素的类型和深浅程度，明显地受葡萄糖的水平、可溶性淀粉的存在、缺氮、温度、光照及外源激素等营养物质和环境因素的影响。

从外植体获得的愈伤组织，可以定期地将它们分成小块接种到新鲜培养基上继代培养以保持它们活跃生长的状态。培养的单细胞或细胞团所产生的愈伤组织，也可以通过分植而加速繁殖，以提供用于研究生长和代谢的大量培养物。

三、药用植物细胞悬浮培养

细胞悬浮培养指把离体的植物细胞悬浮在液体培养基中进行的无菌培养。它是在愈伤组织的液体培养技术基础上发展起来的一种新的培养技术。这项培养技术为研究细胞的生长和分化提供了一个独特的实验系统，因这些细胞较为均匀一致，而且细胞增殖速度快，适于进行大规模培养，在植物产品工业化生产上有巨大的应用潜力，目前已发展为全自动控制的大容积发酵罐的大规模工业生产的连续培养。

悬浮细胞培养基本过程是在无菌条件下将愈伤组织、无菌苗、吸胀胚胎，以及外植体芽尖、根尖及叶肉组织，经匀浆器破碎，用纱布或不锈钢网过滤，以得到的单细胞滤液作为接种材料，接种于试管或培养瓶等器皿中振荡培养。

1. 悬浮细胞的起始培养

在悬浮培养中，希望建立一种细胞增殖速度快、有用成分含量高、分散程度大的游离细胞悬浮物。因此，在进行大规模生产之前，必须先使愈伤化的细胞最大程度地分散，再从中筛选出增殖速度快和含有用成分高的细胞株。

把已建立的愈伤组织转移到液体培养基中进行起始培养，并需在培养过程中不断进行较强烈的搅拌或振动，使愈伤组织块上的细胞剥落到液体培养基中，增加细胞的分散程度。同时在选用起始愈伤组织时，最好选用疏松脆弱、生长快的愈伤组织进行起始培养。如果愈伤组织十分紧密，其细胞不易分散，那么可采用如下方法：

① 增加生长激素的浓度，加快细胞分裂和生长速度。

② 用果胶酶打破细胞间的连接，使之成为游离细胞。

实际上，在植物悬浮细胞培养中，即使由单个细胞的起始悬浮培养所得到的悬浮培养物，也不是完全由单个细胞组成的，常常是单细胞和小细胞团的混合体。因此，植物细胞具有聚积成块的固有特性。这种特性给悬浮培养及其应用于研究细胞生长发育带来不利。这些块状的小细胞团的内部细胞和外部细胞，在悬浮培养中所处的微环境是不同的，即所得到的养分、空气和生长物质不同，这就产生了细胞的大小、形状、代谢和生长的不均一性，这正是细胞悬浮培养物的特征和缺陷。

不均一性是实现高等植物同步培养和研究细胞发育的一个严重障碍，人们一直在努力克服这一障碍，但目前没有突破性进展。愈伤组织培养用的培养基去除凝固剂成分，可作为悬浮培养的起始培养基。但是悬浮培养的条件往往比固体培养要求更为严格，如生长激素和 pH 的变动等。

在细胞悬浮培养中，采用生长快、有效成分高、适合悬浮培养的细胞株进行培养，是取得成功的关键。因此，在起始培养中首先要筛选到适于悬浮培养的细胞株。

筛选细胞株的方法是：

① 从已建立的愈伤组织中挑选出外观疏松、生长快的浅色愈伤组织。

② 用振荡或酶法，游离出单个细胞或小细胞团。

③ 接种在固体培养基上，培养约 2 周。

④ 挑选生长快的细胞株并继代培养。

⑤ 取各细胞系的培养物，进行有效成分的测定，筛选出有效成分高且生长较快的细胞株。

2. 植物细胞悬浮培养

植物细胞悬浮培养可以采用不同方法，如分批培养法、半连续培养法和连续培养法等。每种方法各有其特点，下面介绍一些常见的一些方法和应用实例。

① 分批培养法。分批培养法是指在新鲜的培养基中加入少量的细胞，在培养过程中既不从培养系统中放出培养液，也不从外界向培养系统中补加培养基的一种培养细胞的方法。相对来说，它是一种封闭式的培养体系。这种培养方法的特征是，培养基的基质浓度随培养时间下降，细胞浓度和产物浓度则随培养时间的增加而增加。由于它操作简便，因而广泛用于实验室研究和大规模生产。

视频：植物细胞悬浮培养技术

分批培养有这样一些特点：细胞生长在固定体积的培养基中，直至培养基中的养分被细胞耗尽时停止；用适当搅拌的方法增加和维持游离细胞和细胞团在培养基中的均匀分布；在成批培养的整个过程中，细胞数目会不断发生变化，呈现出从培养开始起，到细胞增长停止的细胞生长周期。在整个生长周期中，细胞数目的增加大致为S形曲线。初期增长缓慢，称延迟期，特点是细胞很少分裂，细胞数目增加不多；中期生长最快，称对数增殖期，特点是细胞数目迅速增加，增长速率保持不变；随后细胞增长逐渐减慢，称减慢期，特点是由于养分供应差和代谢物积累，环境恶化，细胞分裂生长减慢；最后细胞生长趋于完全停止，称静止期，其特点是养分基本耗尽，有害代谢物积累，导致细胞停止，直至死亡；成批培养除空气和挥发性代谢物可以向外输送进行完全交换外，其余都是在一个封闭系统中进行的；成批培养结束后，若要进行下一批培养，必须另外进行继代培养。其方法是用注射器吸取一定量的含单细胞和小细胞团的悬浮培养物，并移到含有新鲜培养基的培养瓶里，继续进行培养。

根据培养基在容器中的运动方式，分批培养可分为以下 4 种方法：旋转培养，培养呈360°缓慢旋转移动，使细胞培养物保持均匀分布，并保证空气供应，旋转速度维持在 1～5r/min；往返振荡培养，机器带动培养瓶在一条直线方向往返振荡；旋转振荡培养，机器带动培养瓶在平行面上做旋转振动，每分钟 40～120 次不等；搅动培养，利用搅棒不断转动使培养基被搅动。

② 半连续培养法。在反应器中投料和接种培养一段时间后，将部分培养液和新鲜培养液进行交换的培养方法称为半连续培养法。反应通常要在一定时间间隔内进行数次反复操作以达到培养和生产有用物质的目的。此法可不断补充培养液中的营养成分，减少接种次数，使培养细胞所处环境与分批培养法一样，随时间而变化。工业生产中为简化操作过程，确保细胞增殖量，常采用半连续培养法。有些植物，细胞及其他物质产量，用半连续培养法较分批法为高。

③ 连续培养法。连续培养法是指在培养过程中，不断抽取悬浮培养物并注入等量新鲜培养基，使培养物不断得到养分补充并保持其恒定体积的培养。

连续培养的特点是：连续培养由于不断加入新鲜培养基，保证了养分的充分供应，不会出现悬浮培养物营养不足的现象；连续培养可在培养期间使细胞长久地保持在对数生长期，细胞增殖速度快；连续培养适用于大规模工业化生产。

连续培养的种类有：

a. 封闭式连续培养。新鲜培养液和老培养液以等量进出，并把排出的细胞收集后，放入培养系统继续培养，所以培养系统中的细胞数目不断增加。

b. 开放式连续培养。在连续培养期间，新鲜培养液的注入速度等于细胞悬浮液的排出速度，细胞也随悬浮液一起排出。当细胞生长达到稳定状态时，流出的细胞数目相当于培养系统中新细胞的增加数目。因此，培养系统中的细胞密度保持恒定。其中开放式连续培养又分浊度恒定法和化学恒定法两种。

Ⅰ. 浊度恒定法。该法是根据悬浮液混浊度的提高来注入新鲜培养液的开放式连续培养。可以人为地选定一种细胞密度，用混浊度法控制细胞的密度。此法灵敏度高，当培养系统中细胞密度超过此限时，其超过的细胞就会随排出液一起自动排出，从而能保持培养系统中细胞密度的恒定。浊度恒定法的特点是在一定限度内，细胞生长速率不受细胞密度的约束，生长速度决定于培养环境的理化因子和细胞内代谢的速度及细胞代谢调节的良好培养系统。它可以在生长不受主要营养物质限制的条件下，研究环境因子（如光线和温度）、特殊的代谢物质和抗代谢物质以及内在遗传因子对细胞代谢的影响。

Ⅱ. 化学恒定法。该法是按照某一固定速度，随培养液一起加入对细胞生长起限制作用的某种营养物质，使细胞增长速率和细胞密度保持恒定的一种开放式连续培养法。化学恒定法的最大特点是通过限制营养物质的浓度来控制细胞的增长速率，而细胞生长速率与细胞特殊代谢产物的形成有关。因此，只要弄清这一关系，就可以通过化学恒定培养法控制一种适宜的细胞生长速率，就可以生产出最高产量的某种特殊代谢产物如蛋白质、有用药物等。因此，这个方法在工业大规模细胞培养上有巨大的应用潜力，是药用植物细胞培养应用的一大进展。

连续培养和分批培养、半连续培养不同，细胞生长的环境可以长时间维持恒定。因此，也可以利用这一特征来研究培养细胞的生理和代谢。

3. 生物转化

生物转化是指利用植物细胞悬浮培养、植物细胞固定化或酶的固定化将不同的底物转化为更有价值的物质。植物细胞培养的生物转化涉及许多化学反应。例如，葡萄糖酯化、羟基化、醇与酮之间的氧化还原、碳碳双键的还原、水解、异构化、环氧化、脱氢、甲基化以及脱甲基等。

药用植物中含有萜类、固醇类、酚类化合物和生物碱等有效成分，即药用成分，获得这些成分的传统方法是用植物材料提取。悬浮培养的细胞虽然也来自植物母体，但大量研究表明，在悬浮培养的细胞中，这些药用成分的含量极低。由于植物细胞中含有大量的有机化合物和各种酶，因此，可以利用植物细胞的转化特性，用生物转化的方法提高转化率，促进目标产物的生成。

细胞悬浮培养是生物转化的方法之一，其特点是操作简单，成本较低，但转化效率较低。提高转化率的方法主要有：提高细胞活力，选择物种、细胞系和培养方式，选择适宜的底物结构，抑制细胞分裂，植物细胞固定化，利用根器官培养。目前，人参皂苷、银杏内酯等药用植物次生代谢产物的获得是植物细胞生物转化研究的热点。

四、药用植物单细胞培养

培养单细胞可以采用三个基本方法，分别是看护培养、平板培养和微室培养。

1. 看护培养

小心地从细胞悬浮培养物或脆弱的愈伤组织中用针或玻璃毛细管分离单细胞，每个细胞放在一个方形滤纸片的上表面上，而滤纸片放在活跃生长的愈伤组织上，这块愈伤组织就叫作看护愈伤组织。此试验提供了一个单细胞，它的生长因子是由愈伤组织和培养基产生的。细胞分裂产生小的细胞群，这些小的细胞群在新的培养基上继代培养产生出愈伤组织。从单细胞起源的一个愈伤组织连同它衍生的培养物一起叫作一个单细胞无性系。

2. 平板培养

用培养皿进行平板培养是一项应用广泛的技术。其方法是先过滤细胞悬浮物去掉全部组织块和大的细胞团，这一点是很重要的，因为细胞团内细胞分裂比单细胞的分裂更频繁。然后，把保留在过滤物中的单细胞和有4～6个细胞的细胞团转移到琼脂培养基（已灭菌并冷却到35℃）上。在35℃下，培养基能保持液体状态，也不会杀死细胞。培养物铺放在培养皿上，铺成大约1mm厚的一层。培养皿用塑料膜封口。这种封膜既可防止干化，又可允许气体自由交换。如果目的是为了得到单细胞无性系，可用解剖镜观察平板上单细胞的位置，并用细的标记笔在培养皿外面标记培养物，然后在25℃下保温培养。定期观察标记的细胞，看是否进行了分裂并形成了细胞群。当细胞群落达到合适大小后，把它们转到新鲜培养基上。

如果需要单细胞和小细胞团生长能力的定量资料，就用如下的修改方法：把悬浮培养的细胞用稀释的办法小心地调整到需要的水平，使之同琼脂培养基混合，并按上述的方法进行铺放。在培养皿的下表面划出格子以便于计数，并在保温培养前估算平板单细胞和细胞团的数目，在25℃下培养21d后，重新检查平板并估计每平板形成的细胞团的数目，由此计算植板效率（植板效率是在平板上形成细胞团的百分率，即每一百个铺在平板上的细胞有几个能长出细胞团）。

3. 微室培养

微室培养是将细胞培养在少量的培养基中，其优点是在培养过程中可连续进行显微观察，但由于培养量少，水分难以保持，培养基的养分及pH等也易于变动，细胞短期培养后往往不能再生长。

1960年，希尔德兰德和他的同事用微室培养法培养一种杂种烟草的单细胞。观察到微室中有一定比例的单细胞进行了分裂，并观察到那些曾经分裂后来又变得衰老的细胞可以诱导以前静止的那些细胞也进行分裂。如果将它们放在以前培养愈伤组织和细胞悬浮物的培养基中时，单细胞也进行分裂。由它们形成的细胞团能在新鲜的培养基上继代产生单细胞无性系。

五、药用植物器官培养

器官培养主要是指植物根、茎尖、叶、花及幼小果实的无菌培养。在组织培养这个范畴中，器官培养不但研究得最多，而且在应用上也富有成效。例如茎尖培养已得到某些抗病良种用来去除病毒、解决作物退化的问题（如枸杞、山药等）；通过茎尖、茎段、叶片培养等技术，快速繁殖了山药、石刁柏、广藿香、何首乌等，已进入实际应用阶段；小叶榕等植物的根具有繁殖功能；除了繁殖功能，器官培养也可直接用于药用成分的生产。

1. 离体根的培养

由于离体根培养具有生长迅速、代谢活跃及在已知条件下可根据需要增减培养基中的成分进行培养等优点，故多用来探索植物根系的生理及其代谢活动。如研究碳源和氮源代谢，无机营养的需要，维生素的合成与作用，生物碱的合成与分泌以及根的切割与再生，形成层中细胞的分裂、分化与伸长，芽和根的相关性等。这些研究不但丰富了植物生理学的知识，也为植物组织及细胞培养的研究提供了有用的资料。

进行离体根的组织培养，首先是获得遗传性一致的材料，也就是说要建立起获得大量无性系的方法。这种由单个直根衍生而来并经继代培养而保持的根的材料，它们为遗传性一致的根的培养物，故可称之为离体根的无性系。利用这些离体根的无性系就可进行其他的实验研究。

离体根的营养需要基本与大多数植物组织培养要求相符，但也有特别之处。例如，碘和硼对于番茄离体根的生长很重要，缺乏这两种微量元素时，就会阻碍离体根的生长。

离体根对生长调节物质的反应，因植物种类或品种的不同而有不同。在各类植物激素中，以生长素研究得较多。离体根对生长素的反应可以表现为：①生长素抑制离体根的生长，如樱桃、番茄。②生长素促进根的生长，如欧洲赤松、白羽扁豆、玉米、小麦。③离体根的生长有赖于生长素，如黑麦、小麦的一些变种。其他激素如赤霉素能明显影响侧根的发生与生长，加速根分生组织的老化；激动素则能延长单个培养根分生组织的活性，有抗“老化”的作用。

概括起来，根据不同植物的根对培养的反应，可以分为三类：①具高生根速度并能产生大量强壮的侧根，如番茄、烟草、马铃薯、黑麦、小麦、三叶草和曼陀罗等，这些材料在培养中可进行连续继代培养而无限生长。②根能培养较长的时间，但不是无限的，且由于生长下降和只长出稀疏的侧根以致常常失去生长，这类材料有向日葵、萝卜、芥菜、豌豆、百合、矮牵牛等。③禾本科植物的根几乎很难生长，它们需要一些目前仍未了解的生长因子。

2. 发根培养

自 20 世纪 80 年代将发根培养技术应用于生产次生代谢物以来，国内外进行毛状根诱导研究的药用植物已有 23 科 50 多种，并且已建立了发根培养系统，获得了次生代谢产物。其中绝大多数是双子叶植物，裸子植物中首先建立发根培养体系的是红豆杉科的短叶红豆杉。

发根农杆菌是农杆菌属的一种革兰氏阴性菌，能使植物在受伤部位感染，形成大量呈毛发状的不定根，植物的这种病害称为毛根病。毛状根具有肿瘤细胞的特征：能在没有外源激素的条件下迅速生长，使细胞数量急剧增多。根据转化受体植物的不同，通常有以下三种方法诱导毛状根：

① 直接浸染法。把外植体切成段，用活化的农杆菌涂抹或浸泡。外植体可以是植株的任何部分，如叶片、茎尖、叶柄、胚轴等。这是最简便的获得毛状根的方法，且周期短。

② 直接注射法。用活化的农杆菌反复注射受体植物（2～3 次）。此法适合于幼嫩植株。

③ 共培养法。用活化的农杆菌与悬浮细胞或原生质体共培养 1～5d 后，在含有抗生素的培养基上培养获得转化的细胞，除菌培养使其长出毛状根。

用以上方法诱导出毛状根后，将毛状根剪下，经过除菌培养后即可在不含任何激素的培养基上培养。用发根农杆菌诱导乌拉尔甘草种子萌发的子叶、下胚轴和小植株，获得的毛状根及毛状根的培养见图 10-1。

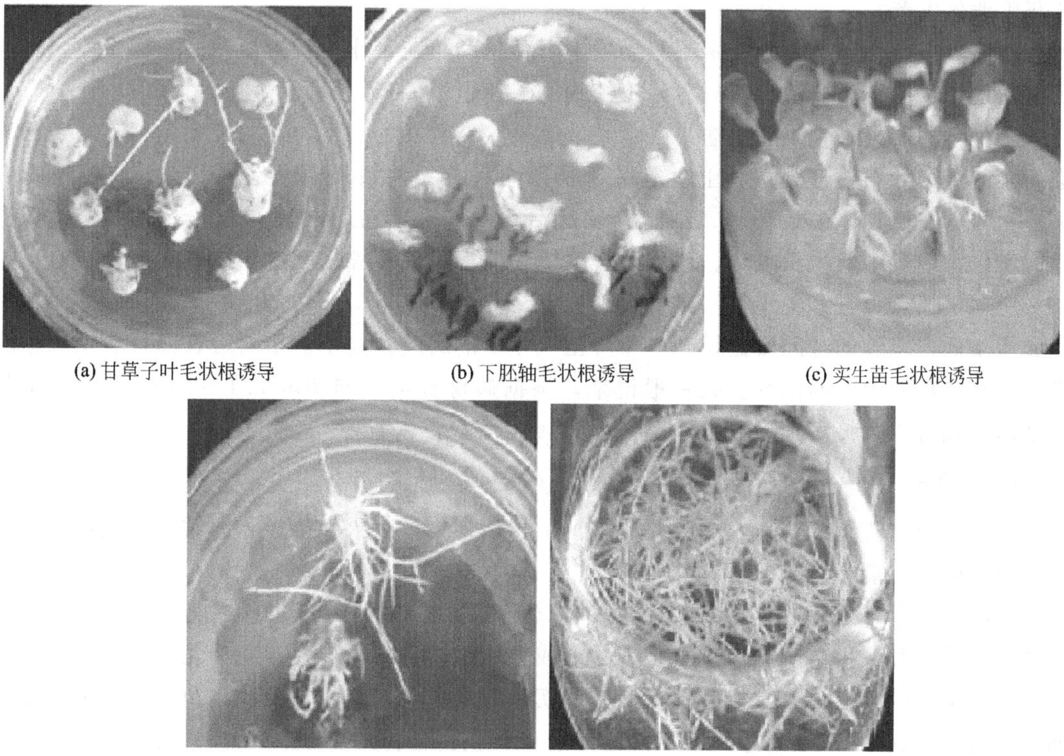

(a) 甘草子叶毛状根诱导　(b) 下胚轴毛状根诱导　(c) 实生苗毛状根诱导

(d) 毛状根培养　(e) 毛状根悬浮培养

图 10-1　乌拉尔甘草毛状根诱导与培养

离体培养的毛状根在很长时间内可保持其快速生长和合成次生代谢物的能力。毛状根的生长情况与次生代谢产物的生成有一定的联系，但毛状根的生长量并不与代谢产物的积累量成正相关。影响毛状根生长的因素很多，包括培养基的营养条件，物理化学因子，光照、温度等环境因子。

3. 茎尖培养

茎尖培养是指从十到几十微米的茎尖分生组织乃至几十毫米的茎尖或更大的芽的培养，很多植物切离的茎尖均可在比较简单的培养基上培养，形成根并发育为完整植株。由于茎尖培养方法简便、繁殖迅速且易保持植株的优良性状及可去除病毒等优点，所以它在生产上及商业上均具有一定的应用价值。

因较大的茎尖培养有利于恢复生长及形成苗，故是利用茎尖进行快速繁殖的常用办法。根据不同目的可取带 2～3 个叶原基的茎尖或大一点的带 2～3 片幼叶的茎尖。材料经灭菌，再用小的解剖刀切取无菌的茎尖放在固体培养基上培养。

法国科学家莫里尔发现，茎尖培养这一方法有重要的应用价值。他在最初用兰花的茎尖做试验时观察到，将切离的茎尖接种于无机盐及葡萄糖的琼脂培养基上时，开始它们增殖形成愈伤组织。以后在表面的一些地方进行局部的生长而形成扁平的与种子胚发育成的原球茎相似的小球体，这亦称之为原球茎。将这些原球茎单个切下并转移至新鲜培养基上时，它们亦可继续分裂增殖而成为幼小植株。以后又发现如果在振动的液体培养基中进行培养，茎尖的生长将会更为迅速。在这样的条件下，增殖的愈伤组织团可以直接破裂而形成大量的单个原球茎。莫里尔的方法由于能用于商业生产兰花，所以得到兰花生产者的注意，并开始用于兰花工业化生产。

用茎尖进行营养繁殖的技术不只局限于石刁柏和兰花，作为快速繁殖的一种手段，目前已成功地用于山楂、杨树、桉树等经济植物的快速繁殖。

茎尖培养的另一个重要用途是去除某些感染病毒植物的病毒。这对长期用营养繁殖已感染病毒的植物如石竹、大黄、土豆等重新获得无病毒无性系来说，是一个十分有价值的方法。生长点是植物体中最年轻、细胞分裂最活跃的部分，它通常是不含病毒或很少含病毒的。所以，茎尖中的生长点培养就成了去除植物病毒以使植株复壮的重要方法。

所谓生长点只是茎尖中很小的一部分，用0.1mm以下的生长点去除病毒的效果较好，但成活率低，培养的时间要延长到一年甚至一年半的时间。这不但历时过长而且也增加了转换培养基时材料污染的概率。故一般说来，根据病毒种类不同切取0.1～1mm大小的生长点来培养就可以去掉病毒。

4. 叶培养

叶子是植物进行光合作用的主要器官。很多植物如香叶天竺葵、秋海棠等，它们的叶片具有很强的再生能力。

由叶子发生不定芽的植物以蕨类为多，双子叶植物次之，单子叶植物最少。像某些兰科植物成熟植株和实生苗的叶尖端就很容易形成愈伤组织，再由愈伤组织分化出苗。

不少植物叶外植体，常从叶柄或叶脉的切口处形成愈伤组织，分化出苗。有些从一个叶柄基部就可形成20～30个芽。用叶尖进行培养以获得植株的方法，以卡德兰最为成功。丘奇蔡尔用卡德兰尚未展开的幼叶为材料，取叶尖2mm长的切段进行培养，在加有2,4-D 1.0μg/mL、6-苄基腺嘌呤0.5μg/mL、硫胺素1μg/mL及3%蔗糖的HE液体培养基中经振荡培养后得到了愈伤组织和原球茎，再转移至新鲜培养基上得到苗。总之，通过叶片离体培养来进行植株再生也是加速扩大繁殖优良植株的一项有效方法。

5. 花药培养

花药是花的雄性器官。贮藏于花药中的花粉，由于是花粉母细胞经早期减数分裂所形成的，所以它的染色体数目与胚囊中卵细胞的情况一样，为母本植株细胞染色体数目的一半，故是单倍的。具体来说，如水稻的染色体数是24条，它的基数（n）是12，倍数是2，是二倍体；小麦的染色体数是42，它的基数是7，倍数是6，所以是六倍体。所谓单倍体指的是母体植物体细胞染色体的一半，故水稻应是12，小麦则是21，而不是“一倍”染色体的意思。在组织培养中，那些由具单倍（单套）染色体的花粉或卵细胞诱导产生的植株，就是单倍体植株。

目前，约有111种植物先后诱导出了单倍体植株，其中，在几种作物上花药培养已作为一种新的育种方法培育出了新的品种。

① 花药培养的优越性。利用获得单倍体植株来进行育种有什么好处呢？关键是“快”，即能比常规的杂交育种方法缩短育种周期。通过花药培养所产生的单倍体植株只有一套染色体，同源染色体只有一个，等位基因也只有一个，所以经染色体加倍后就可得到纯合的二倍体，这种由纯合二倍体所产生的配子也是完全相同的，配合后可产生遗传性稳定的“纯系”，也不会出现两个遗传性状不同的亲本交配后所出现的那种多种多样的分离现象。所以如果我们选用杂种的第一代或第二代花药进行培养，就容易经单倍体植株加倍而得到在遗传上稳定的纯合二倍体。一般常规杂交育种，从杂交到获得一个稳定的后代常要8～10年，而从花药

培养至产生稳定后代只需两年时间，这就大大缩短了育种年限。

单倍体的应用还可以有很多更为广阔的前景。如通过花药培养获得单倍体以使玉米、洋葱等异花授粉作物获得自交系速度加快；结合射线或化学药剂处理用于诱变育种等。但实际上，将此方法广泛用于实际还有不少困难，特别是不少作物花药培养成功率很低，从而大大妨碍了它的优越性的发挥。所以，进一步研究花粉的启动机理、提高花粉植株的诱导频率及控制二倍体组织活动和单倍体植株加倍等问题，对使花药培养用于实际将会有很大的促进作用。

② 花药培养的方法。花药在接种前要进行镜检以确定适宜的花粉发育时期。因为植物种类不同，其花药大小、颜色及其相应的发育阶段多有差异，经过镜检就可帮助我们选择发育时期合适的材料以求获得较为稳定的试验结果。为了镜检时细胞图形清晰，便于辨认，对不同材料可采用不同染色剂处理。

接种花药时要求尽量不损伤花药。因为花药既包括二倍体的组织（药壁、药隔、花丝），也包括单倍体的花粉细胞。取材时如果花药损伤或花丝太长，均可助长二倍体组织的增长而影响花粉的发育。所以在解剖花蕾时就应注意不使解剖刀碰坏花药，并用镊子镊除花丝。对于较小的花药（如石刁柏），取材时最好在解剖镜下进行。接种花药时，应使花药平卧在培养基上以使它们更好地与培养基接触。

培养基是花药培养中影响花粉启动和再分化的重要条件，培养基成分是否合适往往是花药培养能否成功的关键之一。因此，在对某种植物进行正式花药培养前，最好对所使用的培养基作适当的对比和选择。一般说来，高的蔗糖浓度可以抑制体细胞的生长而对花粉的生长无妨碍。所以，在多种植物的花药培养中均需适当提高培养基中蔗糖浓度。当然，不同植物最适的蔗糖浓度不同。此外，注意调节培养基中生长素和细胞分裂素的比例，有利于控制花粉的发育途径和植株的倍性，有助于掌握花药或花粉的发育动向。铁盐的最显著作用是影响胚状体的发育，在烟草的试验中曾有过这样的例子，缺铁时只能形成多细胞的原胚体而妨碍它进一步发育成苗。活性炭在花药培养中的作用在某些植物中也已证实，在玉米和烟草中，它可明显地提高花药培养的出苗率。

【工作任务】

任务 10-1 银杏种胚愈伤组织诱导培养

一、任务目标

（1）掌握植物幼胚培养的基本操作技术。

（2）练习和巩固无菌操作技术。

二、任务准备

（1）工作开始前开紫外灯照射超净工作台 30min，调整恒温培养箱温度到 26℃。按试验人数准备镊子、培养瓶，所需用品进行高压蒸汽灭菌。

（2）准备新鲜的培养材料（银杏种胚）。准备 MS 培养基、NAA、KT、蔗糖、琼脂粉、0.1～1mol/L NaOH、0.1～1mol/L HCl、75%酒精、0.1% $HgCl_2$、无菌水。

三、任务实施

（1）先去除银杏种子的种皮，用 0.1% $HgCl_2$ 消毒 7～8min，经无菌水冲洗数次后作为培养材料。

(2) 愈伤诱导培养基配方：MS 培养基＋3mg/L NAA＋5mg/L KT＋30g/L 蔗糖＋6.5g/L 琼脂粉，将 pH 调为 5.8，120℃高压湿热灭菌 20min。

(3) 将银杏种胚接种到固体培养基中 21～28d，诱导愈伤组织。

(4) 筛选生长力旺盛的愈伤组织，接种到继代培养基上继代生长，继代培养基中 KT 浓度为 2mg/L，其他条件与诱导培养基相同，继代间隔时间为 21～28d。

注意事项：操作过程要保证培养材料无菌。$HgCl_2$ 是剧毒药品，不要用手接触。用完要回收，不能直接倒入水池。

四、任务结果

观察并记录接种实验过程，计算愈伤组织诱导率，分析实验结果，完成实验报告。

五、考核及评价

掌握植物幼胚培养的基本操作技术；练习和巩固无菌操作技术。参照下表考核点进行评分（总分：100 分）。

银杏种胚愈伤组织诱导培养考核点	分 值	评分
说出愈伤组织诱导培养基的正确配置方法(口答)	30 分	
说出用高压灭菌锅进行培养基灭菌的温度、压力和时间(口答)	20 分	
清洗污染的培养瓶，是否灭菌后才开盖	10 分	
培养用过的旧瓶，检查没有杂菌污染，把瓶内培养基刮出后再用洗衣粉清洗	10 分	
组培瓶用洗衣粉刷洗后，用清水涮洗 5～6 次	10 分	
清洗的组培瓶等玻璃容器透明锃亮，内外壁不挂水珠，内部洁净无污渍	20 分	
总分	100 分	

任务 10-2 银杏细胞悬浮培养

一、任务目标

(1) 了解植物细胞悬浮培养的基本原理。

(2) 掌握植物细胞悬浮培养的方法和技术。

(3) 练习和巩固无菌操作技术。

二、任务准备

1. 准备工具　高压灭菌锅、超净工作台、分析天平、恒温摇床培养箱、培养皿或接种盘、喷雾器、转瓶材料、组培镊子、酒精灯、剪刀、手术刀、组培瓶（按照学员人数准备，并提前灭菌待用）。

2. 材料　在任务 10-1 中经过诱导获得的银杏种胚愈伤组织。

3. 准备试剂　MS 培养基、NAA、KT、蔗糖、琼脂粉、0.1～1mol/L NaOH、0.1～1mol/L HCl、75%酒精。

三、任务实施

(1) 银杏细胞悬浮培养及继代培养基配方：MS 培养基＋3mg/L NAA＋2mg/L KT＋30g/L 蔗糖，将 pH 调为 5.8，120℃高压湿热灭菌 20min。

(2) 将生长力旺盛的愈伤组织细胞（来自任务10-1）接种到悬浮培养基中，将培养瓶放置于恒温摇床培养箱，27℃下进行悬浮培养和继代培养，继代周期为18～21d，光照1500～2000lx，转速120r/min，鲜重接种量为20～30g/L，培养基依此法多次继代后，可获得稳定的液体培养体系。

四、任务结果

培养前测定接种悬浮细胞质量（先测定培养瓶质量，再测定接种悬浮细胞后的培养瓶质量，二者相减），培养后测定收获悬浮细胞质量（先测定培养瓶总质量，再测定去除悬浮细胞的培养瓶质量，二者相减）。

悬浮培养细胞质量的测定：取悬浮培养细胞过400目滤网，蒸馏水清洗，滤纸吸取水分，于60℃下真空干燥至恒重，称重。

生长率计算公式：生长率=(收获悬浮细胞质量－接种悬浮细胞质量)/接种悬浮细胞质量。

五、考核及评价

了解植物细胞悬浮培养的基本原理，掌握植物细胞悬浮培养的方法和技术，练习和巩固无菌操作技术。参照下表考核点进行评分（总分：100分）。

银杏细胞悬浮培养考核点	分值	评分
获得悬浮培养细胞的方法(口答)	20分	
比较愈伤组织诱导培养基和悬浮细胞培养基的异同(口答)	20分	
清洗污染的培养瓶，是否灭菌后才开盖	10分	
培养用过的旧瓶，检查没有杂菌污染，把瓶内培养基刮出后再用洗衣粉清洗	10分	
组培瓶用洗衣粉刷洗后，用清水涮洗5～6次	10分	
清洗的组培瓶等玻璃容器透明锃亮，内外壁不挂水珠，内部洁净无污渍	10分	
清洗后的组培瓶外、接种盘上没有标签、标记或其他污渍	10分	
无菌水的制备方法正确：瓶内装水的量为瓶子容量的2/3	10分	
总分	100分	

案例10-1　银杏种胚细胞悬浮培养

银杏（*Ginkgo biloba* L.）为银杏科植物，又名白果、公孙树，是当今地球上现存种子植物中最古老的孑遗植物，为我国独存的珍稀名贵树种，素有裸子植物"活化石"之称，具有重要的经济价值、科学价值和观赏价值。以银杏黄酮和银杏内酯混合物为主要药用活性成分的银杏叶提取物为《中国药典》和《欧洲药典》所收载，在全球已有多年的临床运用历史，现今的工业化生产获得银杏活性成分也大多采用从银杏叶中提取的方法。已有研究发现，树龄是影响银杏叶中活性成分黄酮和内酯类含量的主要因素，树龄为3年的银杏叶中银杏黄酮含量最高，树龄超过5年银杏叶黄酮含量和内酯含量随着树龄的增大显著下降。另外天然资源的获得既受到地区、季节、产量等限制，又大量占有用地；而细胞悬浮培养生产银杏活性成分具有生长条件可控、周期短、产量大等优点，既保护了珍贵的药材资源，又满足了人们对银杏产品的大量需求。

一、银杏愈伤组织诱导

MS培养基+3mg/L NAA+5mg/L KT+30g/L蔗糖+6.5g/L琼脂粉，将pH调为5.8，120℃高压湿热灭菌20min，将银杏种胚接种到固体培养基中21～28d诱导愈伤组织。

二、愈伤继代培养

筛选生长力旺盛的愈伤组织，接种到继代培养基上继代生长，继代培养基中KT浓度为2mg/L，其他条件与诱导培养基相同，继代间隔时间为21～28d。

三、建立悬浮细胞体系

配制悬浮培养及继代培养基，配方：MS培养基+3mg/L NAA+2mg/L KT+30g/L蔗糖，将pH调为5.8，120℃高压湿热灭菌20min。将生长力旺盛的愈伤组织细胞接种到悬浮培养基中悬浮培养和继代培养，继代周期为18～21d，光照1500～2000lx，转速120r/min，鲜重接种量为20～30g/L，培养基依此法多次继代后获得稳定的液体培养体系。

案例10-2 广藿香叶片愈伤组织诱导培养

广藿香［*Pogostemon cablin*（Blanco）Benth］为唇形科植物，以全草入药。气味芳香，具有开胃止呕、发表解暑的功效。广藿香是广东地道药材，“十大广药”之一。广藿香原产于菲律宾、马来西亚、印度等国，引种到我国后由于广东栽培药用历史长，故名“广藿香”。广藿香引种到我国亚热带地区种植后，由于气温低，很少见到开花，即使开花也不多，因此广藿香主要采取无性扦插繁殖的方法，但此法存在繁殖速度慢、易带病菌、受环境条件影响大、需消耗大量原植物材料等缺点。广藿香叶片愈伤组织诱导培养技术的成熟，为解决这一问题提供了帮助。

一、外植体选取

取广藿香幼嫩叶片，用自来水冲洗干净，滤纸吸干表面水分，75%酒精漂洗0.5min，0.2% $HgCl_2$ 浸泡15min，无菌滤纸吸干表面水分。

二、诱导愈伤组织

叶片切开一半接种于MS+2,4-D 0.5mg/L+6-BA 1.5mg/L+NAA 1.25mg/L的培养基上，叶片接种后先于黑暗条件下培养2d，后置于光照条件下培养。培养2周后叶片开始膨胀，3周后，从叶片切口处及叶缘锯齿凹陷处长出大量黄绿色颗粒状的胚性愈伤组织，长势良好。

案例10-3 何首乌毛状根培养

药用植物何首乌，又名首乌、赤首乌。现代药理学研究表明，何首乌具有抗衰老、抗菌和增强机体免疫功能等作用，其中蒽醌类成分具有上皮因子受体酪氨酸蛋白激酶抑制剂活性，是目前抗癌药物研究的热点之一。

发根农杆菌中含有指示植物产生毛状根的Ri质粒，在vir区基因产物协助下，Ri质粒中的T-DNA片段转移进植物和基因组中，导致出现大量的毛状根。毛状根具有生长迅速、生长和遗传稳定以及在无激素的培养基上生长的特点，能够合成与原本植物含量相当甚至更多的次级代谢产物。目前，已有多个报道表明何首乌的毛状根诱导成功。

一、诱导材料的选择与培养

取何首乌茎、叶，在75%乙醇中浸泡0.5min，再用1% $HgCl_2$ 消毒15min。无菌水冲洗干净后，茎切成1cm长的小段，叶切成1cm×1cm的小块，接种于无激素的MS培养基上预培养48小时后用于转化。

二、菌种的活化与培养

取发根农杆菌R15834菌株，接种到YEB固体培养基❶中活化，然后转移至YEB液体培养基中振荡培养，使处于指数生长期，用于转化何首乌。

三、毛状根的诱导

将上述外植体浸入用MS培养液稀释1倍的农杆菌菌液中10min，取出，吸干多余液体，置MS培养基上培养2d后取出，转入含500mg/L羧苄氨基青霉素的MS培养基中，21℃暗培养。

发根农杆菌感染何首乌茎、叶外植体1周后，外植体茎节处及叶片边缘叶脉处出现毛状根，毛状根分枝多，密被白色根毛。

用何首乌的毛状根制作永久切片，进行观察，发现毛状根具有双子叶植物根初生构造特点：表皮细胞一层，排列紧密，有的表皮细胞特化为根毛；皮层细胞4～5层，排列疏松，内皮层细胞排列紧密，有明显的细胞壁加厚形成的凯氏带；初生木质部呈星角状，四原型，与韧皮部相间排列。

四、毛状根的培养

何首乌毛状根在无激素的MS固体培养基中能自主生长，大部分紧贴培养基向上生长，生长快速，具有典型的毛状根特征；在液体振荡培养基中根毛明显减少，根表面颜色微有加深。将长度超过3cm的毛状根转移到MS固体培养基中继代培养，以后每21d继代培养1次，得到生长迅速的毛状根体系。收获毛状根，阴干。

【项目自测】

一、名词解释

细胞悬浮培养、器官培养、生物转化

二、简答题

1. 愈伤组织有什么特点？它在植物细胞培养中有什么重要性？
2. 植物细胞悬浮培养有几种方法？各种方法的特点是什么？
3. 了解药用植物细胞大规模培养的产业化现状，预测其发展方向。

---

❶ YEB培养基配方：酵母提取物1g/L，蛋白胨或胰蛋白胨5g/L，牛肉膏5g/L，蔗糖5g/L，$MgSO_4 \cdot 7H_2O$ 4g/L，pH 7.0。固体培养基加琼脂：1.5g/L。

项目十一 药用植物组培快繁技术研发

【学习目标】

知识目标

◆ 了解药用植物组织培养快繁技术的理论基础和技术路线；
◆ 了解组培快繁的试验方案设计方法。

技能目标

◆ 能设计外植体消毒和芽增殖培养的简单试验方案；
◆ 学会观察、记录试验结果，学会分析试验数据，根据试验结果调整试验方案。

素质目标

◆ 培养勤于思考、勇于探索的学习态度和创新精神。

【必备知识】

一、植物组织培养的基本理论

1. 植物细胞全能性

植物组织培养是建立在植物细胞全能性和植物的再生性的基本理论之上的。所谓细胞的全能性，就是植物的每个细胞都具有该植物的全部遗传信息和发育成完整植株的能力。植物的再生作用，就是能够从植物分离出根、茎、叶等一部分器官，长出不定芽和不定根，从而成为新的完整的植株，即：

外植体$\xrightarrow{\text{脱分化}}$愈伤组织$\xrightarrow{\text{再分化}}$生长点$\xrightarrow{\text{分化生长}}$根、茎、叶或胚状体、原球茎→小植株

植物之所以会产生器官，是由于受伤组织产生了创伤激素，促进了周围组织的生长而形成愈伤组织，依靠内源激素和贮藏营养的作用又产生新的器官。

在自然情况下，一些植物的营养器官和细胞再生比较困难，主要是由于内源激素调整缓慢或不完全，外界条件不易控制等。在人工控制培养的条件下，通过对培养基的调整，特别是对激素成分的调整，就有可能顺利地再生。

在组织培养中再生植株还可通过与合子胚相似的胚胎发育过程进行生长，即形成胚状体再发育成完整植株。在组培中诱导胚状体与诱导芽相比有以下优点：数量多、速度快、结构完整。产生胚状体的离体培养物也是多种多样的，如从离体的根、茎、叶、花药、幼苗、子叶、子房中的合子胚、各种单细胞、游离的小孢子以及原生质体等。关于诱导胚状体产生的原因，目前认为是激素作用的结果。

2. 根芽激素理论

1955 年，Skoog 和 Miller 提出了有关植物激素控制器官形成的理论即根芽激素理论：根和芽的分化由生长素和细胞分裂素的比值决定，两者比值高时促进生根；比值低时促进茎

芽的分化；比值适中时则组织倾向于以一种无结构的方式生长，即形成愈伤组织。因此，可通过改变培养基中两类激素的相对浓度控制器官的分化和脱分化。

二、组培快繁研究的技术路线

影响组织培养的因素既有内因，也有外因。内因主要是植物自身生长发育的特点。虽然一般植物都具有扦插生根、分蘖出芽等营养繁殖的能力，但不同植物的难易程度不同，对环境条件要求也不同。能否生根、生根难易等植物自身的内因是无法改变的，而组培研究的主要目的是找出最有利的环境条件（外因）。影响组培的外因主要包括以下几类：①外植体（类型、取材部位、采集时期）；②培养基的类型；③激素（种类、浓度、配比）；④添加物及糖（种类、浓度）；⑤pH；⑥温度（高温、低温、恒温、变温）；⑦光照（光培养、暗培养、光周期、光质）；⑧培养方式（固体、液体、静置、振荡）。针对上述影响因素，先试验什么，后试验什么，就是技术路线的问题。

1. 外植体

最好的外植体是无菌的试管苗，其来源有 3 条途径：一是从企业、高校或科研单位购买；二是通过技术转让；三是种苗交换。如果没有试管苗，一般以腋芽和顶芽作外植体，取材时期最好在春夏之交植物旺盛生长的阶段。对于自己采的外植体，一般可参照以下步骤筛选培养条件：设计培养基配方开展试验，一般先在不添加激素的 MS 培养基上过渡一代，然后再按相同步骤试验。

2. 培养基类型

如果组培苗生长不理想，下一步就要筛选基本培养基。一般保持激素配方不变，比较 MS、B_5、WPM 等不同基本培养基的效果。

3. 生长素和细胞分裂素

一般以 MS 培养基为基础，首先筛选生长素和细胞分裂素的种类、浓度与配比。生长素和细胞分裂素的浓度范围为 0.5～2.0mg/L。一般在增殖阶段细胞分裂素多些，生长阶段生长素多些，生根阶段只加生长素，但组培过程中的特殊情况也较多，应具体情况具体分析。

4. 糖和其他添加物

一般比较 2%～5%的含糖量的差异，如果差异不明显，从节约成本角度考虑选最低含糖量。一般都用蔗糖（生产上多用白砂糖）。椰乳、香蕉汁（泥）、水解乳蛋白、水解酪蛋白等有机添加物多在植物枯黄等特殊情况下使用。活性炭、聚乙烯醇（PVA）等无机添加物多在培养材料发生褐化时使用。

5. pH 与离子浓度

培养基的 pH 影响培养物对营养物质的吸收和生长速度。对大多数植物来说，培养基的 pH 控制在 5.6～6.0，特殊植物如蝴蝶兰（pH 5.3）、杜鹃（pH 4.0）和桃树（pH 7.0）可以稍低或稍高。pH 过高，不但培养基变硬，阻碍培养物对水分的吸收，而且影响离子的解离释放；pH 过低，则容易导致琼脂水解，培养基不能凝固。离子浓度除了 1/2 MS、1/4 MS 之外，Fe^{2+} 的浓度有时会作调整（如培养材料发黄时调整为 2～3 倍铁盐等）。其他离子在选择好基本培养基后，一般不作调整。

6. 温度与湿度

温度不仅影响组织培养植物的生长速度，也影响其分化增殖以及器官建成等发育进程。温度处理要在不同的培养室进行。原则上培养室温度一般设定在（25±2）℃范围内。但不同植物组培的最适温度不同（如百合的最适温度是 20℃）。另外，需要注意的是，同一培养架的上下层之间有 2～3℃的温差（上高下低），放置培养瓶时可充分利用这种客观存在的温差。

湿度包括培养容器内和培养室的湿度条件。容器内湿度主要受培养基的含水量和封口材料的影响。培养基的含水量受琼脂含量的影响，冬季应适当减少琼脂用量，否则将使培养基变硬，不利于外植体插入培养基和材料吸水，导致生长发育受阻。另外，封口材料直接影响容器内湿度情况，封闭性较高的封口材料易引起透气性受阻，也会导致植物生长发育受影响。培养室的相对湿度可以影响培养基的水分蒸发，一般设定 70%～80%的相对湿度即可，常用加湿器或除湿器来调节湿度。湿度过低会使培养基丧失大量水分，导致培养基各种成分浓度的改变和渗透压的升高，进而影响组织培养的正常进行；湿度过高时，易引起棉塞长霉，导致污染。

7. 光照

光照对植物组培的影响主要表现在光周期、光照强度及光质 3 个方面，对细胞增殖、器官分化、光合作用等均有影响。培养材料生长发育所需的能源主要由外来碳源提供，光照主要是满足植物形态的建成，300～500lx 的光照强度可以满足基本需要，但对于大多数的植物来说，2000～3000lx 比较合适。光周期影响植物的生长，也影响花芽的形成和诱导。光质对愈伤组织诱导、组织细胞的增殖以及器官的分化都有明显的影响。如百合珠芽在红光下培养 8 周后，分化出愈伤组织，但在蓝光下几周后才出现愈伤组织，而唐菖蒲子球块接种 15d 后，在蓝光下培养出芽快，幼苗生长旺盛，而白光下幼苗纤细。

组培研究时，一般先进行光照、暗培养的对比试验，然后选择光周期。一般保证每日 12～16h 的光照时间就能满足大多数植物生长分化的光周期要求。生产上一般不作光质试验，直接用日光灯照明。有条件的话，可用 LED 灯代替日光灯进行试验。

8. 培养方式

一般采用固体静置培养。液体振荡培养多在胚状体、原球茎等离体快繁发生途径和细胞培养上使用。在一定的 pH 下，琼脂或卡拉胶等凝固剂的使用量，以能固化的最少用量为准。

三、组培试验的设计方法

在某种组培苗规模化生产前，必须通过反复试验研究，形成比较完善的技术体系，否则边生产边研究，很有可能会给生产带来非常大的市场风险和经济损失。因此，要高度重视组培技术的试验研究，做好组培试验设计。组培试验设计就是要把上述影响组培的各种因素综合考虑后，将各种因子的各种水平设计成一系列试验方案，具体方法有单因子试验、双因子试验、多因子试验 3 类。

1. 单因子试验

单因子试验是指整个试验中保证其他因子不变，只比较一个试验因子不同水平的试验。如含糖量 2%、3%、4%、5%的试验，pH 5.6、6.0、6.2 的试验等。这是最基本、最简单的试验方法。一般是在其他因子都选择好了的情况下，对某个因子进行比较精细的选择。

2. 双因子试验

双因子试验是指在整个试验中其他因子不变，只比较两个试验因子不同水平的试验。常用于选择生长素与细胞分裂素的浓度配比。双因子试验多采用拉丁方设计。如研究 NAA、6-BA 两种因子对薰衣草增殖率的影响时，可以按表 11-1 设计试验。如此，自上而下，NAA 的浓度逐渐升高；自左至右，6-BA 的浓度逐渐升高；从左上到右下，二者的绝对含量逐渐升高；从左下到右上，NAA 的相对含量逐渐降低，而 6-BA 的相对含量逐渐升高。可见，这样的试验设计已经包括了 2 种激素的所有可能组合。

表 11-1　双因子试验设计　　单位：mg/L

NAA	6-BA				
	1.0	2.0	5.0	合计	平均
0.1					
0.5					
2.0					
合计					
平均					

3. 多因子试验

多因子试验是指在同一试验中同时研究两个以上的试验因子的试验，每个试验因子可以有多个水平，需要采用正交实验法进行试验设计，涉及的知识超出了本课程的教学内容，有兴趣的同学可在课后的“素质拓展”中学习。

实际操作中，试验的顺序是从多因子再到单因子试验，通过多因子试验的结果，可以确定哪个因子是主要的，然后再对这个因子进行单因子试验，确定最优化水平。由于组培快繁中，基本培养基和培养条件（如温度、湿度、光照等）不变的情况下，主要是通过设计培养基中的生长调节剂水平来达到培养物快速增殖的效果，因此简单地设计双因子或者几次单因子试验也可以达到较好的效果。

四、组培快繁试验方案的制订

1. 试验设计的基本要点

（1）确定试验因素　根据研究目的、试验设计方法和试验条件，确定试验因子。单、双因子试验设计的试验因子数是固定的，多因子试验设计一般不超过 4 个试验因子。

（2）确定试验方案图，选择合适的各试验因子的水平　试验因子分为两类，即数量化因素与质量化因素。质量化因素是指因素水平不能够用数量等级的形式来表现的因素，如光源种类、培养基类型等都是不能量化的。

数量化因素在划分水平时应注意：①水平范围要符合生产实际并有一定的预见性。②水平间距（即相邻水平之间的差异）要适当且相等。③数量化因素通常可不设置对照或以零水平为对照。

2. 组培快繁试验方案的制订

组培快繁试验方案的一般应包括下列内容：

（1）题目　应精炼地概括试验内容，包括试验植物名称和试验目标，例如“穿心莲无菌播种技术”“土牛膝茎段外植体的消毒方法”。

（2）目的意义　试验目的要明确，说明为什么要进行本试验，同类试验在文献中有无报道，结果如何，自己的试验有何不同。

（3）试验的基本条件　包括植物材料的获得，所需仪器设备和药品试剂、耗材等。

（4）试验设计与进度安排　这是试验方案的核心部分，一般应说明植物材料种类、品种名称和来源，明确植物的种名。写明采用的基本培养基类型、试验的因素与水平、处理的数量与名称，以及对照的设置。在此基础上介绍试验方法和试验单元的大小、重复次数、重复（区组）的排列方式等内容。室内试验的试验单元设计主要写明每个单元包含多少个培养瓶（或试管），每个培养瓶外植体的数量。组培试验一般设计 3 次重复，要求每个处理接种至少 30 瓶，每瓶接种 1 个培养物；或者每个处理 10 瓶，每瓶接种 3 个以上培养物。初代培养基一般每瓶接种一个外植体。

根据试验单元的大小以及工作量，安排试验的进度，说明试验的起止时间和配制培养基、灭菌的时间，无菌操作和培养各阶段的工作任务安排。

（5）结果观察、分析的指标与方法　确定观察试验结果的时间、观察的内容和结果分析的方法。分析的指标设计关系到对试验结果的分析是否合理、准确，因此要明确设计观察分析的指标和实施方法。一般以一个试验单元为一个观察记录单位，当试验单元要调查的工作量太大，也可以进行抽样调查。

（6）试验管理和经费预算　简要介绍试验所涉及人员、场地、试验设施、仪器使用方面的管理措施和要求。

经费预算，一般尽可能利用现有设备，将需要购买的药品、耗材名称、数量、单价、预算金额等详细写在计划书上。

五、组培试验结果观察、数据分析及试验报告撰写

组培试验效果如何，需要依据数据调查与结果分析来衡量。组培数据调查与结果分析是组培试验研究的重要内容。在调查的组培数据中，主要是出愈率、污染率、分化率、增殖率、生根率、成活率等需要计算的技术指标，也包括能够直接观察和测量的数据，如长势、长相、叶色、不定芽高度、愈伤组织大小与生长状况等。

上述数据均为非破坏性的测量，即在测量之后，离体培养仍能正常进行。有些数据需要在条件允许的情况下进行破坏性测量，如愈伤组织的质地判定等。在组培过程中，一定要充分利用转接、出瓶等时机，直接调查，采集数据。组培主要技术指标的含义及计算方法见表 11-2，组培苗观察主要内容及方法见表 11-3。

表 11-2　组培主要技术指标表

指标名称	含义	计算公式
出愈率	反映无菌材料愈伤组织诱导效果	愈伤组织诱导率＝(形成愈伤组织的材料数/培养材料总数)×100%
分化率	反映无菌材料的分化能力与再分化的效果	分化率＝(分化的材料数/培养材料总数)×100%
污染率	大致反映杂菌侵染程度和接种质量	污染率＝(污染的材料数/培养材料总数)×100%
增殖率	反映中间繁殖体的生长速度和增殖数量的变化	$Y=mX^n$。Y：年生产量。m：每瓶苗数。X：每周期增殖倍数。n：年增殖周期数
生根率	大致反映无根芽苗根原基发生的快慢和生根效果	生根率＝(生根总数/生根培养总苗数)×100%
成活率	反映组培苗的适应性与移栽效果，一定程度上说明组培与快繁成功率的高低	成活率＝(40d 时成活植株总数/移栽植株总数)×100%

表 11-3　组培苗观察的主要内容和方法

观察阶段	观察的内容要点	观察方法
初代培养	外植体变化（形态、结构、颜色）；愈伤组织、胚状体或芽萌动时间与数量；愈伤率、分化率或原球茎的诱导率、污染率等异常现象	目视观察；照相；计算
继代培养	中间繁殖体的长势（生长量、健壮程度等）；长相（形态、结构、质地、大小、高度、颜色、位置等）；增长率和污染率、褐变率、玻璃化苗发生率、变异率等异常现象	目视；照相；显微观察；计算
生根培养	根发生时间；长势（根生长量、根发达程度等）；长相（根长、根数、根粗、根色、位置等）；生根率和污染率、畸形根发生率等异常现象	目视；照相；显微观察；计算
驯化移栽	试管苗长势（生长量、健壮程度等）；长相（株高、根数、根长、根色、叶厚、叶色、叶数等）；驯化移栽成活率；壮苗指数；变异率等	目视观察；计算；试验

组培试验的结果分析，没有特殊的要求，一般可直接比较大小、高低；在差异不明显时，需要进行显著性检验。多因子试验需要进行方差分析，以确定主要影响因子。而对于某些环节的试验，可以选定一两个关键指标来筛选最优试验方案。例如，在初代培养中，进行外植体消毒方法的试验，设计的几组不同消毒液和消毒时间，试验 2 周后观察结果，统计外植体污染、死亡的数量，计算污染率、死亡率，即可选出消毒优化方案。

试验报告，就是将试验的结果及数据分析补充在实验方案后，根据试验结果分析，得出结论，即优化技术方案、最佳的培养基配方等，形成完整的技术报告。

六、组培快繁技术研发成果应用

组培技术研发，可以是对某种植物组培快繁过程某个环节（如外植体消毒、生根诱导等）的技术开发，也可以是某种新的植物组培苗生产的全套技术开发，而后者通常有几个不同的阶段：

1. 初级技术研发

完成从离体培养成功，获得无菌培养材料，外植体在培养基上能增殖，经过诱导生根能形成完整再生植株的过程。即能够建立一个完整的离体培养体系。这一步是实现种苗工厂化生产的基础。这一阶段的成果，可以以论文的形式发表，也可以申请专利对研发的技术进行知识产权保护。

2. 技术改良

对某种药用植物研发出基本的组培快繁技术后，需要对组培快繁的各个环节进行技术改良，包括调整培养基配方（如调整激素、蔗糖等成分的用量等）、改变培养容器、调整培养温度以及改进炼苗移栽技术等，目的就是提高增殖率、缩短繁殖周期、提升无菌苗质量并且简化流程、降低成本，为实现产业化做准备。

3. 成果转化

经过技术改良并且重复试验稳定性较好的组培快繁技术，可视为成熟的技术，可以逐步扩大培养规模，通过成果转化，实现工厂化生产种苗。

【工作任务】

任务 11 药用植物巴戟天组培快繁技术开发试验方案制订

一、任务目标

根据已有条件，设计制订一个巴戟天组培快繁的简单技术方案。

二、任务准备

巴戟天大田苗、巴戟天种子，查阅巴戟天组培有关参考文献。

三、任务实施

（1）以小组为单位，根据现有的植物材料和文献查阅的结果，讨论试验方案。

（2）确定试验的外植体材料，一个组只能选取一种材料，要说明选择的理由。

（3）根据所选的外植体材料确定消毒方法，包括消毒剂类型、浓度范围，消毒的时间范围。

（4）根据所选外植体类型确定增殖快繁的繁殖体类型，从而设计增殖培养基和生根培养基。

（5）讨论试验进度安排、人员分工，完成技术开发方案的撰写。

四、任务结果

将小组讨论的结果写成试验方案。

五、考核及评价

掌握植物组培技术开发的一般方法，能根据具体药用植物的特点和已有条件进行试验方案的设计。参照下表考核点进行评分（总分：100 分）。

药用植物组培快繁技术开发考核点	分值	评分
试验目标明确：①建立巴戟天的无菌培养体系；②利用组培快繁技术快速繁殖巴戟天种苗	10 分	
清楚了解已有条件：试验所需场地、设备、植物材料、试剂耗材等	10 分	
外植体选取合理。以巴戟天种子或幼嫩茎段为外植体	10 分	
外植体消毒方法。选用的消毒剂名称、浓度和实验方法	10 分	
初代培养观察指标、结果分析评价指标	10 分	
增殖培养的培养基配方试验设计	10 分	
增殖培养的结果观察、评价指标	10 分	
生根培养基的设计和试验方法	10 分	
生根培养的结果观察和评价指标	10 分	
试验进度安排合理	10 分	
总分	100 分	

【项目自测】

1. 对某种药用植物进行组培快繁技术开发，如何设计培养基配方？

2. 在初代培养时，如何避免外植体褐变？

3. 要提高组培苗的增殖率，如何设计培养基配方？
4. 对于增殖培养成功，但却难以生根的无根苗，有什么方法可以解决？简述试验方案。

【素质拓展】

多因子试验

模块五 药用植物组培快繁实例及实训

项目十二 常用药用植物的组培快繁技术

【学习目标】

知识目标

◆ 了解不同类别药用植物的组培快繁技术；
◆ 熟悉各类药用植物组培快繁的一般方法。

技能目标

◆ 学会常用药用植物组培快繁技术的操作方法。

素质目标

◆ 培养严谨的逻辑思维，提高实操能力和职业素养。

【必备知识】

药用植物除了全草入药的类别外，通常以特定部位入药，如根、叶、果实等，不同的药用部位其药效也有差异。在药用植物种植生产中，除了要考虑药材产量，还应关注药材质量，因此，在种苗繁育时不仅要考虑幼苗的成活率，也应考虑繁育出的药用植物其药用部位的性状、产量是否优良，这样才能使大田种植的药材品质得到保障。本模块介绍各类中药材常用品种的组培快繁技术实例，学习者可以根据这些实例设计试验方案，选择自己方便获取的植物材料的品种进行实际操作训练。

【工作任务】

任务 12-1 药用根和根茎类植物的组培快繁

子任务 12-1-1 药用百合的组培快繁

中药百合以百合科植物百合（*Lilium brownii* var. *viridulum*）(图 12-1)、卷丹（*Lilium tigrinum*）、细叶百合（*Lilium pumilum*）的肉质鳞片入药。味甘，微苦，性平，归心、肺经。有养阴润肺，清心安神之功。主治阴虚久咳，痰中带血和热病后期，余热未清或情志不遂所致的虚烦惊悸，失眠多梦，精神恍惚，痈肿，湿疮。现代药理研究表明，百合有镇咳、平喘、祛痰、抗应激性损伤和镇静催眠的作用，对免疫功能的提高亦有一定作用。

彩图 野生百合

图 12-1 野生百合

百合的繁殖分有性繁殖和无性繁殖两种，目前生产主要用无性繁殖，常用方法有鳞片繁殖、小鳞茎繁殖和珠芽繁殖等。传统生产方式繁殖率低，种质易退化，种植周期长，且易受病害（如立枯病、腐烂病）和虫害的侵袭。利用组织培养的方法既可为规模化种植提供种源，又可为百合的脱毒培养及新品种的培育奠定基础。

一、愈伤组织诱导与芽分化

洗净鳞片，在无菌室内于漂白粉过饱和溶液的上清液中浸泡 15min，无菌水洗涤 1～2 次，75%乙醇浸泡 1～2s，无菌水洗涤 2～3 次，用 0.1% $HgCl_2$ 浸泡 5～8min，无菌水冲洗 5～8 次，用消毒滤纸吸干表面水分。将鳞片接种入诱导培养基（MS+NAA 0.5～1.0mg/L+BA 0.1～0.5mg/L+4%蔗糖），培养温度为 20～24℃，光照强度为 1000～1500lx，光照时间为每天 12～14h。接种后 10d，鳞片基部开始形成黄绿色的愈伤组织，继而生出丛芽。

二、增殖培养

培养 15～20d 后，切下基部带愈伤组织的丛芽，3～4 个芽为一丛，转入增殖培养基（MS+NAA 0.1～0.5mg/L+BA 1.0～2.0mg/L+4%蔗糖）中增殖。每 25～30d 继代培养一次，继代培养时切除叶片，仅留基部带愈伤组织的丛芽。

三、生根培养与炼苗移栽

将健壮的无根丛苗分株，在基部切成创口后接种于生根培养基（1/2 MS+NAA 1.0mg/L）上。培养温度为 20～24℃，光照强度为 1000～1500lx，光照时间为每天 12～14h。培养 10～12d 后开始生根，待根长达 1～2cm 时取出茎苗，洗净基部的培养基，移栽于腐殖土中。炼苗时主要注意保湿，避免阳光直射，这样可提高成活率。

四、鳞茎培养

百合入药部位为鳞茎，也可食用，经济价值较高。但是百合种植周期长，占地时间长，土地运转周期慢，种植成本高，这些都是百合生产中普遍存在的问题。利用组织培养的方法，诱导形成鳞茎，并加速鳞茎生长，在理论上能缩短百合种植周期，生根幼苗可不经炼苗而直接移栽，一方面降低种植成本，为规模化种植提供种苗；另一方面可为鳞茎脱毒培养、新品种培育等研究奠定基础。

培养基 MS+NAA 0.5～1.0mg/L+BA 0.1～0.5mg/L+4%蔗糖能诱导鳞片产生芽丛；培养基 MS+NAA 0.2～0.5mg/L+KT 5～10mg/L+9%蔗糖+0.5%活性炭能使鳞茎增殖；培养基 1/2 MS+NAA 1.0mg/L 能使鳞茎快速生根。最后获得的生根鳞茎种苗，可直接移栽大田。

子任务 12-1-2 何首乌的组培快繁

何首乌（*Polygonum multiflorum* Thunb.）又称首乌、赤首乌（图 12-2），为蓼科植物，药用部分为块根和藤茎（夜交藤），性微温，味微苦，有解毒、消痈、截疟的作用。何首乌还具有抗衰老、抗菌、增强机体免疫力、抗癌等功效，可以用作多种美容保健用品的原料，经济价值很高。

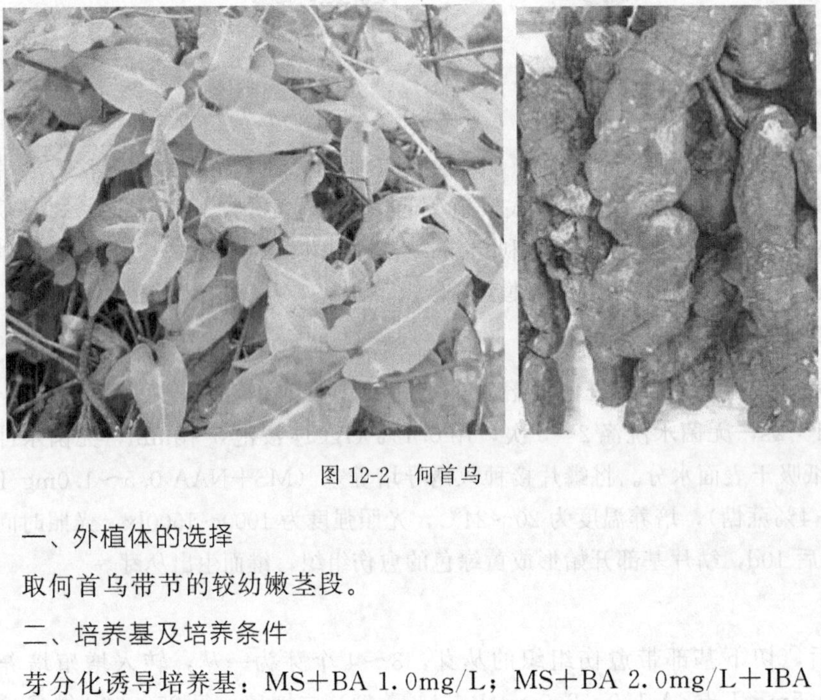

彩图 何首乌

图 12-2 何首乌

一、外植体的选择

取何首乌带节的较幼嫩茎段。

二、培养基及培养条件

芽分化诱导培养基：MS+BA 1.0mg/L；MS+BA 2.0mg/L+IBA 0.1mg/L。

芽增殖培养基：MS+BA 1.0mg/L。

生根培养基：1/2 MS+NAA 0.25～0.5mg/L；1/2 MS；1/2 MS+IBA 0.25mg/L。

培养条件：温度 20～25℃，光照强度 2000lx，光照时间 12h/d。

三、培养方法

（1）外植体的消毒灭菌　将带侧芽的茎段用洗衣粉液浸泡，用柔软毛刷清洗表面，选用 75%酒精浸泡 1min，取出后用 2% NaClO 表面消毒 10min，然后用无菌水冲洗 4 次，切成长度 1cm 带节的小段。

（2）芽的诱导培养　将外植体在芽分化培养基（MS+BA 2.0mg/L）上培养。7d 后，腋芽开始萌动生长，逐渐伸长，到 15d 左右，伸长的腋芽再在其节处抽出生芽，整个培养物在培养 30d 后，形成丛生芽，将芽切下，分成单株接种至增殖培养基（MS+BA 1.0mg/L）上增殖培养。

（3）根的诱导培养　将芽丛切割成单芽，在根培养基上进行培养。10d 后，芽基部开始出现愈伤组织，15d 后，有少量须根出现，有少量植株发根，20d 后，形成完整植株。

子任务 12-1-3　白及的组培快繁

中药白及为兰科白及属植物白及［*Bletilla striata*（Thunb.）Reichb. f.］（图 12-3）的干燥块茎。白及产于陕西南部、甘肃东南、江苏、浙江、广东、广西和贵州等地。其入药的块茎（假鳞茎）呈扁球形，叶 4～6 片，花序具 3～10 朵小花，花紫红色，花期 3～5 月。白及因价格较高，现在多地区推广种植，但白及生长较慢，常规播种繁殖率低，生产周期长。采用组织培养方法，用无菌播种方式获得无菌苗，再进行增殖培育，可快速育苗，缩短生产周期。

彩图　白及(右下图为块茎)

图 12-3　白及（右下图为块茎）

一、外植体选择

人工栽培的白及经人工授粉取得的种子。

二、培养基及培养条件

无菌苗培养基：MS 或 1/2 MS；

增殖培养基：MS+BA 0.5～1.5mg/L+NAA 0.1mg/L；

诱导原球茎增殖培养基：1/2 MS+BA 1.5mg/L+NAA 0.1mg/L。

三、培养方法

（1）无菌苗培育　采用 1/2 MS（MS 大量元素减半）培养基，固态静止培养方式。将成熟未开裂的蒴果，放入 75%乙醇中浸泡 5min，擦去果面的脏物，再放入 0.1% $HgCl_2$ 溶液中消毒 20min，用无菌水冲洗 3 次。然后在无菌条件下呈十字状纵切果实，将种子轻轻抖落到培养基表面。约 1 周后可见种子吸水膨胀，并由黄褐色变为淡黄绿色，继而成小球体状（即原球茎）。1 个月后有 80%的原球茎顶部出现幼叶，继续培养长成具根的小苗。

（2）原球茎增殖和分化　原球茎经分割接种后 1 周左右，在原球茎表面开始形成纤细的白色绒毛，继续培养 10～15d，产生 1 个至多个肉眼可见的乳白色的瘤状小突起，即新原球茎的初期，之后球状突起继续发育增大，呈浅绿色，即形成新原球茎。新形成的原球茎不经分割继续培养，有的形成丛生形的原球茎，有的形成芽和小植株。兰科植物中多以这种原球茎增殖、分化，而不经过愈伤组织阶段。在白及的组织培养中，会存在不同发育时期的原球茎、芽和小植株，在转瓶时应分别培养，以便分别管理，提高组培苗的生产效率。

(3) 继代培养　白及早期原球茎状球体外观上有一些乳白色瘤状小突起，随着继代培养会逐渐发育成丛生形的原球茎。如果不切割这些丛生形的原球茎，在含有 BA 0.5～1.5mg/L 的 MS 培养基中继续培养，60d 内将陆续出芽和长成无根或具有少量根的丛生苗。而在 BA 1.0mg/L 的 1/2 MS 培养基中，60d 后大部分将陆续出芽，长出小叶。为了达到大量繁殖的目的，在原球茎形成阶段进行增殖是最有利的。一般丛生形原球茎每月可继代 1 次，原球茎数可增加 1 倍以上。在增殖培养中，原球茎的分割不可太小，否则原球茎生长不良，甚至死亡。此外，也可利用丛生芽以分株方式增殖，即将无根的丛生芽从基部分割开，以小丛或单芽在 BA 1.5mg/L 和 NAA 0.1mg/L 的 1/2 MS 培养基中培养，60d 左右每芽可平均获得 2～3 个丛生芽。

(4) 试管苗移栽和壮苗培养　试管苗移栽成活率和进一步生长的状况与试管苗质量紧密相关，提高苗的质量能提高移栽成活率与生长量。因此，将增殖过程中形成的丛生芽进行分割，以单芽的形式接入附加 NAA 0.1mg/L 的 1/2 MS 培养基中培养，能形成完整的植株。

当小苗长至 3～4cm 时，打开瓶取出小苗，洗净粘在根上的培养基（尽量少伤根），晾苗后，移栽到经消毒的基质中，置于 20～30℃温室里，用塑料袋保湿，1 周便可去袋，但仍要保持一定的湿度，成活率可达 95%以上。待新叶展开和新根生长时，即可按正常盆栽法进行管理。

子任务 12-1-4　牛大力的组培快繁

牛大力（*Millettia speciosa* Champ.）又名美丽崖豆藤、大力牛（图 12-4）。以根入药，味甘性平，主要作用为补虚润肺，强筋活络。

彩图　牛大力

图 12-4　牛大力

一、外植体的选择

成熟的种子。

二、培养基和培养条件

种子萌发培养基：1/2 MS；

芽分化与增殖培养基：MS+BA 2.0mg/L+NAA 0.5mg/L；

生根培养基：1/2 MS+IBA 1.0mg/L。

培养条件：温度 25～27℃，光照时间 16h/d，光照强度 3000～4000lx。

三、培养方法

1. 外植体的消毒及灭菌

取牛大力成熟青豆荚，在流水下冲洗 40min，滤纸吸干。75%酒精浸泡 30s，0.1% $HgCl_2$ 浸泡 15min，无菌水漂洗 3～4 次，吸干水分。

2. 种子萌发诱导

将豆荚剥开，将种子种到 1/2 MS 萌发培养基上，30d 后，种子开始萌发，随后叶片展开，抽生新梢。

3. 芽的增殖与继代培养

将萌发 10d 的牛大力无菌苗切段，每段约 1cm 长，接种到芽分化与增殖培养基（MS+BA 2.0mg/L+NAA 0.5mg/L）上，20d 后产生愈伤组织，再过 20d 左右，愈伤组织分化产生大量不定芽。

4. 生根诱导

切取 3cm 左右的不定芽接种到生根培养基 1/2 MS+IBA 1.0mg/L 上，进行不定根的诱导，20d 左右可以长出 2～3 条约 3cm 长的不定根。

子任务 12-1-5 三七的组培快繁

三七［*Panax notoginseng*（Burkill）F. H. Chen］别名田七、山漆、血参、参三七、田漆、滇三七等（图 12-5）。以干燥根入药，性温，具有散瘀止血、活血止痛、消肿定痛、滋补强壮的功能，用于便血、崩漏、外伤出血、胸腹刺痛、跌打肿痛等。临床用于治疗咯血、上消化道出血、尿血、小儿肾炎、肝炎等病症。叶入药，称三七叶，味辛，有止血、消肿、镇痛功能，用于吐血、便血、外伤出血、痈肿毒疮。花入药，为三七花，味甘，性凉，有清热、平肝、降压的功效，用于高血压、头昏、目眩、耳鸣、急性咽喉炎。

彩图 三七

图 12-5 三七

一、外植体的选择

还未完全展开幼叶小苗的茎、总叶柄、小叶柄和叶。

二、培养基和培养条件

① 诱导愈伤组织和胚状体发生培养基为 MS+2,4-D 0.5～1.0mg/L；

② 胚状体成苗培养基为 MS＋BA 1.0mg/L。

培养条件：温度 25～27℃，光照时间 16h/d，光照强度 3000～4000lx。

三、培养方法

（1）愈伤组织诱导 取还未完全展开幼叶的小苗按常规消毒后，把茎、总叶柄、小叶柄和叶外植体分别切成小段或小块，茎段切取长度为 0.5～0.7cm，叶片切块，面积为 0.7～1.0cm^2，接种于培养基①中，进行暗培养，7d 后，茎和叶柄两端切口膨大，并逐渐形成白色愈伤组织；叶则在切口边缘和叶脉部形成颗粒状愈伤组织。

（2）胚状体的形成 培养 40d，将已产生的愈伤组织同外植体一同转入原培养基，以后每隔 40～60d 转接 1 次，新产生的愈伤组织与外植体剥离转接 3～4 次后，开始出现淡黄色、颗粒状疏松的胚性愈伤组织。再继代培养 1 次，在胚性愈伤组织表面逐渐出现肉眼清晰可见的簇生和分散的球形胚。在原培养基上继续培养，球形胚可进一步发育成心形胚和子叶形胚。三七胚状体的发生是不同步的，除了正常的球形胚、心形胚和子叶形胚外，还发现有畸形子叶胚和多子叶胚等。不管是正常的还是变异的胚状体，其主要特征为极性清楚，根芽齐全，与愈伤组织有生理隔离区而极易分离。

（3）成苗培养 将分出胚状体的胚性愈伤组织继续转接，可产生胚状体，而且胚状体发生的能力经 2 年培养不会衰退。将已发育的胚状体转移到成苗培养基②上，在光下培养20～30d，子叶转绿。再经过 1 个月的培养，芽萌发，叶展开且根伸长，发育成为完整植株。

（4）试管苗移栽 将生长健壮的三七幼苗取出，洗净基部培养基后移栽在疏松、含腐殖质丰富、pH 呈弱酸性的基质中，注意遮阴保湿，炼苗 1 个月后即可移栽。因三七喜半阴、潮湿的生态环境，不耐严寒与酷热，因此移栽时也要选择适宜的环境。

子任务 12-1-6 黄连的组培快繁

黄连（*Coptis chinensis* Franch）别名味连、川连、鸡爪连（图 12-6）。黄连是我国著名常用中药，以干燥根茎入药，性寒，味苦。有清热燥湿、泻火解毒的功能。用于烦热神昏，心烦失眠，湿热痞满，呕吐，腹痛泻痢，黄疸，高热神昏，心火亢盛，心烦不寐，血热吐衄，目赤吞酸，牙痛，消渴，痈肿疖疮等症；外治湿疹，湿疮，耳道流脓。

彩图 黄连

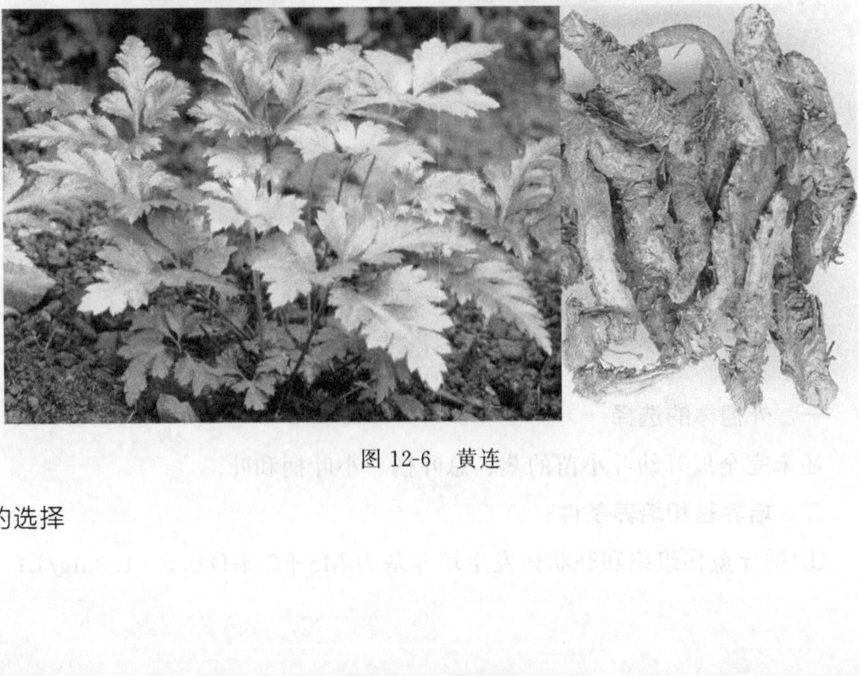

图 12-6 黄连

一、外植体的选择

黄连叶片。

二、培养基和培养条件

愈伤组织诱导培养基：① MS+2,4-D 1mg/L+KT 0.1mg/L。

体胚形成培养基：② MS+BA 0.5mg/L+NAA 0.2mg/L。

体胚继代培养基：③ MS+BA 1mg/L+NAA 0.2mg/L；④ MS+2,4-D 0.5mg/L+NAA 0.1mg/L。

植株再生培养基：⑤ MS+IBA 0.5mg/L+GA 0.5mg/L。

以上培养基均加2%蔗糖，0.8%琼脂（常规方法灭菌）。

三、培养方法

（1）愈伤组织的诱导　将黄连叶片经0.1% $HgCl_2$ 消毒5min后，以无菌水冲洗5次，然后剪成3～4mm^2 的碎片，接种在含不同浓度激素和组合的愈伤组织诱导培养基上，1周后叶片膨大，部分叶片表面产生一些突起。经20～30d培养，在叶片伤口处出现愈伤组织，颜色淡黄，半透明，零星分布或连成片。诱导率依激素种类不同而异。在①号培养基上，诱导率达20%；长期在2,4-D培养基上继代培养，愈伤组织由黄色逐渐变为淡黄至灰白色。将其愈伤组织转至含有BA和NAA的MS培养基中，继代培养2～3次，愈伤组织的颜色又逐渐变成黄色。每隔6周继代培养1次，经半年继代培养，再转至NAA+BA的MS培养基上进行体胚诱导培养。

（2）体胚的形成　黄连愈伤组织转移至②号培养基中进行6～8代的暗培养，形成许多比较疏松、圆球形、表面呈颗粒状的愈伤组织。有少量组织可分化产生根。这些颗粒状愈伤组织逐渐分化发育成不同阶段的体细胞胚，并可进一步转化成完整植株。体胚发生率达85%。黄连愈伤组织体胚的产生与大多数植物体胚发生一样，是不同步的，因此，在一块愈伤组织上可看到不同时期的体胚，这些不同阶段的体胚很容易从愈伤组织上分离下来。原因是黄连的体胚柄不明显，体胚的基部埋藏在愈伤组织内，它们与愈伤组织之间未形成所谓的“边缘细胞层”而使体胚与周围组织隔开，这时稍加振动，体胚很容易分离并从愈伤组织上脱落而成为单个的体胚。

（3）体胚的继代培养　黄连的体胚分别继代培养在③或④号培养基上，暗培养达3年之久，体胚仍然不断增殖并产生新的体胚，而且不愈伤组织化。黄连的体胚能在黑暗条件下长期继代培养而不降低体胚发生率。

（4）植株再生　黄连成熟的体胚虽然胚根不明显，但体胚的双极性仍然存在。将一些子叶发育正常的体胚转入⑤号培养基中进行光照培养，2周后体胚即变绿并进一步发育成具芽及根的小植株。试管内植株再生率可达90%以上。

任务12-2　药用全草类植物的组培快繁

子任务12-2-1　台湾金线莲的组培快繁

近年来，有科学家发现金线莲（图12-7）提取物具有抗乳腺癌的作用。但由于其种子细小，胚胎发育不完全，自然繁殖率很低，生长极为缓慢，单纯依靠野生资源远不能满足医药行业的需求。因此，采用组织培养对台湾金线莲进行快速繁殖，为解决药源提供了新途径。

彩图 台湾金线莲

图 12-7 台湾金线莲

一、初代培养

1. 药材消毒

一般选取台湾金线莲种子或者带腋芽的台湾金线莲茎段为外植体，种子用 0.1% $HgCl_2$ 溶液浸泡 15min，无菌水冲洗 5 次，移入不含激素的基本培养基上，培养基表面再滴入数滴无菌水，暗培养至萌发。带腋芽茎段则用自来水冲洗干净后用肥皂水振荡 2min，采用 0.1% $HgCl_2$ ∶75%乙醇＝1∶0.05 的试剂消毒 10min，最后使用无菌水振荡、冲洗 4～5 次，切除伤口部分后切成 1～2cm 长的茎段接入培养基。

2. 培养基和培养条件

种子诱导萌发及壮苗培养基为不含激素的 MS 基本培养基；丛生芽诱导及扩增培养基为 MS＋BA 0.5～3.0mg/L＋NAA 0～0.1mg/L；成苗培养基（芽体生长及诱导生根培养基）为 MS＋BA 0.5～3.0mg/L＋NAA 0～0.1mg/L。以上各种培养基中，蔗糖 30g/L、琼脂粉 7g/L、pH 5.8～6.0。除种子萌发期在暗处培养外，培养室温度 25～28℃，每天光照 10～14h，光照强度 2000～3000lx。

二、激素对继代培养的影响

BA 和 KT 对继代培养中的金线莲芽诱导繁殖和生长过程皆有良好的影响，其中以 KT 影响更为显著。金线莲对 BA 有较高的忍受力，当培养基中的 BA 浓度达到 7mg/L 时，植物体还未表现出受害症状，也不产生愈伤组织，这说明金线莲可较长时间培养在培养基中（每代可达 3～6 个月之久）而不表现衰老，推测其体细胞可能含有较高浓度的细胞分裂素类，因为细胞分裂素类能阻止植物的衰老进程。而在培养基中加入 2,4-D 对金线莲的生长有不良的影响，表现为繁殖系数及成苗率降低，同时易引起植株褐变死亡，在金线莲组织培养中应予注意。

三、壮苗与生根移栽

含有低浓度无机盐的基本培养基有利于组培苗的生根诱导和生长发育。1/10 MS 较适宜于生根诱导。当加入不同浓度的活性炭后，能显著影响金线莲的壮苗及生根。当活性炭浓度小于 0.1%时，有利于组培苗的生根及生长，生根所需时间较短，平均生根数有所增加且植株生长健壮；活性炭浓度大于 0.1%时，影响根发育，苗生长缓慢，叶表面出现缺乏营养症状。适宜壮苗及生根的培养基配方为 1/10 MS＋NAA 0.5mg/L＋5%香蕉泥＋0.05%活性炭。

将已生 1～2 条根、株高 4cm 左右的正常小苗移入基本培养基中壮苗，4～5d 后，除最顶端新生叶外，其余 1～2 片叶可伸展开，叶表面呈墨绿色天鹅绒状，银色的叶脉清晰可见，叶背浅红，此时洗去小苗基部的残留培养基，移入无菌蛭石，虽然也有较高的成活率，但生长速度较慢。每天进行一次叶片喷雾，每 2～3d 将 1/5 MS 液体培养基施入蛭石中，保持环境相对湿度在 80%～90%，经过 4 周的过渡栽培再移入普通园土中，成活率可达 95%。

子任务 12-2-2　铁皮石斛的组培快繁

铁皮石斛（*Dendrobium officinale* Kimura et Migo）为兰科石斛属多年生草本植物（图 12-8），是一种生长缓慢、自然繁殖率很低的兰科附生植物，因其抱茎节外呈黑褐色，又名黑节草，是常用的名贵中药，应用历史悠久。主要分布在热带、亚热带地区，喜阴凉、湿热的环境，多附生于岩石或直径粗、长满苔藓、爬满野藤的阔叶树。

彩图　铁皮石斛

图 12-8　铁皮石斛

铁皮石斛生长周期长，资源十分有限，长期以来对铁皮石斛的采集量远大于生长量，导致自然资源日益枯竭。近年来很多地区都开展了铁皮石斛的人工栽培，由于铁皮石斛种子极小、无胚乳，在自然状态下发芽率极低（小于 5%），常规繁殖方法（如分株、扦插等）繁殖率极低，因此，利用植物组织培养方法实现快速繁殖种苗，是实现铁皮石斛集约化人工栽培、满足生产需要的最佳途径。

我国铁皮石斛组织培养研究起步较晚，1984 年才首次报道获得霍山石斛试管苗，近年来铁皮石斛组培苗的研究技术发展很快，浙江、福建等地已实现了组培苗的工厂化生产。

铁皮石斛植株再生途径包括原球茎发生型、丛生芽增殖型、愈伤组织发生型和胚状体发生型等，工厂化育苗主要采取前两条途径。

一、茎尖培养

1. 外植体灭菌

选择温室盆栽、生长健壮、节茎粗壮的铁皮石斛一年生幼嫩枝条，流水冲洗 0.5h，去除叶片及膜质叶鞘，用少量加酶洗衣粉溶液浸泡 30min，再用软毛刷轻轻刷洗表面，清水冲洗。在超净工作台上用 75%乙醇消毒 30s 后，用 0.7%～2%次氯酸钠浸泡灭菌 8～10min，最后用无菌水漂洗 3～5 次，用无菌滤纸吸干表面水分。

2. 诱导不定芽

将铁皮石斛茎段切成长度为 1～1.5cm、带 1～2 个腋芽的小茎段，接种于 MS＋BA

2.0～5.0mg/L＋NAA 0～0.8mg/L 的初代培养基中。培养 30～50d 后可诱导出 5～10 个新芽。

3. 丛生芽的分化与增殖

将带有新芽的切段转至 MS＋BA 1～2mg/L＋NAA 0.1～0.5mg/L 分化培养基中。15d 后茎节部的腋芽开始突出，并逐渐长大。随着时间的推移，逐渐由新的小芽长出，有的长成膨大芽，大约 30d 时出现黄绿色斑点，随后黄绿色斑点逐渐变绿，45d 后形成丛生芽。反复切割丛生芽，在分化培养基上增殖培养，可获得大量丛生芽。

4. 壮苗生根培养

将丛生芽分割成单苗，转入 MS 壮苗培养基中。培养 40d 后可发育成高 3cm 以上、具 2～3 片叶的健壮无根苗。将经过壮苗培养的无根苗，转接到 MS＋NAA 0.2～0.5mg/L＋活性炭 0.1%的生根培养基中。培养 40～60d 后，在苗基部便可长出多条肉质、绿色气生根。

茎尖培养条件与种子培养条件相同。

二、试管苗驯化移栽

1. 炼苗

移栽前先将瓶苗置于炼苗房内炼苗 2～3 周，让瓶苗逐渐适应自然环境。通过炼苗，达到以下标准：生长健壮，叶色正常，根长 3cm 以上，肉质茎有 3～4 个节间，长有 4～5 片叶，叶色正常，根长 3cm 以上，有 4～5 条根，根皮色白中带绿，无黑色根，无畸形，无变异。

2. 出瓶

开瓶取苗。污染苗、裸根苗或少根苗分别放置，分别洗净培养基。裸根或少根的组培苗还需将小苗根部置于 100mg/L 的 ABT 生根粉中浸泡 15min，诱导生根；污染苗在清洗后用 1000 倍多菌灵溶液浸泡 10min，然后再移栽。

3. 移栽

当日均气温在 15～30℃时即可移栽。移栽基质可选用水苔、石灰石、碎石、树皮、泥炭、刨花、锯末菌糠、米糠等，要求疏松透气，排水良好，不易发霉，无病菌、害虫，预先消毒。移栽密度为 500 株/m^2，株行距为 4cm×5cm。移栽时不要弄断石斛的肉质根，也忌阳光直射和暴晒。

4. 移栽后的管理

(1) 温湿度管理　人工移栽铁皮石斛试管苗要满足其冬暖夏凉的要求。铁皮石斛试管苗生长的适宜温度为 20～30℃。夏季温度高时，大棚内须通风散热，并定时喷雾来降温保湿，每天喷雾 3～5 次，每次喷雾 2～5min；冬季气温低时，大棚四周要密封好，以防冻伤组培苗。

刚移栽的组培苗对水分很敏感，缺水则生长缓慢、干枯、成活率低，而喷雾过多则渍水烂根，温度高、湿度大时还易致使软腐病大规模发生。移栽后 1 周内，每天定时喷雾 4～5 次，保持空气湿度 90%左右，1 周后植株开始发新根，空气湿度保持在 70%～80%。种植时干湿交替有利于诱发气生根生长，达到先生根后萌芽的目的，成活率 80%左右。

(2) 肥水管理　大棚移栽期间的施肥以叶面肥为主。由于石斛为气生根，因此要喷施适宜的叶面肥作为营养液，以供给植株充足的养分，以利于早发根长芽。叶面肥可以选择硝酸钾、磷酸二氢钾、腐殖酸类，以及进口三元复合肥和稀释的 MS 液体培养基等。移栽 1 周后，新根陆续发生，这时应喷施 0.1%的硝酸钾或磷酸二氢钾，以后每 7～10d 喷 1 次，连喷 3 次。长出新芽后每隔 10～15d 喷施 0.3%的三元复合肥等。一般施肥后 2d 停止浇水。若空气对流太大，则视基质干湿度适当喷雾补水。

子任务 12-2-3　广藿香的组培快繁

广藿香［*Pogostemon cablin*（Blanco）Benth.］为唇形科植物（图 12-9），以地上部分入药，其性辛，微温。具有芳香化湿，开胃止呕，解暑的功效。

彩图　广藿香

图 12-9　广藿香

一、外植体的选择

广藿香的嫩茎和嫩叶。

二、培养基及条件

愈伤组织诱导培养基：改良 MS+BA 0.05～0.3mg/L+蔗糖 2%。

芽诱导培养基：改良 MS+BA 0.1～0.3mg/L+蔗糖 2%。

壮苗生根培养基：1/2MS+香蕉汁 15%+蔗糖 3%。

培养条件：培养室温度控制在 28～30℃，光照强度 1000～1200lx，光照时间 10h/d。

三、培养方法

（1）外植体的消毒及灭菌　将嫩茎和嫩叶用洗洁精轻轻荡洗一遍后，在自来水下冲洗 20～30min，在无菌室用 75%酒精浸泡消毒 5～10s，然后置于 0.1%的 $HgCl_2$ 溶液中灭菌消毒 3～4min，用无菌水荡洗 7～10 次，再次用 0.1%的 $HgCl_2$ 溶液灭菌 3～4min，用无菌水洗 7～10 次。

（2）愈伤组织的培养　接种时，先切去嫩茎两端及叶柄先端一小段，将茎切成 1～2cm 长的小段，将叶片裁成 $1cm^2$ 左右的小块，接种到愈伤组织培养基（改良 MS+BA 0.05～0.3mg/L+蔗糖 2%）上。培养室温度控制在 28～30℃，光照强度 1000～1200lx，光照时间 10h/d，培养 45h，先形成愈伤组织，然后有芽从愈伤组织上长出。将芽接种到芽诱导培养基上（改良 MS+BA 0.1～0.3mg/L+蔗糖 2%）进行增殖培养。

（3）生根培养　将再生的芽转移至生根壮苗培养基（1/2MS+香蕉汁 15%+蔗糖 3%）中培养一个月，即可出瓶。培养室温度控制在 28～30℃，光照强度 1000～1200lx，光照时间 10h/d。

子任务 12-2-4　溪黄草的组培快繁

溪黄草（图 12-10）是民间常用草药。具有常用清热利湿、凉血散瘀的功效，用于治疗急性黄疸型肝炎，急性胆囊炎等疾病。

彩图 溪黄草

图 12-10 溪黄草

一、外植体的选择

无菌苗的带节茎段。

二、培养基及条件

芽诱导培养基：①MS；②MS＋BA 1.0mg/L；③MS＋ZT 1.0mg/L；④MS＋BA 0.5mg/L＋ZT 0.5mg/L；⑤MS＋KT 1.0mg/L。

生根培养基：⑥MS＋NAA 0.2mg/L，每天光照 16h，温度为 26℃。

三、培养方法

(1) 丛生芽诱导 取溪黄草顶芽或侧芽作为外植体，用 75%乙醇消毒 30s，再用 0.1%的 $HgCl_2$ 浸泡 10～15min，无菌水清洗 4 次接种于 MS 培养基上生长。待苗茎长有 4 个节段时，切取 1cm 长带节茎段，接种在①～⑤号培养基上进行培养。1 周左右，开始变绿膨大，2 周后陆续分化形成不定芽，1 个月后统计结果，5 种培养基均能诱导 80%以上的出芽率，尤以②④号培养基效果最好，出芽率达 100%。单个外植体诱导芽的数量，以②号培养基上最多，出芽数为 6 个以上，其次为④号培养基，为 3～4 个。

(2) 生根培养 待苗生长至 2cm 长时，切下转入生根培养基①⑥上，转瓶后一般 1 个月左右开始形成根，获得完整植株。溪黄草组织培养苗较易生根，在无激素的①号 MS 培养基上，生根率为 86%，⑥号培养基中生根率可达 100%。

(3) 试管苗移栽 选取已生根的健壮的溪黄草试管苗，揭开瓶塞，让幼苗在自然光下或培养室光照下锻炼 2 天，然后取出转入已消毒的细沙中沙培炼苗，添加 1/2 MS 培养液作养分，待生长稳定、长出新叶后移栽于露天种植，成活率可达 90%。

任务 12-3 药用花、果实和种子类植物的组培快繁

子任务 12-3-1 菊花的组培快繁

菊花（*Chrysanthemum morifolium* Ramat.），多年生菊科草本植物，别名野菊、白菊花、毛华菊、甘菊、小红菊、紫花野菊、菊花脑等（图 12-11）。菊花含有水苏碱、刺槐苷、木樨草苷、大波斯菊苷、腺嘌呤、胆碱、葡萄糖苷等成分，尤其富含挥发油，并且油中主要为菊酮、龙脑、龙脑乙酸酯等物质。菊花性甘、微寒，具有散风热、平肝明目、消咳止痛的功效，用于治疗头痛眩晕、目赤肿痛、风热感冒、咳嗽等病症，效果显著，还具有提神醒脑的功效。

菊花的组培快繁可以用茎尖、花瓣和叶片作为外植体，均可获得再生植株。

彩图 菊花

图 12-11 菊花

一、茎尖培养

1. 外植体选择

外植体选择带顶芽的菊花茎段。

2. 培养基及培养条件

诱导培养基：MS+BA 2.0mg/L+NAA 0.1mg/L；

增殖培养基：MS+BA 1.0mg/L+NAA 0.1mg/L；

生根培养基：1/2 MS+IBA 0.2mg/L。

蔗糖 3.0%，pH 5.8～6.0，琼脂 0.8%，121℃条件下灭菌 20min。置光照培养箱中，每天连续光照 12h，光照强度为 2000～3000lx，培养温度（25±1)℃。

3. 培养方法

（1）外植体消毒 取菊花带顶芽茎段，长约 2cm，用自来水中冲洗，然后在超净工作台上将材料浸入 75%乙醇 30s，用无菌水冲洗 3 次，再用 0.2% $HgCl_2$ 消毒 8～10min，无菌水冲洗 5～6 次。

（2）外植体初代培养 将消毒好的材料放入无菌培养皿内，在解剖镜下小心地拔掉外面的幼叶，直至在解剖镜下清楚地看到表面光滑呈圆锥体状的茎尖为止，切取大约 0.5cm 长的茎尖，接种于诱导培养基上培养。培养 3d 后，茎尖开始萌动，经过 10d 菊花茎尖颜色逐渐变绿，基部逐渐增大，茎尖也逐渐肿胀，4～6 周后形成丛芽。

从表 12-1 可以看出，不同品种类型芽诱导率在 80%以上，但不同品种其芽出现时间却大不相同。

表 12-1 不同品种的菊花顶芽茎尖诱导情况

品种	培养 20d		培养 40d	
	发芽率/%	诱导率/%	发芽率/%	诱导率/%
贡菊	45	30	48	75
滁菊	50	80	54	48
亳菊	60	90	80	100

（3）从生芽的诱导 培养基及培养条件：①MS＋BA 2.0mg/L＋NAA 0.2mg/L；

②MS＋BA 3.0mg/L＋NAA 0.01mg/L；③MS＋BA 2.0mg/L＋NAA 0.5mg/L；④MS＋NAA 0.5mg/L；⑤1/2 MS＋NAA 0.2mg/L；⑥MS。蔗糖均为 3.0％，pH 5.8，琼脂 0.8％，每天光照时间 12h，光照强度为 2500lx，培养温度 25℃。

将诱导出的芽切下，转接到丛生芽诱导培养基②③上进行培养。结果发现，BA/NAA 比值越大，越有利于芽分化；②号培养基中芽分化虽多，但芽长势不好，芽呈簇生状且苗不见长高，多属于无效芽；③号培养基芽分化比较②号少，但分化的芽都属有效芽。所以③号培养基是较佳配方，继代周期 25～30d，增殖 4～7 倍，达到了商品化生产的要求。

(4) 生根　当继代培养的丛生芽长至 2.5～3.5cm，具 2～3 片叶时，可将其切成单株，转接到生根培养基④～⑥上进行培养，一般 1 周后有根出现，20d 后统计结果。

(5) 试管苗移栽　当试管苗具有 4～5 片叶、5～6 条根时即可移栽。去掉培养瓶的封口膜，置于常温下炼苗 3d，然后向瓶中加入少量温水，软化培养基后取出试管苗，用清水洗净黏附在根系上的琼脂，即可移栽到消毒河沙与珍珠岩混合（3∶1）的基质中。基质先用水淋透，然后用塑料薄膜覆盖保湿 1 周后，打开薄膜，每隔 2d 用喷雾器喷水保证基质潮湿。④号培养基中的植株移栽成活率为 95％以上，而⑤⑥号培养基的植株移栽成活率为80％～90％。

二、花瓣培养

1. 外植体选择

外植体选择刚开放的菊花舌状花花瓣。

2. 培养基及培养条件

① 愈伤组织诱导培养基：MS＋BA 3mg/L＋NAA 1mg/L。

② 不定芽分化培养基：MS＋BA 3mg/L＋NAA 0.01mg/L。

③ 生根培养基：MS＋NAA 0.3mg/L。

培养温度为 25℃±2℃，光照强度 2300lx，每天光照 12h。

3. 培养方法

(1) 愈伤组织的诱导　取刚开放的菊花舌状花花瓣，消毒后切成 5mm×5mm 大小接种到①号培养基上。分离的花瓣培养 10d 左右开始长出愈伤组织。

(2) 不定芽分化　有少数品种从愈伤组织分化产生根系，之后又分化出芽点，但不成轴状结构。大多数品种在愈伤组织阶段生长 30d 左右，表面分化形成大量胚状体，40d 后则可见到大量的芽生长。有部分品种需转移至低水平的 NAA 培养基，才可见到芽的分化。

(3) 生根　诱导得到的芽，高 1～2cm，具 3～4 片叶，可切下转移至生根培养基②中，经约 2 周培养后，产生数条根系，即可得到完整的试管花瓣植株。

三、叶片培养

1. 外植株体选择

外植株体选择即将展开的幼叶。

2. 培养基及培养条件

① 诱导愈伤组织及芽分化培养基：MS＋BA 2mg/L＋NAA 0.05mg/L。

② 生根培养基：MS＋NAA 0.4mg/L。

培养温度 25～28℃，每天光照 10～12h，光照强度为 1000lx。

3. 培养方法

(1) 愈伤组织诱导　叶片切成 7～9mm^2 的小块，接种在①号培养基上，培养 7～9d

后，从叶片小块的边缘切口处长出浅绿色的愈伤组织团，愈伤组织的诱导率为100%。

(2) 不定芽分化 在培养基上继续培养2d后，长大了的愈伤组织块开始分化，出现绿色芽点，以后绿色芽点形成丛状小苗，分化率为7.5%。

(3) 生根 培养50d后小苗高达2～3cm时，转移到②号生根培养基上1～2周后，即可分化出白色正常粗细的根，形成完整植株。

子任务12-3-2 金银花的组培快繁

金银花（*Lonicera japonica* Thunb.）为忍冬科忍冬属半常绿藤本植物（图12-12），主要分布于北美洲、欧洲、亚洲和非洲北部的温带和亚热带地区，是名贵中药材之一，是一种具保健、药用、观赏及生态功能的经济植物。

彩图 金银花

图12-12 金银花

一、初代、继代培养

适合金银花诱导分化的培养基：MS+BA 2.0mg/L+NAA 2.0mg/L。供试材料为金银花当年生带腋芽的枝条，去掉叶和叶柄，先整段用刷子蘸浓洗衣粉水仔细刷洗，再用自来水冲洗，之后用滤纸吸干水分，置于小木板上，用利刀切成2cm左右一段，每段有两个对生芽体。然后，在无菌室内，用75%的乙醇灭菌30s，无菌水冲洗3～4次，转入0.1% $HgCl_2$ 水溶液中灭菌7～8min，再用无菌水冲洗4～5次，分别接种于诱导培养基上。

培养条件为：光照强度1500～2000lx，每天光照时间12～14h，培养温度24～26℃。

二、生根移栽

当苗长至3cm高、有2～3片叶时，即可将苗小心切离基部，转入壮苗生根培养基中。切取3～4cm高的粗壮芽苗转移到生根培养基上，培养2周后可以生根。然后将其置于培养室中培养，培养温度为25～28℃，光照强度5000～6000lx，每天光照时间为12h，20d左右开始生根，35d后可进行炼苗。其瓶苗移栽前先移入遮阳棚内，在自然闪射光下（7000～8000lx），每天照射8～12h，放置15～20d，可明显提高瓶苗的质量和栽植成活率。当瓶苗叶色浓绿、叶片坚挺、植株健壮时，即可出瓶移栽。

生根苗移栽前需要去掉瓶盖在室内锻炼3～5d，移栽基质以黄心土∶河沙∶糠壳灰(1∶2∶2）较好，这与该基质的特性有关，其肥力与有机物含量较高，缓冲能力强，pH在5.4～6.0之间，且变化小，还有保水力、吸收力、黏着力和透气性，加上河沙有很强的渗透力，因此，移栽的成活率高且生长良好。使用一次性塑料杯单杯封膜技术，保证金银花移栽小环境的相对湿度；相比于大面积拱膜，单杯技术膜内温度要低 3～5℃。一次性塑料杯杯底打洞，有利于保持湿度和疏水。而大面积拱膜，容易造成膜内高温和湿度偏大，高温、高湿易导致病菌滋生从而使组培苗的移栽成活率下降。

子任务 12-3-3 酸枣的组培快繁

酸枣［*Ziziphus jujuba* Mill. var. *spinosa*（Bunge）Hu ex H. F. Chow］为鼠李科植物（图 12-13），以干燥成熟种子入药，称酸枣仁，为常用中药。酸枣仁性平，味甘、酸。有养肝、宁心、安神、敛汗功能。用于虚重不眠，惊悸怔忡，津少口干，体虚多汗等症。临床用于三叉神经痛、神经衰弱、失眠症、更年期综合征等，均有良好效果。

彩图 酸枣

图 12-13 酸枣

一、外植体的选择

自然生长的野生植株上的嫩芽。

二、培养基及条件

诱导愈伤组织培养基：

① MS+BA 2mg/L+NAA 0.1mg/L；

② MS+BA 2mg/L+NAA 0.2mg/L；

③ MS+BA 2mg/L+NAA 0.4mg/L；

④ MS+BA 2mg/L+NAA 1mg/L；

⑤ MS+BA 2mg/L+NAA 0.01mg/L；

⑥ MS+BA 2mg/L+NAA 0.05mg/L；

⑦ MS+BA 1mg/L+NAA 0.5mg/L。

芽分化培养基：

⑧ MS+BA 1mg/L；

⑨ MS+BA 2mg/L；

⑩ MS+BA 5mg/L；

⑪ MS+BA 2mg/L+KT 0.5mg/L+NAA 0.2mg/L；
⑫ MS+BA 2mg/L+KT 0.5mg/L+NAA 0.5mg/L；
⑬ MS+BA 5mg/L+KT 1mg/L+NAA 0.5mg/L；
⑭ MS+BA 5mg/L+KT 2mg/L+NAA 0.5mg/L。
生根培养基：
⑮ 1/2MS+NAA 0.5mg/L；
⑯ 1/2MS+NAA 0.75mg/L；
⑰ 1/2MS+NAA 1mg/L。

以上培养基中的蔗糖含量除生根培养基⑯⑰为20g/L外，其余均为30g/L，pH 5.8～6.0，灭菌条件均为：0.08MPa压力下保持20min。

三、培养方法

（1）外植体灭菌　秋季天气晴朗之日，剪取新长出的酸枣幼嫩茎段，用自来水冲洗后剪去叶片，取1cm左右的芽尖放入75%的酒精中30s，然后转入0.1% $HgCl_2$ 溶液中灭菌8～10min，无菌水洗涤5～6次，无菌滤纸吸干表面过多水分。

（2）愈伤组织诱导　剪取0.5cm生长点部分为外植体，接入愈伤组织诱导培养基中，于光照培养箱中培养。茎尖在培养基①～⑦上培养6d后，基部切口处均形成愈伤组织。愈伤组织初为浅绿色，培养基⑤⑥的愈伤组织20d后出现绿色，愈伤组织结构致密化。培养基④中的芽生长较快，上部有侧芽生出，其余所有芽生长速度都很慢。

（3）侧芽和丛芽分化诱导　取在培养基①～⑦中培养带愈伤组织的茎尖或愈伤组织，分别接入芽分化培养基⑧～⑭中培养。培养基⑧～⑭中材料无论有无愈伤组织，幼芽均有侧芽发生。⑧和⑩～⑬的侧芽发生少，生长慢；⑨⑭的侧芽发生多，生长（伸长）快。愈伤组织无论在哪种培养基中，只扩大繁殖不出现分化。随着基部愈伤组织的不断扩大，在侧芽的基部发生大量丛生芽，丛芽芽体粗壮，生长较快。

（4）生根　将上述培养形成的芽取2cm长的芽尖分别转接到培养基⑮～⑰上。开始各培养基上的芽尖基部均先形成愈伤组织，培养基⑮的愈伤组织不断扩大，但不形成根，培养50d后，在愈伤组织周边形成根；在⑯⑰上培养20d后，愈伤组织直径为0.5cm时，愈伤组织上逐渐分化出根，根较多，且发出侧根，⑯的效果最好。

（5）试管苗移栽　试管苗根长至1.5cm时，打开瓶盖，炼苗1周，然后取出小苗，洗净培养基，植于含1/2沙的土壤中，浇稀释10倍的MS无机盐溶液，然后放在空气相对湿度80%，(25±1)℃的温室中培养，3～5d浇水1次，30～40d后出现新生根。

子任务 12-3-4　栝楼的组培快繁

栝楼（*Trichosanthes kirilowii* Maxim.）是葫芦科栝楼和双边栝楼（图12-14）的根，是常用中药，性凉，有生津、止渴、降火、润燥的作用，用于热病。果壳入药，为栝楼壳、栝楼皮，有理气化痰、利气宽胸的功能。用于痰热咳嗽、咽痛、痈疮肿毒。种子入药，为栝楼子（瓜蒌仁），用于中热伤暑。根入药，为天花粉，天花粉蛋白有引产作用，有消渴、润肺、化痰、散结的功效。现代药理学研究和临床试验结果证明，天花粉不仅有抑菌、泻下、抗癌作用，而且天花粉蛋白还具有良好的抗人类免疫缺陷病毒和治疗获得性免疫缺陷综合征的作用。

彩图 栝楼

图 12-14 栝楼

栝楼组织培养利用茎段和叶片，都可获得成功。

一、茎段培养

1. 外植体的选择

带腋芽的茎段。

2. 培养基及条件

诱导丛生芽培养基：①MS+BA 2mg/L；

从生芽增殖培养基：②MS+BA 2mg/L+GA 1mg/L；

生根培养基：③MS；④MS+NAA 1mg/L。

培养基均加蔗糖 3%，琼脂 0.7%，pH 5.8。

3. 培养方法

(1) 丛生芽诱导　截取 20～60 日龄苗的带腋芽的 1cm 长茎段接种在培养基①和②上，培养 15d 均形成芽丛，并可在①和②上继代培养扩增。

(2) 生根　把长 2～4cm 的小苗移至③④上 8d 后可生根，后者根较粗壮。

二、叶培养

1. 外植体的选择

叶柄切段，子叶和叶片切块。

2. 培养基及条件

① MS；

② MS+NAA 1mg/L；

③ MS+BA 5mg/L；

④ MS+ NAA 0.5mg/L。

培养基加蔗糖 3%，琼脂 0.7%，pH 为 5.8。

3. 培养方法

（1）愈伤组织诱导　自果实中取出种子剥去硬种皮，常规消毒后接种于 1/2 MS（只含大量元素）的固体培养基上，约 15d 后实生苗长 8～12cm，供剪取外植体用。成年植株为当年播种于土壤中开花的植株。不同苗龄（12、20、40 日龄）的叶柄均取 0.5cm 长切段，子叶、叶片切块为 0.5cm×0.5cm 大小，接种在①～③号培养基上进行培养。①号培养基上的外植体均可脱分化产生少量愈伤组织；②号培养基对 3 种外植体有促进生根的作用，40 日龄 3 种外植体根分化率分别为 31.3%、54.0%、85.7%；③号培养基可诱导 3 种外植体产生大量愈伤组织。

（2）不定芽分化　不定芽的分化与叶片的取材方法有关。将 1.5～2cm^2 大小的叶片切成（0.5cm×0.5cm）～（1cm×1cm）的小方块，培养在 NAA 或 NAA 与 BA 相组合或 BA 单独使用的多种培养基上，诱导生根和愈伤组织都很容易，但无不定芽的形成。若将取材方法变为：将同样 1.5～2cm^2 大小的叶片从中部横切 1 刀，分为上下两切段，下段在叶柄与叶片交汇处横切 1 刀去掉叶柄，着生在苗顶部面积小于 0.5cm^2 的叶子则从基部切下，去掉叶柄，把这些叶片切段和小叶片接种在③号培养基上培养，则都有不定芽的发生。

不定芽分化的部位有两种：小叶片不定芽发生在叶缘，先是叶缘齿状膨大成瘤状组织，然后分化出不定芽；较大叶片切段，无论上切段或下切段都在切口处（上下切口处均可）的大叶脉上分化出绿色的芽，分化出的芽单生或丛生，将叶片上下切段长出的芽转移到新鲜培养基上，芽可大量增殖。

另外，不定芽分化还与苗龄有关，15 日、30 日、60 日苗龄及成年植株不同叶面积大小的切段在③号培养基上光照培养 1 个月，结果表明，15 日、30 日苗龄，叶面积在 0.5～1.5cm^2 的叶片均可诱导出不定芽，60 日龄和成年植株叶切块诱导率降低或无，叶面积大的叶片无芽分化能力。

有关栝楼的组织培养研究报道较多。用带腋芽的茎段和叶器官进行培养都可分化出芽。带腋芽茎段可分化出丛生芽，转移到生根培养基上即可生根，获得再生植株。栝楼的叶柄切段、子叶和叶片小切块在不同培养基上培养诱导愈伤组织和不定根均较易，却不易分化出不定芽，而栝楼苗顶部的小叶和大的叶片切段在 MS+BA 5mg/L 培养基上均可诱导产生不定芽，经继代培养可大量繁殖。

任务 12-4 ▶▶ 药用茎和茎皮类植物的组培快繁

子任务 12-4-1　白木香的组培快繁

白木香（*Aquilaria sinensis*），又名女儿香、莞香、土沉香，为瑞香科植物（图 12-15）。白木香树为多年生常绿的木本植物，是香料及药用植物，也是我国唯一能够产沉香的植物资源。野生资源主要分布在广西、海南和福建等地区，有少部分分布在云南的西双版纳和思茅区。白木香树干在受伤害、被虫咬等情况下，细胞会分泌出油脂，使木材变黑、光亮，成为名贵中药材——沉香，也是高级香料，价格高昂。沉香性温，具纳气平喘、止痛止吐的功效，主要用于治疗胃寒呕吐、肾虚气喘、胸腹胀闷疼痛。

一、外植体的选择

去掉子叶带茎段的顶芽。

彩图 白木香

图 12-15 白木香

二、培养基及条件

① 顶芽诱导培养基：MS+BA 1.0mg/L+NAA 0.1mg/L+KT 0.5mg/L；

② 生根培养基：1/2MS+IBA 1.0mg/L+NAA 1.0mg/L。

培养条件：置于培养室中进行培养，光照强度 2500lx，每日光照 8～10h，培养温度 (26±0.2)℃。

三、培养方法

(1) 外植体消毒及灭菌　将种子胚置于无菌操作台进行消毒。先用无菌水清洗 4～6 次，接着用 75%的酒精漂洗 1min，要不断地摇晃清洗，用无菌水清洗 3 次，再将种子胚放入 2%的次氯酸钠中浸泡 15min 左右，用无菌水清洗 4～6 次，消好毒的种子胚用无菌纸吸干水分接到培养基上。

(2) 顶芽诱导培养　待种子萌发生长形成顶芽幼苗时，将幼苗子叶去掉，留下顶芽转接在添加了不同浓度激素的培养基中（MS；MS+BA 1.0mg/L+NAA 0.1mg/L+KT 0.5mg/L；MS+BA 0.5mg/L+NAA 0.1mg/L+KT 0.5mg/L；MS+BA 1.5mg/L+NAA 0.1mg/L+KT 0.5mg/L)，观察顶芽在不同培养基中的分化情况。

(3) 生根培养　将诱导出的无菌苗，剪下生长健壮的单芽苗接种到添加不同浓度激素的 1/2MS 培养基（1/2MS；1/2MS+IBA 0.5mg/L+NAA 1.0mg/L；1/2MS+IBA 1.0mg/L+NAA 1.0mg/L；1/2MS+IBA 2.0mg/L+NAA 1.0mg/L；1/2MS+IBA 3.0mg/L+NAA 1.0mg/L）上培养，观察白木香组培苗在不同浓度激素中的生根情况。

子任务 12-4-2　红豆杉的组培快繁

红豆杉［*Taxus wallichiana* var. *chinensis*（Pilger）Florin］是我国特有药用植物（图 12-16），其种子可入药，假种皮可食用，树皮含紫杉醇、三尖杉酯碱等成分。临床试验表明，紫杉醇对卵巢癌、睾丸胚胎癌、乳腺癌、食道癌等多种晚期癌症有较好的效果，是一种高效广谱抗癌药物。现已发现我国红豆杉科红豆杉属的 4 种植物的茎皮中均含有紫杉醇。红豆杉生长很慢，远不能满足药物生产的需求，组织培养是缩短生产周期的途径之一，目前对云南红豆杉的组织培养研究最多。在种苗快繁方面，有研究人员将云南红豆杉的嫩枝外植体放在含有 2,4-D、NAA 和 KT 的 6,7-V 培养基上，产生了愈伤组织，进一步分化出芽。芽长成嫩枝后转移到含 IBA 或 IBA 和 BA 的 White 培养基上分化出根，形成再生小植株，再生植株的移栽容易成活。

彩图　云南红豆杉

图 12-16　云南红豆杉

一、外植体的选择

云南红豆杉新生嫩枝或针叶。

二、培养基及条件

① 6,7-V+2,4-D 2.0mg/L+NAA 1.0mg/L+KT 0.25mg/L+LH 2000mg/L；

② White+BA 2.0mg/L+IBA 0.5mg/L+活性炭 2000mg/L+$Ca(NO_3)_2 \cdot 4H_2O$ 100mg/L；

③ White+IBA 0.5mg/L+活性炭 2000mg/L+$Ca(NO_3)_2 \cdot 4H_2O$ 100mg/L。

3 种培养基的 pH 为 5.8～6.0，琼脂粉 7g/L，蔗糖 30g/L。培养温度 25℃±2℃，光照强度 1500～2000lx，光照时间 10h/d。

三、培养方法

（1）初代培养、愈伤组织诱导　材料用清水漂洗后在净化工作台内灭菌。先用 75%的乙醇浸泡约 30s，无菌水清洗 3 次，再用 0.1%的 $HgCl_2$ 泡 5～8min，无菌水清洗 3～5 次，然后用无菌滤纸吸去材料表面的水，并切去材料下表面即可转接在培养基①～③上。

云南红豆杉嫩枝在①号培养基上培养 15d 后开始形成愈伤组织，30d 后愈伤组织直径达 1～2cm，愈伤组织诱导率为 93%；在②号培养基上 30d 后开始形成愈伤组织，60d 后愈伤组织直径约 1cm，愈伤组织诱导率为 86%。最初形成的愈伤组织为灰白色，随着愈伤组织的增大，愈伤组织颜色渐由灰白色变为棕色。①号培养基上的愈伤组织颜色较深，结构较致密，生长较快；②号培养基上的愈伤组织，一部分颜色很深，结构很致密，生长特别慢，另一部分颜色较浅，结构较分散，生长较慢。

针叶在①号和②号培养基上都能诱导出愈伤组织，30d 后长至直径 2mm，愈伤组织诱导率在①号培养基上为 85%，②号培养基上为 95%。愈伤组织颜色为深棕色，非常致密，生长缓慢。

光培养和暗培养的差异会影响愈伤组织的结构、生长和分化。在光培养下，愈伤组织的结构致密，生长较慢，易再分化出芽和根；在暗培养下，愈伤组织的结构分散，生长较快，不能再分化出芽，很难再分化出根。

LH（水解酪蛋白）主要影响愈伤组织的分化率和生长速度，如在去 LH 的①号培养基上培养云南红豆杉，30d 后愈伤组织直径 0.5～1cm，愈伤组织诱导率 55%。

（2）芽的分化　材料在①号培养基上培养 60d 后开始从愈伤组织上再分化出芽或者在材料基部长出不定芽，分化率为 30%，在②号培养基上培养没有见到愈伤组织再分化出芽，一般培养 20d 后腋芽开始萌动。两种培养基上形成的新芽生长都很慢，芽形成 40d 后长约 5cm。②③号培养基上加活性炭是为了减少褐变。云南红豆杉嫩枝在 MS、B_5 和 White 等培养基上培养，褐变都非常严重，造成叶片脱落，生长缓慢，甚至整个材料枯死。在接种时加入过滤灭菌的半胱氨酸或抗坏血酸等抗氧化剂浸泡材料或在溶液内切割材料，效果都不明显。在培养基中加聚乙烯吡咯烷酮（PVP）也没有明显作用。在 White 培养基内添加 AC（活性炭）效果很好，褐变率降到 30%以下。在无激素和 LH 的 6,7-V 基本培养基上也产生褐变，但在加了激素和 LH 的①号培养基上则褐变很轻，虽没有加活性炭，细胞仍能生长、分化。

在 White 培养基上培养的云南红豆杉，材料大部分生长点枯死，叶尖或叶缘变黄皱缩，如在培养基内加 100mg/L $Ca(NO_3)_2 \cdot 4H_2O$，这种现象基本消失，说明 White 培养基内含的钙元素不能满足植物正常生理活动所需，上述不正常现象正是缺钙所致。

（3）生根　切取①号培养基上再分化的或②号培养基上萌发的嫩枝 2～3cm 分别接种在②号和③号培养基上。在②号培养基上形成的愈伤组织，一部分是较分散的，不易再分化形成根，另一部分是较致密的，容易再分化形成根。后一部分愈伤组织培养约 50d 后长出根，根系发达，每株有 2～5 条根，总的生根率为 60%。在③号培养基上培养 30d 后形成致密、色深、生长慢的愈伤组织，45d 后长出根，根发达，每株有 3～5 条根，生根率 85%，根生长很快，20d 后长可达 10cm。

（4）再生　再生植株的根长至 2cm 时，将瓶移到同室外气温一致的室内靠窗处，自然光照，并让下午 4 时以后的阳光直接照射植株，3～5d 后将植株自瓶内取出，放盛水盘内 1～2d 即可移栽。基质由新鲜黄沙（页岩）和泥炭以 2∶1 的比例混合。再生植株经锻炼后在培养室的移栽成活率为 85%，移栽 10d 后开始抽梢，15d 后有新的根长出。

移栽的再生植株新抽的梢常失绿变为黄白色。叶面喷以 0.5%的 $FeSO_4$，变色的新梢 1 周后就基本恢复正常，说明土壤没能供给充足植物正常生理活动所需的铁元素。

子任务 12-4-3　黄柏的组培快繁

黄柏（*Phellodendron amurense* Rupr.）（图 12-17），又名黄檗，以树皮入药，药名“关黄柏”，具有清热解毒、泻火燥湿、消炎杀菌、镇咳祛痰的功能。用于中耳炎、黄水疮、慢性气管炎等症。果实入药，有镇咳、祛痰作用。

一、外植体的选择

越冬芽开始萌动而芽鳞未开裂时，摘去叶芽并剥出茎尖作为外植体；取胚发育中期和晚期的果实，作为子叶外植体。

二、培养基及培养条件

分化培养基：①MS＋BA 2mg/L＋NAA 0.3mg/L＋蔗糖 2%。

生根培养基：②1/2MS＋NAA 0.3mg/L＋IAA 0.3mg/L＋H_3BO_3 14mg/L＋蔗糖 2%；③1/2MS＋NAA 0.02mg/L＋蔗糖 1.5%。

培养温度：25～28℃（白天）和 18～20℃（夜间），每天光照 12h，光照强度1500～2000lx。

彩图 黄柏

图 12-17 黄柏

三、培养方法

(1) 丛生芽诱导 外植体材料先用75%酒精消毒数秒，然后在漂白粉饱和水液中浸泡20min，无菌水冲洗3～5次。接种茎尖时，先剥去芽鳞，再逐层剥去尚未展开的幼叶，切取2～3mm的茎尖。接种子叶和胚轴时，先去果皮和果肉，再小心切开种皮，夹取子叶或胚轴。备好的外植体接种在培养基①上。茎尖在接种7～10d后开始膨胀，20～25d出现芽的分化，在膨胀的茎尖上形成丛生芽，它们来自腋芽。子叶和胚轴在接种8～10d后，体积明显增大，颜色变绿，20～25d可增大到原来的几倍，子叶发生弯曲，胚轴变粗长，继而从子叶和胚轴表面分化出丛生芽。丛生芽诱导时激素用BA和NAA比用KT和IAA的效果好，雄株茎尖的诱导分化率比雌株高。

(2) 继代培养 形成的芽苗，长到4～5cm高时，可以从节间处，将其切成小段进行继代培养，腋芽萌动，迅速生长，1个月可长到4～5cm高，继代培养可使腋芽苗不断增殖，从而获得大量可供繁殖的试管苗。

(3) 生根 切下带顶芽的苗，插在生根培养基②和③上培养，一般经4～5周的培养即可发育出正常的根系。

(4) 试管苗移栽 在温室的自然光照条件下经10～20d的锻炼，待苗茎的机械组织发育较好后，即可移植到盛有土壤的花盆中培养，再经一个阶段的培养锻炼后即可移栽到室外圃地。

【项目自测】

1. 在植物组培快繁中，如何建立无菌培养体系？

2. 对于种子微小的植物，例如白及，如何进行组培快繁？

3. 外植体为地下块茎时，建立无菌培养体系时应当采取哪些措施降低外植体诱导污染率？

4. 简述影响铁皮石斛组培快繁的因素有哪些。

5. 为什么诱导培养基中的激素水平往往要比继代培养基中的激素水平高？

6. 试管苗为什么要进行炼苗？为什么经过开盖炼苗的试管苗移栽成活率高？试管苗开盖炼苗时应当采取哪些防护措施？

7. 为什么说试管苗移栽要比实生苗移栽困难？试管苗移栽主要技术要点有哪些？

8. 采用茎段以芽繁芽的方式进行组培快繁的程序包括了哪些步骤？

9. 如何提高组培苗生根培养周期？举例说明。

10. 任选 1～2 种药用植物，查阅相关资料，写一篇 1500 字左右的概述，关于组培快繁技术在这种药用植物上的研究和应用。

附 录

附录一 常用培养基配方

一、MS培养基（适合大部分植物组织的离体培养）

化合物种类	中文名称	分子式	用量/(mg/L)
大量元素	硝酸钾 硝酸铵 硫酸镁 氯化钙 磷酸二氢钾	KNO_3 NH_4NO_3 $MgSO_4 \cdot 7H_2O$ $CaCl_2 \cdot 2H_2O$ $KH_2PO_4 \cdot H_2O$	1900 1650 370 440 170
铁盐	乙二胺四乙酸二钠 硫酸亚铁	Na_2-EDTA $FeSO_4 \cdot 7H_2O$	37.3 27.8
微量元素	硫酸锰 硼酸 硫酸锌 钼酸钠 硫酸铜 碘化钾 氯化钴	$MnSO_4 \cdot 4H_2O$ H_3BO_3 $ZnSO_4 \cdot 7H_2O$ $Na_2MoO_4 \cdot 2H_2O$ $CuSO_4 \cdot 5H_2O$ KI $CoCl_2$	22.3 6.2 8.6 0.25 0.025 0.83 0.025
有机物	肌醇 甘氨酸 烟酸 维生素 B_6 维生素 B_1		100 2 0.5 0.1 0.5
添加物	蔗糖		30000
pH 5.7			

二、怀特培养基（适合生根培养）

化合物种类	中文名称	分子式	用量/(mg/L)
大量元素	硝酸钾 硝酸钙 氯化钾 磷酸二氢钠 硫酸镁 硫酸钠	KNO_3 $Ca(NO_3)_2 \cdot 4H_2O$ KCl $NaH_2PO_4 \cdot H_2O$ $MgSO_4 \cdot 7H_2O$ $Na_2SO_4 \cdot 10H_2O$	80 287 65 19.1 738 53
微量元素	硼酸 硫酸锰 硫酸锌 碘化钾	H_3BO_3 $MnSO_4 \cdot 4H_2O$ $ZnSO_4 \cdot 7H_2O$ KI	1.5 6.6 2.7 0.75
有机物	甘氨酸 烟酸 维生素 B_6 维生素 B_1 柠檬酸		3 0.5 0.1 0.1 2
添加物	蔗糖		20000
pH 5.7			

三、改良怀特培养基（适合生根培养）

化合物种类	中文名称	分子式	用量/(mg/L)
大量元素	硝酸钾	KNO_3	80
	硝酸钙	$Ca(NO_3)_2 \cdot 4H_2O$	300
	氯化钾	KCl	65
	磷酸二氢钠	$NaH_2PO_4 \cdot H_2O$	16.5
	硫酸镁	$MgSO_4 \cdot 7H_2O$	720
	硫酸钠	$Na_2SO_4 \cdot 10H_2O$	200
微量元素	硼酸	H_3BO_3	1.5
	硫酸锰	$MnSO_4 \cdot 4H_2O$	7
	硫酸锌	$ZnSO_4 \cdot 7H_2O$	3
	三氧化钼	MoO_3	0.0001
	硫酸铜	$CuSO_4 \cdot 5H_2O$	0.001
	硫酸铁	$Fe_2(SO_4)_3$	2.5
有机物	肌醇		100
	甘氨酸		3
	烟酸		0.3
	维生素 B_6		0.1
	维生素 B_1		0.1
添加物	蔗糖		30000
pH 5.7			

四、B_5 培养基（适用于双子叶植物，特别是木本植物）

化合物种类	中文名称	分子式	用量/(mg/L)
大量元素	硝酸钾	KNO_3	3000
	硫酸铵	$(NH_4)_2SO_4$	134
	硫酸镁	$MgSO_4 \cdot 7H_2O$	500
	磷酸二氢钠	$NaH_2PO_4 \cdot H_2O$	150
铁盐	乙二胺四乙酸二钠	Na_2-EDTA	37.3
	硫酸亚铁	$FeSO_4 \cdot 7H_2O$	27.8
微量元素	硫酸锰	$MnSO_4 \cdot 4H_2O$	10
	硼酸	H_3BO_3	3
	硫酸锌	$ZnSO_4 \cdot 7H_2O$	2
	钼酸钠	$Na_2MoO_4 \cdot 2H_2O$	0.25
	硫酸铜	$CuSO_4 \cdot 5H_2O$	0.025
	氯化钴	$CoCl_2 \cdot 6H_2O$	0.025
	碘化钾	KI	10
有机物	甘氨酸		2
	叶酸		0.5
	维生素 B_6		1
	维生素 B_1		10
	肌醇		100
添加物	蔗糖		50000
pH 5.5			

五、WPM 培养基（适合木本植物组织的离体培养）

化合物种类	中文名称	分子式	用量/(mg/L)
大量元素	硝酸铵 硝酸钙 硫酸镁 硝酸钾 磷酸二氢钾 氯化钙	NH_4NO_3 $Ca(NO_3)_2 \cdot 4H_2O$ $MgSO_4 \cdot 7H_2O$ KNO_3 $KH_2PO_4 \cdot H_2O$ $CaCl_2 \cdot 2H_2O$	400 556 370 900 170 96
铁盐	乙二胺四乙酸二钠 硫酸亚铁	Na_2-EDTA $FeSO_4 \cdot 7H_2O$	37.3 27.8
微量元素	硫酸锰 硼酸 硫酸锌 钼酸钠 硫酸铜	$MnSO_4 \cdot 4H_2O$ H_3BO_3 $ZnSO_4 \cdot 7H_2O$ $Na_2MoO_4 \cdot 2H_2O$ $CuSO_4 \cdot 5H_2O$	22.5 6.2 8.6 0.025 0.025
有机物	肌醇 甘氨酸 烟酸 维生素 B_6 维生素 B_1		100 2 0.5 0.5 1
添加物	蔗糖		20000
pH 5.5			

六、ER 培养基（适合豆科植物组织的离体培养）

化合物种类	中文名称	分子式	用量/(mg/L)
大量元素	硝酸钾 硝酸铵 硫酸镁 磷酸二氢钾 氯化钙	KNO_3 NH_4NO_3 $MgSO_4$ $KH_2PO_4 \cdot H_2O$ $CaCl_2$	1900 1200 180.69 340 332.02
铁盐	乙二胺四乙酸二钠 硫酸亚铁	Na_2-EDTA $\cdot 2H_2O$ $FeSO_4 \cdot 7H_2O$	37.3 27.8
微量元素	硫酸锰 硼酸 硫酸锌 钼酸钠 硫酸铜 碘化钾 氯化钴 氯化镍	$MnSO_4 \cdot 2H_2O$ H_3BO_3 $ZnSO_4 \cdot 7H_2O$ $Na_2MoO_4 \cdot 2H_2O$ $CuSO_4 \cdot 5H_2O$ KI $CoCl_2$ $NiCl_2$	1.69 0.63 9.15 0.025 0.0025 0.83 0.0025 0.025
有机物	甘氨酸 烟酸 维生素 B_6 维生素 B_1		2 0.5 0.5 0.5
添加物	蔗糖		30000
pH 5.8			

七、N_6 培养基（适合禾本科植物的花药、细胞和原生质体培养）

化合物种类	中文名称	分子式	用量/(mg/L)
大量元素	硝酸钾	KNO_3	2830
	硫酸铵	$(NH_4)_2SO_4$	460
	硫酸镁	$MgSO_4 \cdot 7H_2O$	185
	磷酸二氢钾	$KH_2PO_4 \cdot H_2O$	400
	氯化钙	$CaCl_2 \cdot 2H_2O$	166
铁盐	乙二胺四乙酸二钠	Na_2-EDTA	37.3
	硫酸亚铁	$FeSO_4 \cdot 7H_2O$	27.8
微量元素	硫酸锰	$MnSO_4 \cdot 4H_2O$	4.4
	硼酸	H_3BO_3	1.6
	硫酸锌	$ZnSO_4 \cdot 7H_2O$	1.5
	钼酸钠	$Na_2MoO_4 \cdot 2H_2O$	0.25
	硫酸铜	$CuSO_4 \cdot 5H_2O$	0.025
有机物	甘氨酸		2
	烟酸		5
	维生素 B_6		0.5
	维生素 B_1		0.5
	生物素		0.05
添加物	蔗糖		20000
pH 5.5			

八、H 培养基（适合多种植物的各类组织培养）

化合物种类	中文名称	分子式	用量/(mg/L)
大量元素	硝酸钾	KNO_3	950
	硫酸铵	$(NH_4)_2SO_4$	720
	硫酸镁	$MgSO_4 \cdot 7H_2O$	185
	磷酸二氢钾	$KH_2PO_4 \cdot H_2O$	68
	氯化钙	$CaCl_2 \cdot 2H_2O$	166
铁盐	乙二胺四乙酸二钠	Na_2-EDTA	37.3
	硫酸亚铁	$FeSO_4 \cdot 7H_2O$	27.8
微量元素	硫酸锰	$MnSO_4 \cdot 4H_2O$	25
	硼酸	H_3BO_3	10
	硫酸锌	$ZnSO_4 \cdot 7H_2O$	10
	碘化钾	KI	0.8
有机物	甘氨酸		2
	烟酸		0.5
	维生素 B_6		1.0
	维生素 B_1		0.5
添加物	蔗糖		20000
pH 5.5			

九、Ar 培养基（改良 MS）（适合多种植物的组织培养）

化合物种类	中文名称	分子式	用量/(mg/L)
大量元素	硝酸钾	KNO_3	1900
	硝酸铵	NH_4NO_3	1000
	硫酸镁	$MgSO_4 \cdot 7H_2O$	370
	氯化钙	$CaCl_2 \cdot 2H_2O$	440
	磷酸二氢钾	$KH_2PO_4 \cdot H_2O$	350
铁盐	乙二胺四乙酸二钠	Na_2-EDTA	37.3
	硫酸亚铁	$FeSO_4 \cdot 7H_2O$	27.8
微量元素	硫酸锰	$MnSO_4 \cdot 4H_2O$	22.3
	硼酸	H_3BO_3	6.2
	硫酸锌	$ZnSO_4 \cdot 7H_2O$	15
	钼酸钠	$Na_2MoO_4 \cdot 2H_2O$	0.25
	硫酸铜	$CuSO_4 \cdot 5H_2O$	0.025
	碘化钾	KI	0.83
	氯化钴	$CoCl_2$	0.025
有机物	肌醇		100
	甘氨酸		2
	烟酸		0.5
	维生素 B_6		0.1
	维生素 B_1		0.5
添加物	蔗糖		30000
pH 5.7			

十、SH 培养基（适合多种单子叶植物的组织培养）

化合物种类	中文名称	分子式	用量/(mg/L)
大量元素	硝酸钾	KNO_3	2500
	磷酸二氢铵	$NH_4H_2PO_4$	300
	硫酸镁	$MgSO_4 \cdot 7H_2O$	400
	氯化钙	$CaCl_2 \cdot 2H_2O$	200
铁盐	乙二胺四乙酸二钠	Na_2-EDTA	20
	硫酸亚铁	$FeSO_4 \cdot 7H_2O$	15
微量元素	硫酸锰	$MnSO_4 \cdot 4H_2O$	106.2
	硼酸	H_3BO_3	5
	硫酸锌	$ZnSO_4 \cdot 7H_2O$	1
	钼酸钠	$Na_2MoO_4 \cdot 2H_2O$	0.21
	硫酸铜	$CuSO_4 \cdot 5H_2O$	0.2
	碘化钾	KI	1
	氯化钴	$CoCl_2$	0.1
有机物	肌醇		100
	甘氨酸		2
	烟酸		5
	维生素 B_6		0.5
	维生素 B_1		5
添加物	蔗糖		30000
pH 5.7			

十一、DKW培养基（适合多种植物组织的离体培养）

化合物种类	中文名称	分子式	用量/(mg/L)
大量元素	硝酸铵 磷酸二氢钾 硫酸钾 硫酸镁 氯化钙 硝酸钙	NH_4NO_3 KH_2PO_4 K_2SO_4 $MgSO_4 \cdot 7H_2O$ $CaCl_2$ $Ca(NO_3)_2$	1416 265 1559 361.49 112.5 1367
铁盐	乙二胺四乙酸二钠 硫酸亚铁	Na_2-EDTA $FeSO_4 \cdot 7H_2O$	45.4 33.8
微量元素	硫酸锰 硼酸 硝酸锌 钼酸钠 硫酸铜 硫酸镍	$MnSO_4 \cdot H_2O$ H_3BO_3 $Zn(NO_3)_2 \cdot 6H_2O$ $Na_2MoO_4 \cdot 2H_2O$ $CuSO_4 \cdot 5H_2O$ $NiSO_4 \cdot 6H_2O$	33.5 4.81 17 0.39 0.25 0.005
有机物	维生素B_1		5.22
添加物	蔗糖		30000
pH 5.7			

附录二 培养物的不良表现、可能原因及改进措施

培养阶段	培养物的表现	症状产生的可能原因	可供选择的改进措施
初代培养阶段：启动与脱分化	培养物水浸状、变色、坏死、茎段面附近干枯	表面灭菌剂过烈，使用时间过长；外植体选用部位不当	选择合适的温度和灭菌剂，降低灭菌剂使用浓度，缩短使用时间；试用其他部位；在生长初、中期采样
	培养物长期培养没有明显反应	生长素种类使用不当，用量不足；温度不适宜	增加生长素用量，试用2,4-D；调整培养温度
	愈伤组织生长过于紧密或疏松，后期水浸状	生长素及细胞分裂素用量过多；培养基渗透势低；培养温度过高	减少生长素、细胞分裂素用量；适当降低培养温度
	愈伤组织生长过于紧密、平滑或突起，粗厚，生长缓慢	细胞分裂素用量过多，糖浓度过高；生长素过量	适当减少细胞分裂素、生长素和糖的用量
	侧芽不萌发，皮层过于膨大，皮孔长出愈伤组织	选用枝条过嫩；生长素、细胞分裂素用量过多	减少生长素、细胞分裂素用量，采用较老化枝条
继代培养阶段：再分化与丛生芽苗增殖	苗分化数量少、速度慢，分枝少，个别苗生长细高	细胞分裂素用量不足；温度偏高；光照不足	增加细胞分裂素用量，适当降低温度，增加光照
	苗分化较多，生长慢，部分苗畸形，节间极度短缩，苗丛密集，过渡微型化	细胞分裂素用量过多；温度不适宜	减少细胞分裂素或停用一段时间，适当调节温度
	分化出苗较少，苗畸形，培养较久的苗可能再次愈伤组织化	生长素用量偏高，温度偏高	减少生长素用量，适当降温
	叶粗厚变脆	生长素用量偏高，或兼有细胞分裂素用量偏高	适当减少激素用量，避免叶子接触培养基
	再生苗的叶缘、叶面等处偶有不定芽分化出来	细胞分裂素用量过多，或该种植物适于这种再生方式	适当减少细胞分裂素用量，或分阶段利用这一再生方式

续表

培养阶段	培养物的表现	症状产生的可能原因	可供选择的改进措施
继代培养阶段：再分化与丛生芽苗增殖	丛生苗过于细弱，不适于生根操作和将来移栽	细胞分裂素过多，温度过高，光照短，光照不足，久不转接，生长空间窄	减少细胞分裂素用量，延长光照，增加光强，及时转接继代培养，降低接种密度，清除瓶口遮蔽物
	常有黄叶死苗夹于丛生苗中，部分苗逐渐衰弱，生长停止，草本植物有时呈水浸状、烫伤状	瓶内气体状况恶化，pH变化过大；久不转接，糖已耗尽，光合作用不足以维持自身生长；瓶内乙烯含量升高；培养物可能已经被污染；温度不适	更换带透气膜的瓶盖；及时转瓶；去除污染，控制温度
	幼苗生长无力，陆续发黄落叶，组织呈水浸状、煮熟状	久未转接；光照不足；植物激素配比不适，无机盐浓度不适等	适当增强光照；及时继代培养，适当调节激素配比
	幼苗淡绿，部分失绿	忘加铁盐或量不足；pH不适；铁、锰、镁元素配比失调；光过强；温度不适	仔细配制培养基，注意配方成分，调好pH，控制光温条件
诱导生根阶段	培养物久不生根，基部切口没有适宜的愈伤组织生长	生长素种类不适宜，用量不足；生根部位通气不良；基因型影响；生根程序不当；pH不适；无机盐浓度及配比不当等	改进培养程序，选用或增加生长素用量，改用滤纸桥液培养生根
	愈伤组织生长过大、过快，根部肿胀或畸形，几条根并联或愈合；苗发黄；苗生长受抑制或死亡	生长素种类不适，用量过高；或伴有细胞分裂素用量过高；培养程序不适等	减少生长素或细胞分裂素用量，改进培养程序等

附录三 蒸汽压力与蒸汽温度对应表

蒸汽压力/atm①	高压表读数		蒸汽读数	
	大气压/atm	磅力每平方英寸/psi②	摄氏度/℃	华氏温度/℉
1.00	0.00	0.00	100.0	212
1.25	0.25	3.75	107.0	224
1.50	0.50	7.52	112.0	234
1.75	0.75	11.25	115.0	240
2.00	1.00	15.00	121.0	250
2.50	1.50	22.50	128.0	262
3.00	2.00	30.00	134.0	274

① 1atm=1标准大气压=101325Pa。

② 1psi=1磅力/平方英寸=6894.76Pa。

附录四 乙醇稀释方法，稀酸、稀碱的配制方法

项目	乙醇稀释	稀酸、稀碱配制
方法	乙醇稀释的原理是稀释前后纯乙醇量相等，即原乙醇浓度×取用体积=稀释后浓度×稀释后体积。 如原乙醇浓度为95%，欲配成70%乙醇，配制方法为：取95%乙醇70mL，加蒸馏水至95mL，摇匀，即为70%乙醇。代入公式：$95\%\times70=X\times95$，计算可得：$X=70\%$	1mol/L盐酸（HCl）的配制：取浓盐酸82.5mL，加入蒸馏水至1000mL，即为1mol/L盐酸。 1mol/L NaOH（或KOH）的配制：称40g NaOH（或KOH 57.1g）加入蒸馏水至1000mL，即为1mol/L的NaOH（或1mol/L的KOH）

附录五 常用抗生素的配制和贮存

中文名称	简写	溶剂	贮存条件/℃	贮存浓度/(mg/mL)	细菌培养浓度/(mg/L)	植物培养浓度/(mg/L)
氨苄青霉素	Amp	水	−20	100	100	250～500
羧苄青霉素	Cb	水	−20	100	50	250～500
头孢氨苄	Cef	水	−20	250	50	250～500
卡拉霉素	Km	水	−20	100	50～100	10～100
氯霉素	Cm	乙醇	−20	17	25～170	10～100
四环素	Tc	乙醇	−20	5	10～50	—
链霉素	Sp	水	−20	10	10～50	—
利福平	Rif	水	−20	20	50～100	—
新霉素	Nm	水	−20	50	25～50	10～100

附录六 常用植物生长调节剂的配制和贮存

中文名称	简写	溶剂	贮存条件/℃	稳定性
2,4-二氯苯氧乙酸	2,4-D	0.1mol/L NaOH	0～4	稳定
萘乙酸	NAA	0.1mol/L NaOH	0～4	稳定
吲哚乙酸	IAA	0.1mol/L NaOH	0～4	遮光,过滤除菌
吲哚丁酸	IBA	0.1mol/L NaOH	0～4	稳定
6-苄基腺嘌呤	6-BA	0.1mol/L HCl	0～4	稳定
激动素	KT	0.1mol/L HCl	0～4	稳定
玉米素	ZT	0.1mol/L HCl	0～4	过滤除菌
2-异戊烯基腺嘌呤	2-iP	0.1mol/L HCl	0～4	稳定
脱落酸	ABA	95%乙醇	0～4	遮光,过滤除菌
赤霉素	GA	95%乙醇	0～4	过滤除菌
矮壮素	CCC	水	0～4	稳定
油菜素内酯	BL	95%乙醇	0～4	稳定
表油菜素内酯	epiBR	95%乙醇	0～4	稳定
茉莉酸	JA	95%乙醇	0～4	稳定
多胺	DAM	95%乙醇,0.1mol/L HCl	0～4	稳定
多效唑	PP333	甲醇,丙酮	0～4	稳定
苯基噻二唑基脲	TDZ	0.1mol/L NaOH	0～4	稳定

附录七 植物组织培养常用消毒剂及使用效果

消毒剂名称	使用浓度	去除难易	消毒时间/min	消毒效果
乙醇(酒精)	70%～75%	易	0.2～2	好
氯化汞	0.1%～1%	较难	2～15	最好
漂白粉	饱和溶液	易	5～30	很好
次氯酸钙	9%～10%	易	5～30	很好
次氯酸钠	0.7%～2%	易	5～30	很好
过氧化氢	10%～12%	最易	5～15	好
溴水	1%～2%	易	2～10	很好
硝酸银	1%	易	5～30	好
抗生素	4～50mg/L	最易	30～60	相当好
二氧化氯	30～250mg/L	极易	5～30	很好
滴露消毒液(对氯间二苯酚 PCMX)	5%	易	5～30	很好

附录八 常用植物生长调节剂浓度单位换算表

一、mg/L 换算为μmol/L

mg/L	μmol/L								
	NAA	2,4-D	IAA	IBA	BA	KT	ZT	2-iP	GA
1	5.371	4.524	5.708	4.921	4.439	4.647	4.547	4.933	2.887
2	10.741	9.048	11.417	9.841	8.879	9.293	9.094	9.866	5.774
3	16.112	13.572	17.125	14.762	13.318	13.940	13.641	14.799	8.661
4	21.483	18.096	22.834	19.682	17.757	18.586	18.188	19.732	11.548
5	26.853	22.620	28.542	24.603	22.197	23.231	22.735	24.665	14.435
6	32.223	27.144	34.250	29.523	26.636	27.880	27.282	29.598	17.323
7	37.594	31.668	39.959	34.444	31.075	32.526	31.829	34.531	20.210
8	42.965	36.193	45.667	39.364	35.515	37.173	36.376	39.464	23.097
9	48.339	40.717	51.376	44.285	39.954	41.820	40.923	44.397	25.984
分子量	186.20	221.04	175.18	203.18	225.26	215.21	219.00	202.70	346.37

二、μmol/L 换算为 mg/L

μmol/L	mg/L								
	NAA	2,4-D	IAA	IBA	BA	KT	ZT	2-iP	GA
1	0.1862	0.2210	0.1752	0.2032	0.2253	0.2152	0.2192	0.2032	0.3464
2	0.3724	0.4421	0.3504	0.4064	0.4505	0.4304	0.4384	0.4064	0.6927
3	0.5586	0.6631	0.5255	0.6094	0.6758	0.6456	0.6567	0.6996	1.0391
4	0.7448	0.8842	0.7007	0.8128	0.9010	0.8608	0.8788	0.8123	1.3855
5	0.9310	1.1052	0.8759	1.0160	1.1263	1.0761	1.0960	1.0160	1.7319
6	0.1172	1.3262	1.0511	1.2192	1.3516	1.2913	1.3152	1.2190	2.0782
7	1.3034	1.5473	1.2263	1.4224	1.5768	1.5065	1.5734	1.4124	2.4246
8	1.4896	1.7683	1.4014	1.6256	1.8021	1.7217	1.7536	1.6256	2.7710
9	1.6758	1.9894	1.5766	1.8288	2.0273	1.9369	1.9728	1.8288	3.1173
分子量	186.20	221.04	175.18	203.18	225.26	215.21	219.00	202.70	346.37

参考文献

[1] 段金廒，周荣汉. 中药资源学 [M]. 北京：中国中医药出版社，2013.

[2] 孙敏. 药用植物毛状根培养与应用 [M]. 重庆：西南师范大学出版社，2011.

[3] 黄晓梅. 植物组织培养 [M]. 2版. 北京：化学工业出版社，2018.

[4] 安利国，杨桂文. 细胞工程 [M]. 3版. 北京：科学出版社，2016.

[5] 钱子刚. 药用植物组织培养 [M]. 北京：中国中医药出版社，2007.

[6] 许继宏，马玉芳，陈锐平，等. 药用植物组织培养技术 [M]. 北京：中国农业科学技术出版社，2003.

[7] 邱运亮，段鹏慧，赵华. 植物组培快繁技术 [M]. 北京：化学工业出版社，2010.

[8] 龚一富. 植物组织培养实验指导 [M]. 北京：科学出版社，2011.

[9] 郭仰东. 植物细胞组织培养实验教程 [M]. 北京：中国农业大学出版社，2009.

[10] 王水琦. 植物组织培养 [M]. 北京：中国轻工业出版社，2007.

[11] 王洪习，蔡冬元. 植物组织培养技术 [M]. 北京：机械工业出版社，2013.

[12] 李明军. 怀山药组织培养及其应用 [M]. 北京：科学出版社，2004.

[13] 高文远，贾伟. 药用植物大规模组织培养 [M]. 北京：化学工业出版社，2005.

[14] 王振龙，杜广平，李菊艳. 植物组织培养教程 [M]. 北京：中国农业大学出版社，2011.

[15] 沈小钟，莫小路，曾庆钱，等. TDZ 对银杏悬浮细胞生长及次生代谢物的影响 [J]. 江苏农业科学，2013，41 (11)：48-51.

[16] 郭生虎，王敬东，马洪爱. 乌拉尔甘草毛状根的诱导及离体培养 [J]. 中国农学通报，2014，30 (28)：153-158.

[17] 苗利娟，韩锁义，张新友，等. 怀山药茎尖脱毒培养与茎段增殖研究 [J]. 河南农业科学，2011，40 (11)：123-125.

[18] 崔德才，徐培文. 植物组织培养与工厂化育苗 [M]. 北京：化学工业出版社，2003.

[19] 王水，贾勇炯，魏峰，等. 云南红豆杉的组织培养及植株再生 [J]. 云南植物研究，1997，19 (4)：407-410.

[20] 刘秀芳，林文革，苏明华，等. 黄花倒水莲（*Polygala fallax Hemsl*）组培快繁技术研究 [J]. 种子，2012，31 (2)：57-63.

[21] 侯典云，王聪睿，胥华伟，等. 植物无糖组培快繁技术的应用 [J]. 安徽农学通报，2010，16 (11)：72-73.

[22] 曹嵩晓，李碧英，李娟玲，等. 广藿香组织培养快繁技术的研究 [J]. 热带生物学报，2011，02 (2)：143-147.

[23] 时群，陈丽文，陈乃明，等. 牛大力种子组培快繁技术研究 [J]. 安徽农业科学，2016，44 (21)：138-141.

[24] 林茜，韩晓华，高营营，等. 红豆杉组织培养中的褐化现象及防控策略 [J]. 南方园艺，2015，26 (2)：45-47.

[25] 林妃，李敬阳，黄东梅，等. 白木香组织培养技术及植株再生的研究 [J]. 基因组学与应用生物学，2015，34 (6)：1296-1299.

[26] 李红，李永文，张义奇，等. 金银花组培工厂化生产与栽培管理技术 [J]. 安徽农业科学，2007，35 (20)：6074-6075.

[27] 狄翠霞，张满效，谢忠奎，等. 百合组织培养和遗传转化的研究进展 [J]. 西北植物学报，2006，26 (4)：858-863.

[28] 潘颖南，张向军，蒙平，等. 药用植物牛大力组织培养初探 [J]. 广西农业科学，2010，41 (6)：523-525.

[29] 易霭琴，王晓明，宋庆安，等. 灰毡毛忍冬（金银花）组培苗移栽技术研究 [J]. 湖南林业科技，2005，32 (3)：34-35.

[30] 段玉云，曾黎琼，程在全. 台湾金线莲的组织培养与快速繁殖 [J]. 植物生理学通讯，2005，41 (2)：198.

[31] 王仁睿，李杰. 建兰花叶病毒和齿兰环斑病毒的检测技术及脱毒方法研究进展 [J]. 中国农学通报，2020，36 (11)：56-62.

[32] 王国平，刘福昌，国际翔. 我国草莓主栽区病毒种类的鉴定 [J]. 植物病理学报，1991，21 (1)：9-14.

[33] 李丽丽. 苹果茎痘病毒的生物学鉴定 [J]. 湖北农业科学，2014，53 (4)：2055-2057.

[34] 鲁晓燕，牛建新，赵英. 葡萄病毒病主要检测技术 [J]. 中国南方果树，2005，34 (2)：59-61.

[35] 冷怀琼，蔡如希. 四川梨树主栽良种病毒种类鉴定 [J]. 中国南方果树，1996，25 (4)：44-45.